DK

WHAT'S REALLY HAPPENING TO OUR PLANET?

TONY JUNIPER

环境的奥秘

地球发生了什么

[英] 托尼·朱尼珀（Tony Juniper） 著

张 静 译

吴 健 审校

電子工業出版社

Publishing House of Electronics Industry

北京·BEIJING

版权贸易合同登记号　图字：01-2018-1060

图书在版编目（CIP）数据

环境的奥秘：地球发生了什么 /（英）托尼·朱尼珀（Tony Juniper）著；张静译. —北京：电子工业出版社，2019.1
书名原文：What's Really Happening to Our Planet?
ISBN 978-7-121-34788-7

Ⅰ. ①环…　Ⅱ. ①托… ②张…　Ⅲ. ①全球环境—普及读物　Ⅳ. ①X21-49

中国版本图书馆CIP数据核字（2018）第168374号

审图号：GS（2018）5330号
本书中的插图系英文版原书插图

策划编辑：张　冉（zhangran@phei.com.cn）
责任编辑：张　冉　　文字编辑：冉晓冬　　特约编辑：尹玉峰
印　　刷：鸿博昊天科技有限公司
装　　订：鸿博昊天科技有限公司
出版发行：电子工业出版社
　　　　　北京市海淀区万寿路173信箱　邮编 100036
开　　本：787×1092　1/16　印张：14　字数：480千字
版　　次：2019年1月第1版
印　　次：2019年1月第1次印刷
定　　价：118.00元

凡所购买电子工业出版社图书有缺损问题，请向购买书店调换。若书店售缺，请与本社发行部联系，联系及邮购电话：（010）88254888，88258888。
质量投诉请发邮件至zlts@phei.com.cn，盗版侵权举报请发邮件至dbqq@phei.com.cn。
本书咨询联系方式：（010）88254210，influence@phei.com.cn，微信号：yingxianglibook。

A WORLD OF IDEAS:
SEE ALL THERE IS TO KNOW

www.dk.com

1 驱动因素

2 现实局面

3 重塑未来

作者简介

托尼·朱尼珀博士是国际公认的环保斗士、作家、可持续发展顾问和环境学家。在过去30年，他奔走于英国和国际社会之间，为实现一个可持续发展的世界而努力奋斗。他不仅在国际会议中发表演讲，更以作者和合著者的身份出版了多部著作，囊获了多项畅销书奖项。

个人网站：www.tonyjuniper.com

Twitter：@tonyjuniper

合作研究和作者：

麦德琳·朱尼珀（Madeleine Juniper）

特别感谢：

在本书的审校过程中，得到了吴正明、马金娜、张天依的指导和支持，特此感谢。

CLARENCE HOUSE

Our world is changing faster than at any time in human history, as a result of our own actions. To support a rapidly and unsustainably growing population and develop our economies we are consuming ever-greater quantities of natural resources and making physical changes to the Earth that would have been unthinkable even a few generations ago. There have, of course, been some positive outcomes, including a reduction in overall levels of poverty. But, of course, at the same time, we are seeing many things that give grave cause for concern, including the loss and degradation of natural environments and a changing climate.

We only have one planet to sustain our existence, so it couldn't be more important that we all have good information about the real consequences of human impacts on our life-support system. Only by understanding what is actually happening can we make good decisions, both personally and collectively, about what needs to be done to ensure that we can survive and flourish.

We know that human activity is, however inadvertently, placing unprecedented pressures on natural systems and causing a daunting list of environmental and social problems. Increasing demand for food, energy and water is in many places leading to deforestation, damage to marine environments, pollution, desertification, and the loss of wild species on a massive scale.

I think many people know, in their hearts, that this cannot be right, or sustainable, but the facts that lie behind these and a plethora of other important trends that affect our existence are hard to find. Debates between entrenched vested interests generate more heat than light and discourage innocent inquiry.

In truth, a huge mass of data and insight is available, indeed far more than ever before. It is collected by scientists and specialist agencies and regularly updated, but it tends to be either hidden in technical reports or presented with jargon, acronyms and seemingly disconnected statistics that make little sense to many of us.

I believe we all need to see and understand this information. That includes young people still at school, executives running companies and even experts in particular fields who sometimes don't have time to see summaries of findings from their counterparts working in other fields. We also need to understand the connections between seemingly disparate trends, such as the impact of deforestation on rainfall and the consequences of accumulated plastics in the oceans.

That is why I believe 'What is really happening to our planet?' is such an important and timely book, bringing together as it does so many rich and authoritative information sources and presenting them in a way that everyone can readily understand. Tony Juniper is an excellent communicator who really knows his subject and presents the information he has gathered in a refreshingly straightforward way. As well as illuminating the problems, he also reveals some of the emerging solutions that need to be adopted while there is still time, including the move to circular economies, in which nothing is wasted.

I do hope that this book finds a broad readership. It contains information that is vital for shaping a positive future for humanity and the rest of life on Earth. Information is, as they say, power, and this easy to read volume will empower in ways that I hope will inspire us to muster the collective will to act – before it is all too late and not once we are faced by escalating catastrophes on all sides.

人类活动正引发世界以前所未有的速度变化着。为了支撑迅猛且不可持续的人口增长和经济发展，我们消耗了过量的自然资源并改变了地表形态，这在前几代人看来简直是无法想象的。显然，我们收获了一些积极的成果，比如降低了总体贫困水平；但也同时出现许多必须关注的问题，比如气候变化和环境衰退。

我们只有一个赖以生存的星球，所以没有任何事情比了解人类对地球生命支撑系统的真实影响更重要的了。只有了解了真正发生的事情，我们才能做出对个人和集体都有利的决定，从而保障人类的生存和繁盛。

我们知道人类活动常常在无意中就对自然环境造成了空前压力，从而引发大量的环境和社会问题。比如在许多地区，人类对粮食、能源和淡水日益增长的需求造成了森林退化、海洋环境恶化、污染、沙漠化和大规模的野生物种灭亡等后果。

我相信很多人都会发自内心地认为这些事情是不对的，或者说是不可持续的；但却很难意识到存在于问题背后的现实和其他很多同样会影响我们生存的变化趋势。各种既得利益之间的争论热议而不决，不断打消人们探求真相的热情。

事实上，我们有比以往任何时候都要多的海量数据和研究成果。但这些经由科学家和专业机构收集和定期更新的成果却往往被埋没在技术报告中；或者是经过术语、缩略词和片段式的数据表达后，让人难以理解。

我相信我们都需要学习和接受这些信息，包括在校学生、上班族，甚至平时没有时间了解其他相关学科工作的专业人士们。同时，我们也需要了解貌似独立变化之间的内在联系，比如森林采伐对降雨的影响和海洋中白色污染的后果。

这也是为什么我相信这是一本重要且及时的书，它有着丰富且权威的信息来源，并将这些知识以一种通俗易懂的方式展现出来。托尼·朱尼珀在该学科领域中非常善于与人沟通，能将他收集的信息以令人耳目一新、直截了当的方式进行讲述，并在说明问题的同时也提出一些新鲜且有价值的解决方法，包括转向无资源浪费的循环经济等。

我衷心祝愿这本书能够受到广泛欢迎。它包含了如何为地球上的人类和其他生命塑造一个光明未来的各种知识；就像人们常说的那样，知识就是力量。我希望在一切还不太晚，在我们还没有面对各种灭顶之灾前，这本通俗易懂的书能够激发我们的集体意识去采取行动。

（英国王储，威尔士亲王）

引言

近几十年来，地球表面已经发生了永久性变化。人口增长和经济发展，以及由此带来的不断增加的自然资源需求和环境影响，都在地球表面留下了永久的痕迹。深入思考这些灾难性的后果，我们不禁发出这样的疑问：人类该如何控制和维持这种增长？

了解地球变化的尺度和方式及它们之间的相互作用，对把握现代社会和预测未来发展方向至关重要。了解地球就是了解我们生活的方方面面，从商业金融到政治经济，从科学技术到行为与文化。

人口大爆炸

基础驱动力是持续塑造人类未来的根本原因。其中，首要驱动力当属快速增长的地球人口。人类数量从1950年（25亿）到如今已增长了近3倍；并据预测将继续以8000万人/年的速度持续增长，这相当于每年增加整个德国的人口。到2050年，人口数量预计将突破90亿大关。人口对世界的影响不仅在于数目的多寡，更在于人类生活品质的改变。越来越多的人更乐于享受由收入和消费增长带来的舒适生活，这也是为什么全球经济的快速增长成为世界变化的另一个基础驱动力。

在某种程度上，经济增长和生活水平提高的部分原因是城镇化的快速推进和从乡村到城镇的人口流动。在过去的数十年里，开始于18世纪英格兰的工业革命席卷全球。2007年，人类历史上第一次出现了超过一半的地球人口居住在城市的情景。

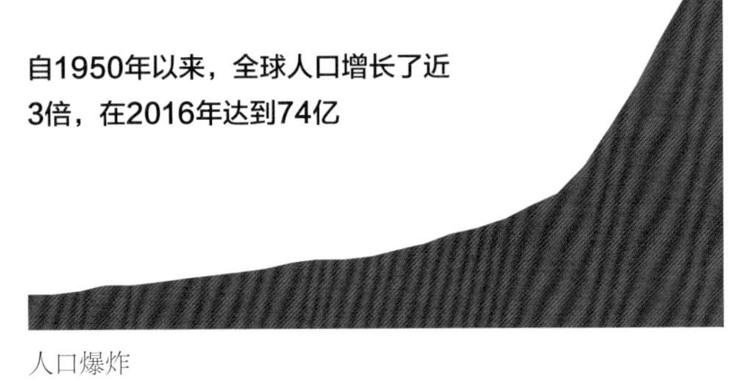

人口爆炸

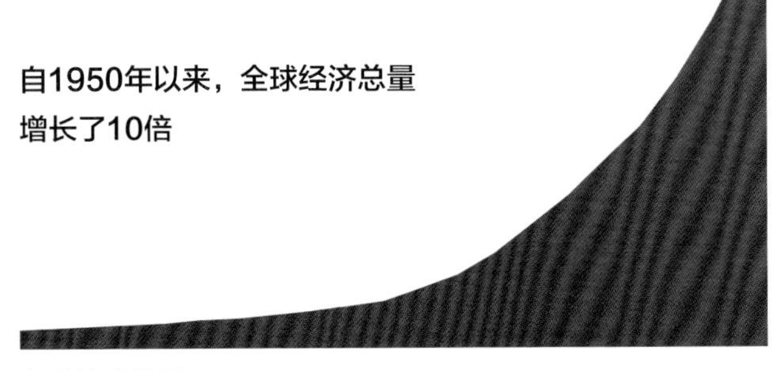

经济快速发展

到2050年，城镇居住人口比例将接近总人口的2/3。与乡村居民相比，城镇居民消费更多。城镇居民使用更多的能源和物质资料，并制造更多的垃圾。人口增长、经济发展和城镇化都会拉高对基础资源的需求，包括能源、淡水、食物、木材和矿产等。

进程和问题

尽管资源供给是否能满足人类需求仍然是一个问题，但到目前为止，我们在社会发展的进程中已经取得巨大成功，提高了大部分的社会指标。比如，为数十亿人口提供了安全用水，提高了受教育人口比例，降低赤贫人口数量等；同时，与儿童死亡率和传染病比例等有关的多项健康指标也得到了提高。全球供应链为数十亿人口提供的技术和商品服务使人与人之间的联系也变得更加紧密。

但伴随这些成功进程的是大量的消极结果。在过去

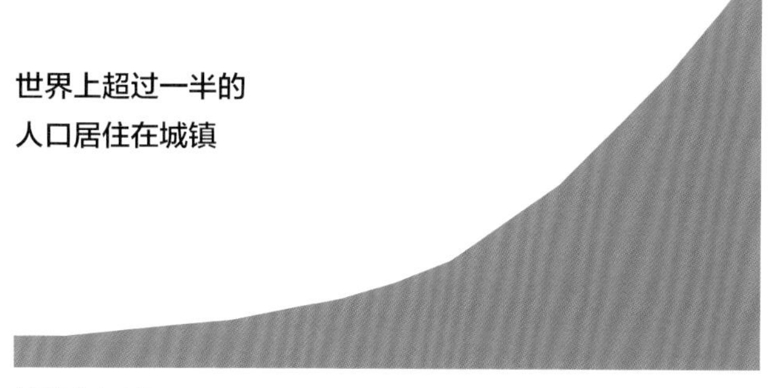

城镇化加速

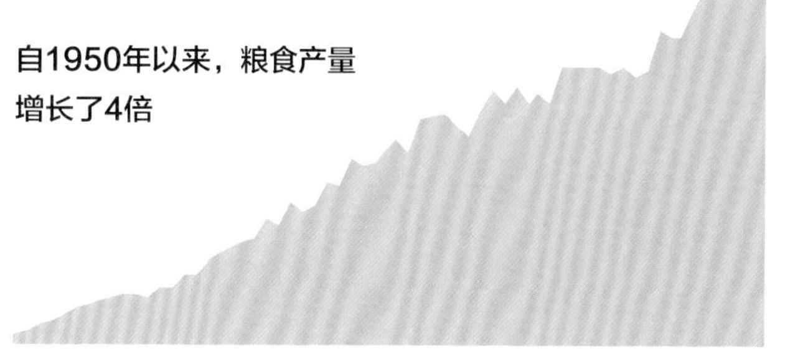

粮食需求扩大

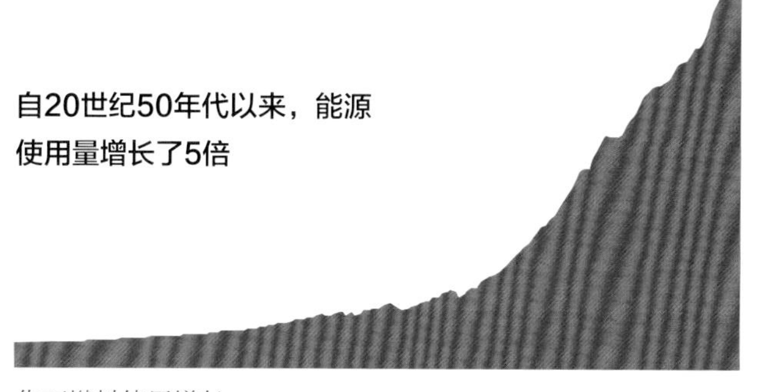

化石燃料使用增长

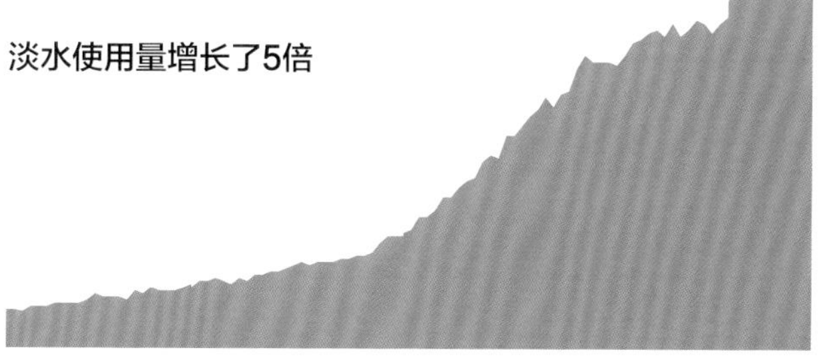

淡水使用量上升

的80万年从未出现过的高浓度温室气体如今充斥着地球大气层，造成了气候变化、极端天气、经济损失和人道主义影响等不良后果。同时，每年有数百万人死于由化石燃料燃烧和森林火灾造成的空气污染。

此外，人类生存所必需资源的大量消耗也同样造成了经济和社会压力。淡水和鱼类资源正急剧减少；而随着森林采伐和物种多样性的下降，土壤破坏成为另一个世界性问题。大量动植物的灭绝加剧了生态系统的退化，这可能是自6500万年前恐龙灭绝后最严重的一次生物多样性损失。所有这些变化都将进一步影响经济发展，并最终对我们已经取得的社会成果造成威胁。

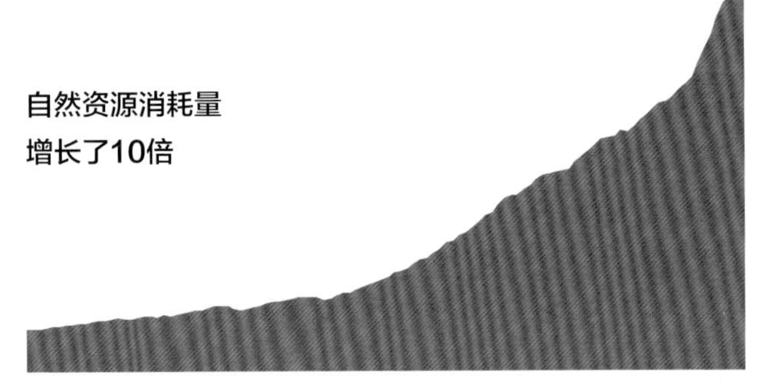

资源使用增加

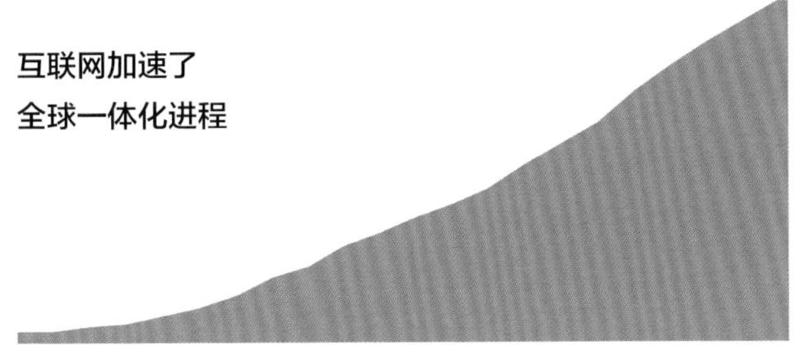

全球化

拯救地球

日益严峻的环境问题迫使人们开始试图寻找解决方法。尽管部分解决办法确实取得了一些积极的成果；但在现实世界中，主张维持既得利益的阻挠、短视政治主义的实行，以及从环境与发展项目中谋求不正当利益等加大了解决问题的难度。克服这些阻碍并协调社会、经济和环境的需求是刻不容缓的。值得庆幸的是，已有的大量数据、分析和案例都说明了我们该如何继续前进。沿着前进方向来规划未来并不容易，但对每一个希望在未来实现积极可持续发展的人来说，全面了解当前世界趋势和未来发展方向是一个重要的开始。

思索未来

同其他众多的目标一起，自2015年开始实行的可持续发展目标和《巴黎气候变化协定》将决定我们的未来。为达成环境可持续发展的目标，不仅需要国际社会在科技和商业等层次上的合作，更需要对经济和政治优先权进行反思。

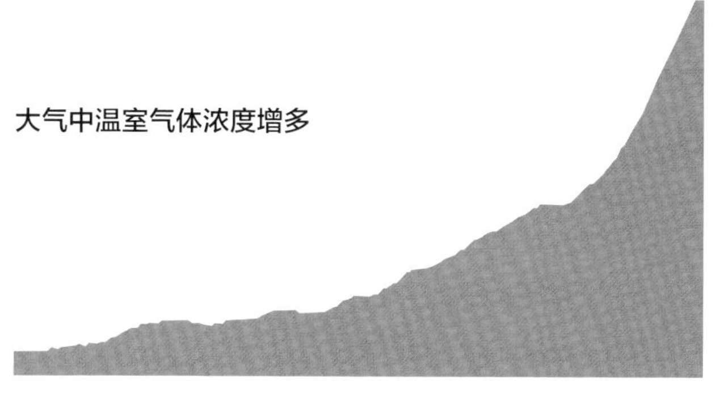

二氧化碳排放量增多

捕鱼量翻了
四番以上

渔业

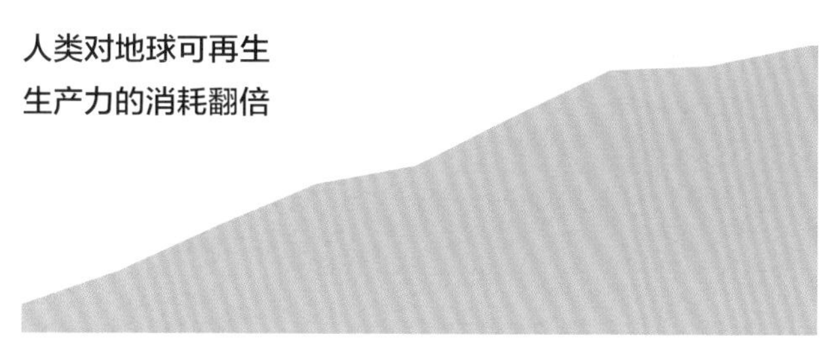

人类土地利用量

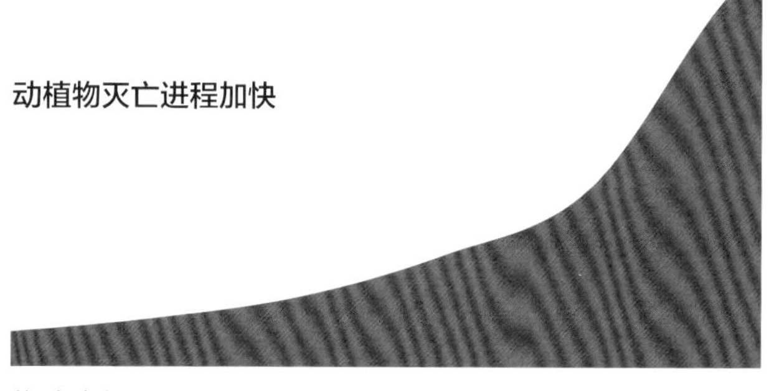

物种消亡

为实现可持续发展的目标，首先需要对当今世界的实际情况有一个广泛而深入的理解，这也是我们要写这本书的原因。在书中，我们简要地说明了地球上正在发生什么，并解释了重大事件背后的原因。书中使用了最新数据和信息来解释世界的现实变化和未来发展趋势。我们衷心希望读者能通过了解这些简单而惊人的事实，从中得到启发并和我们一起书写人类历史的新篇章。

托尼·朱尼珀　博士

“诸如气候变化，**以及人口增长带来的淡水和能源需求飙升**等问题是我们这个**时代面临的巨大挑战**，需要科学、工程和政治等多方力量共同面对。”

布莱恩·考克斯（BRIAN COX）教授，英国物理学家和主播

人口爆炸

食物需求升级

经济扩张

干渴的世界

都市星球

消费热情

能源使用

1 驱动因素

一系列剧烈且相互联系的发展进程促进了世界的急速变化，并将人类活动的影响施加给维持生命的自然系统。

人口爆炸

在所有的世界变化驱动力中，人口快速增长也许是其中最重要的一项。更多的人口意味着对食物、能源、淡水等资源更大的需求，并因此对自然和大气环境产生压力。虽然在经历过20世纪的人口爆发后，目前人口增长趋势已放缓，但世界人口总量仍以20万/天的速度持续上升，也就是说每年新增人口数量为8000万，相当于整个德国的人口。

星球扩张

随着粮食生产和分配能力的提升，以及18世纪人口死亡率的下降，从1750年开始，人口数量有了明显增长；19世纪，卫生条件及相应设施的发展又进一步提高了公共健康水平；20世纪，人口增长速度达到了空前的水平。据估计，人口总量将在2024年达到80亿，在2050年将超过90亿。

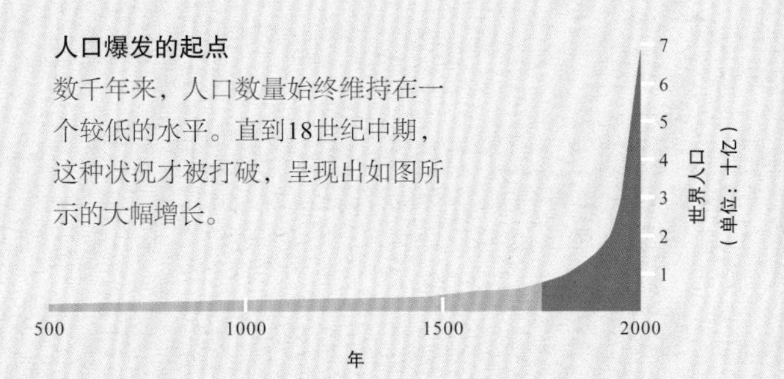

人口爆发的起点

数千年来，人口数量始终维持在一个较低的水平。直到18世纪中期，这种状况才被打破，呈现出如图所示的大幅增长。

“人口增长
正使世界资源
接近**警戒线**。”

艾尔·戈尔（AL GORE），美国前副总统，环境学家

1798年
爱德华·詹纳（Edward Jenner）
发明天花疫苗
（世界上第一个有效疫苗）

19世纪早期
世界人口首次突破10亿

1750 1760 1780 1800 1820 1840 1860

年

日益拥挤的世界

19世纪早期，世界人口首次达到10亿，随后在1959年突破了30亿，并在15年后达到了40亿。紧接着，世界人口在1987年超过了50亿，在1999年突破60亿，在2011年膨胀至70亿。时至今日，全球有五个国家的人口总和已达到34亿，占到全球人口总数的一半，是19世纪全球人口总数的三倍。

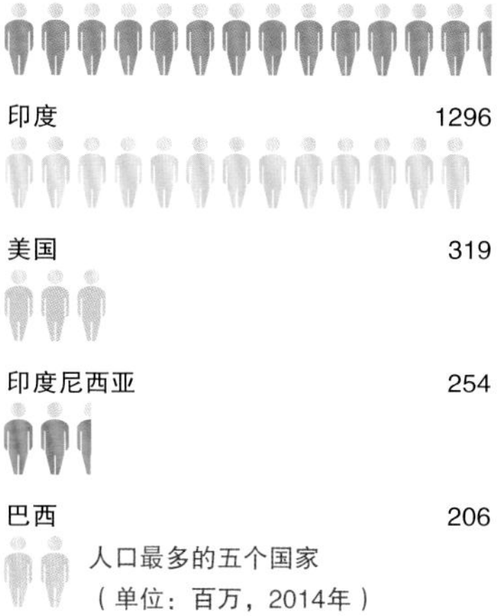

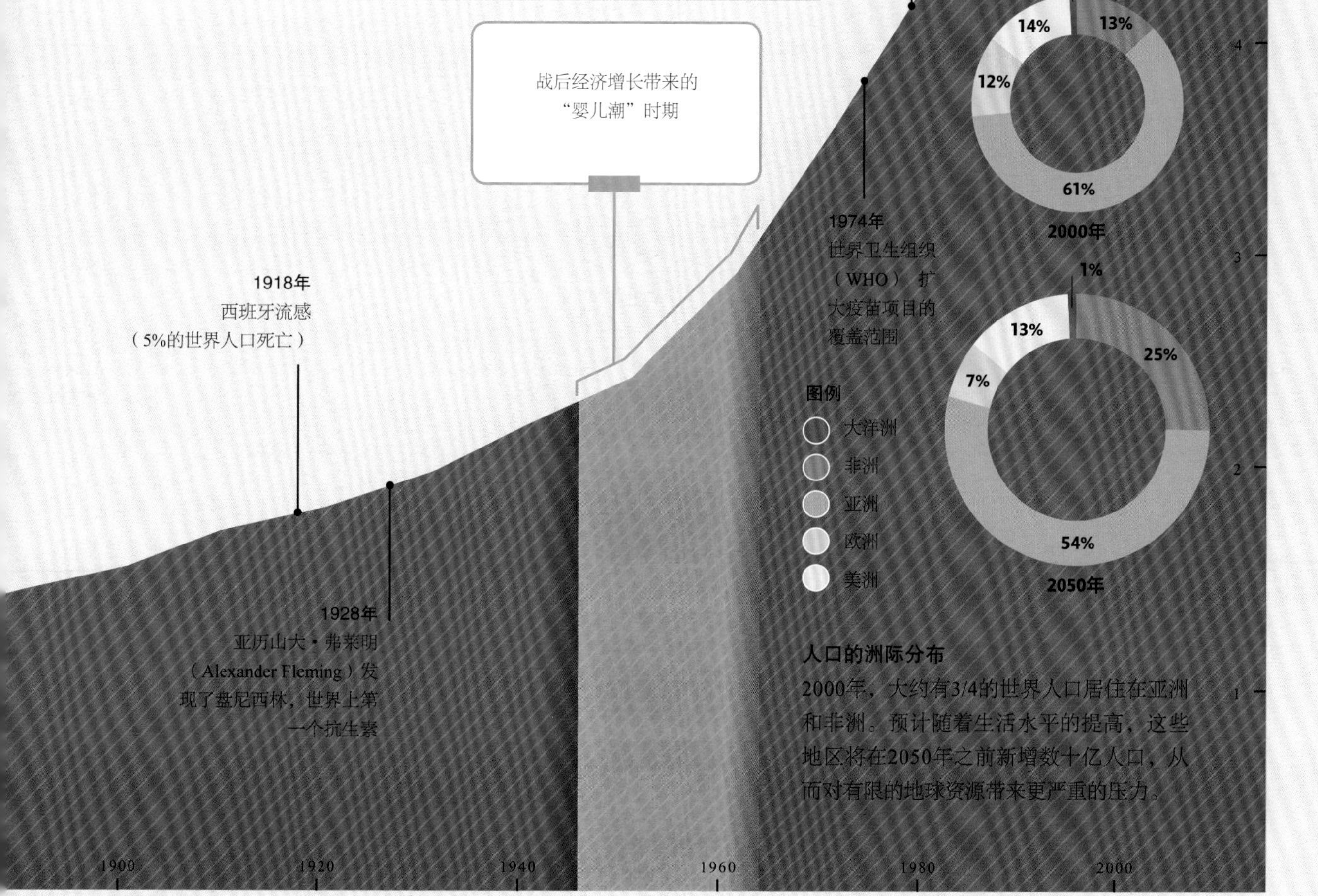

人口的洲际分布

2000年，大约有3/4的世界人口居住在亚洲和非洲。预计随着生活水平的提高，这些地区将在2050年之前新增数十亿人口，从而对有限的地球资源带来更严重的压力。

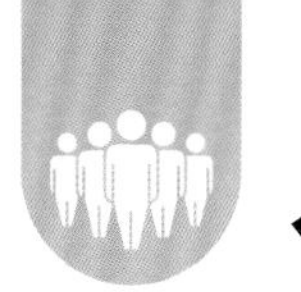

人口流动

自1800年以来，全球五大洲人口均呈现增长状态；但在20世纪的50年代和60年代，发达国家的人口增长势头放缓；尽管财富、健康和教育因素降低了出生率，发展中国家的人口数量仍持续上升。

出生率的提高、医疗条件的改善和移民工人的流动都为高速增长的世界人口做出了贡献。在过去5年中，最大规模的人口迁徙发生在中东。其中，由于工作机会的增多及周边国家的政治冲突，阿曼和卡塔尔的人口数量在一年之中上涨了7%。虽然7%看上去并不起眼，但如果两个国家持续保持这个增长速率，可在未来10年内实现人口翻倍。

人口变化剖析

移民是众多发达国家的人口数量得以保持稳定或增长状态的重要原因，但目前人口增长速度较快的国家主要集中在非洲，这也是为什么预计到2100年前，非洲人口数量将由现在的12亿达到40亿。并且，预计到2050年，大约90%的世界人口居住在我们目前认定的发展中国家（现在这个比例是80%）。

21世纪末，非洲人口将占全球总人口数的

40%

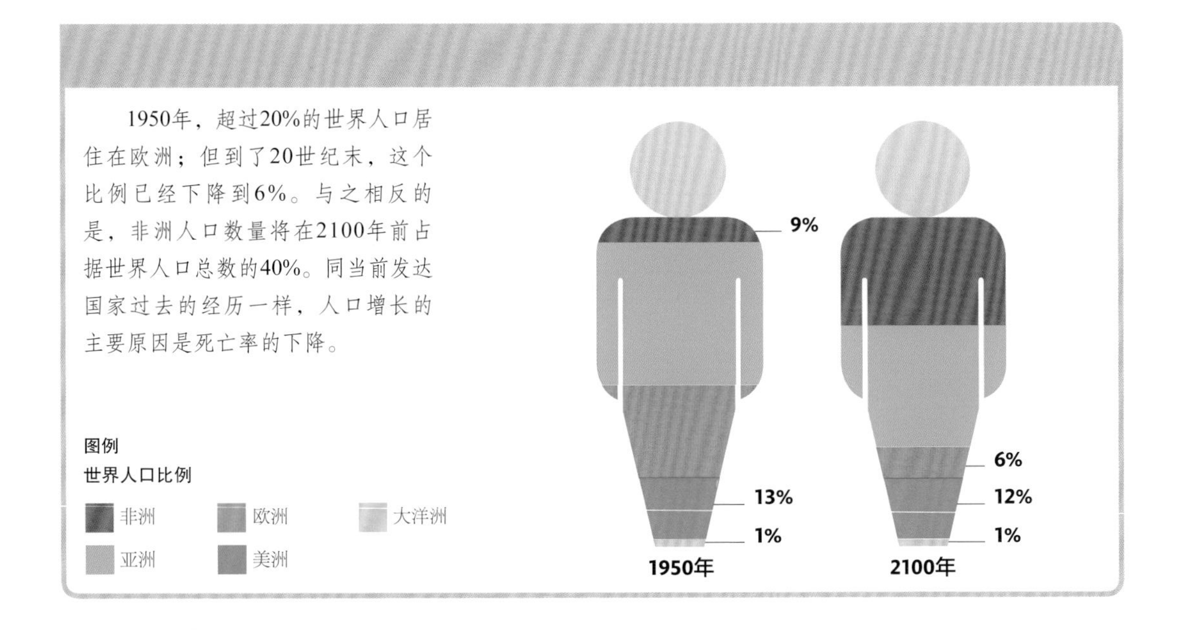

世界中心

目前超过半数的世界人口居住亚洲东南部。中国和印度是地球上人口数量最多的两个国家，分别是14亿和13亿。此外，还有约2.5亿人居住在印度尼西亚，9000多万人居住在越南和近7000万人居住在泰国。

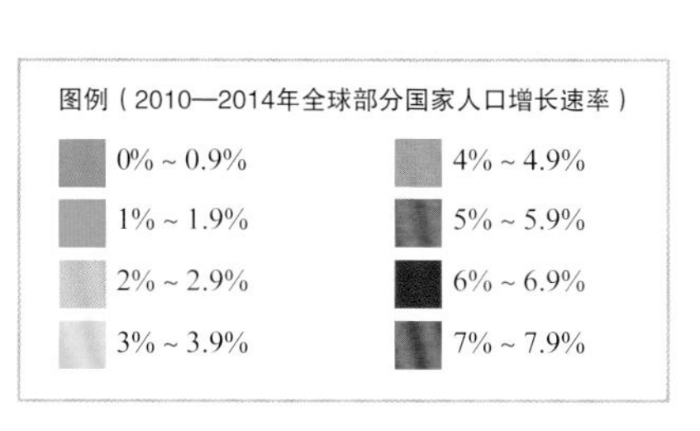

2010—2014年全球部分国家人口增长速率

	国家	增长速率	情况
	中国	0.5%	从20世纪70年代开始，人口增长速率放缓，但每年0.5%的增长率意味着这个国家每年新增人口仍有660万
	英国	0.7%	每年新增人口约50万人，相当于一个爱丁堡的人口数量
	美国	0.8%	当前人口增长速率为240万/年，相当于一个纽约布鲁克林区的人口数量
	巴西	0.9%	自20世纪60年代以来，巴西的出生率持续走低，从而导致人口增长率的下降
	印度	1.3%	在过去50年中，印度的人口增长速率已大幅下降，妇女的平均生育率从1960年的5.87下降到了2012年的2.5
	冈比亚	3.2%	以目前的增长速率，25年后人口总数将翻倍
	布隆迪	3.2%	人口增长速率超过了经济发展和粮食供应的能力
	厄立特里亚	3.2%	尽管有大量移民迁出，人口增长速率仍从1994年的0.4%开始上升
	乌干达	3.3%	预计人口数量将从2015年的2800万上升到2050年的1.3亿
	尼日尔	3.8%	高生育率（每个妇女生育超过七个孩子）维持着尼日尔的高人口增长率
	阿联酋	4%	迪拜（七酋长国之一）的人口增长速率在2007年达到顶峰17%后开始下滑
	科威特	4%	70%的人口是侨民，主要集中在石油和建筑行业
	南苏丹	4.2%	非洲人口增长速率最高的国家，2010—2014年，每年人口数量增长4%
	卡塔尔	7.4%	卡塔尔的经济发展吸引了大量的欧美富人、东亚移民工人，从而促进了人口的增长
	阿曼	7.8%	阿曼是目前世界上人口增长速率最高的国家

寿命延长

自有历史记录以来至近现代，儿童数量总是高于老年人。而现在，地球上65岁及以上的老年人却比5岁及以下的儿童数量要多。

前所未有的，地球上老年人的数量和人均寿命都在持续增长，相应地带来了许多重要的问题。比如，与人口老龄化趋势相对应的会是较好的晚年健康状况吗？老年人是否有新机遇来承担不同的社会角色？鉴于很多老年人不再缴纳个人所得税，那么我们的社会是否能赡养得起如此高比例的退休人员？

持续下降的生育率和显著上升的人均寿命是人口老龄化持续加速的重要原因。目前来看，20岁至65岁的就业人口比例正大幅下降。在未来，更高比例的健康老年人将不得不继续工作，与年轻人一起竞争就业机会。

参见

›**增长放缓** 第22～23页

›**生活改善** 第102～103页

›**更健康的世界** 第108～109页

人均寿命

在过去100年中，人均寿命的增长反映了人类主要死亡原因的变化。在20世纪早期，感染性及寄生性疾病是人类死亡的主要因素；但公共健康状况的改善、营养的充分供给，以及诸如抗生素和疫苗等医学突破的出现彻底改变了这种情况。现在，人类的死亡主要是由癌症和心脏病等非传染性疾病造成的。

图例

人均寿命（单位：岁）

- 世界平均
- 北美洲
- 拉丁美洲及加勒比海
- 欧洲
- 大洋洲
- 亚洲
- 非洲

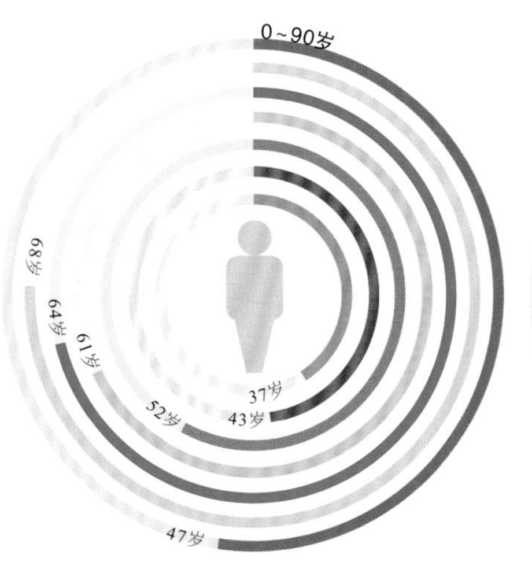

1950—1955年

北美和欧洲的人均寿命均超过世界人均寿命（47岁）。战争、疾病和营养不良是世界人口寿命短暂的主要原因。

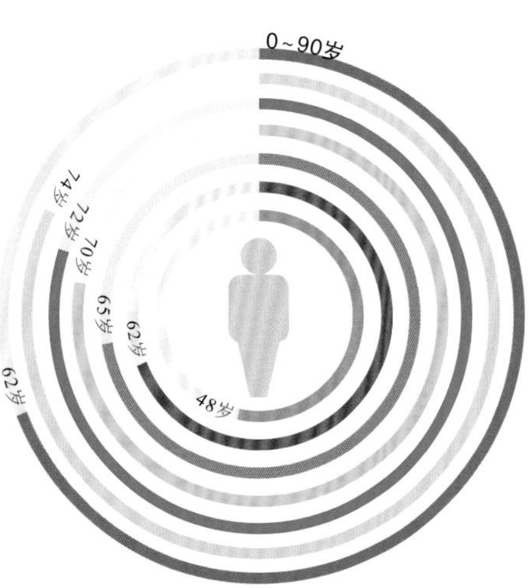

1980—1985年

发达国家日益富裕的生活、全球粮食安全水平的提高和更好的医疗条件促进了世界上大部分地区人均寿命的增长。

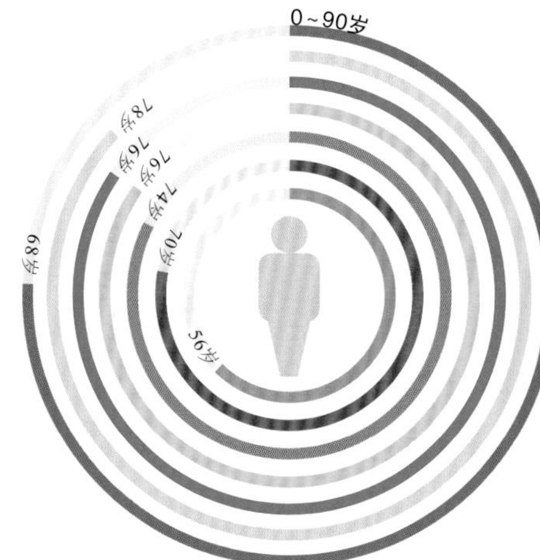

2005—2010年

经济的增长、营养的改善和疾病的控制均有效提高了世界人均寿命，但由于艾滋病等各类疾病在广大非洲国家之间的传播，非洲的人均寿命仍然是最短的。

世界人口金字塔

全球人口的年龄分布正在发生着剧烈的变化。与数十年前相比，60岁及以上老年人所占比例的上升使人口金字塔的顶端增高变粗。与2000年的人口分布情况相比，60岁及以上老年人的比例将在2050年翻一番以上，大约占总人口的21%。到2100年，这个比例将增加三倍。

2047年，
60岁以上的老年人数量
将超过儿童数量。

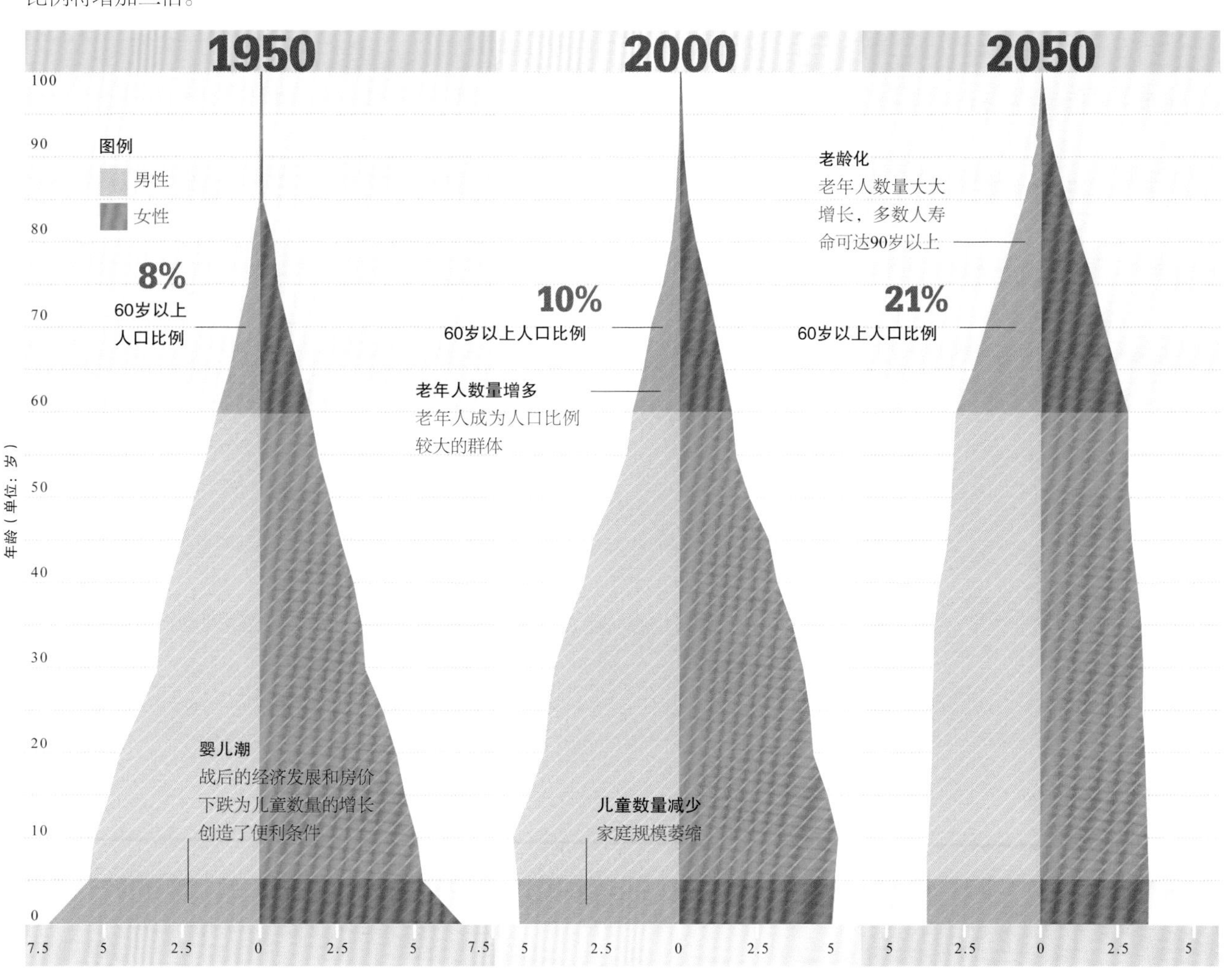

1950年

全球人口增长曲线陡峭。20世纪50年代，人口数量增长了19%，使20世纪60年代和70年代的人口增长持续走高。

2000年

60岁及以上的老年人比例在迈入千禧年后的第一个50年中增长了2%。生育率的下降和死亡主要原因的变化预示着老龄化将加剧。

2050年

又一次的人口大爆炸。这一次不仅是人口数量的整体上升，同时包括了自2000年以来60岁及以上老年人口比例的翻倍。

增长放缓

如何有效地管控人口增长已经成为现代社会中一个最值得讨论同时也是最具有争议的话题之一。而实际上有哪些工作已经用来降低人口增长的速度了呢？

自20世纪以来，人口的迅猛增长为全球环境、资源和食物供给的安全性敲响了警钟。尽管其并没有造成预想中的人道主义灾难，但出于诸多考虑，我们仍然不得不控制人口增长。

为了达成这个目标，人类已经采取了一系列行动，包括强制节育（印度）、大力推广避孕套（非洲）和计划生育政策（中国）等。而争议更小且效果更好的方法就是教育，尤其是对年轻女孩和妇女们的教育。

妇女教育和出生率

一般而言，接受过教育的家庭妇女平均只有两个孩子，而文盲妇女往往有六个或更多的孩子。同时，这种情况是恶性循环的，即文盲妇女家庭中的女童接受教育的可能性更低。

高等教育则能带来进一步的好处。比如，接受过扫盲教育的妇女家里的房屋、衣物、收入、饮用水和卫生条件等都会更好一些。而高等教育又能启发进一步的投资，带来社会、经济和环境上的效益。

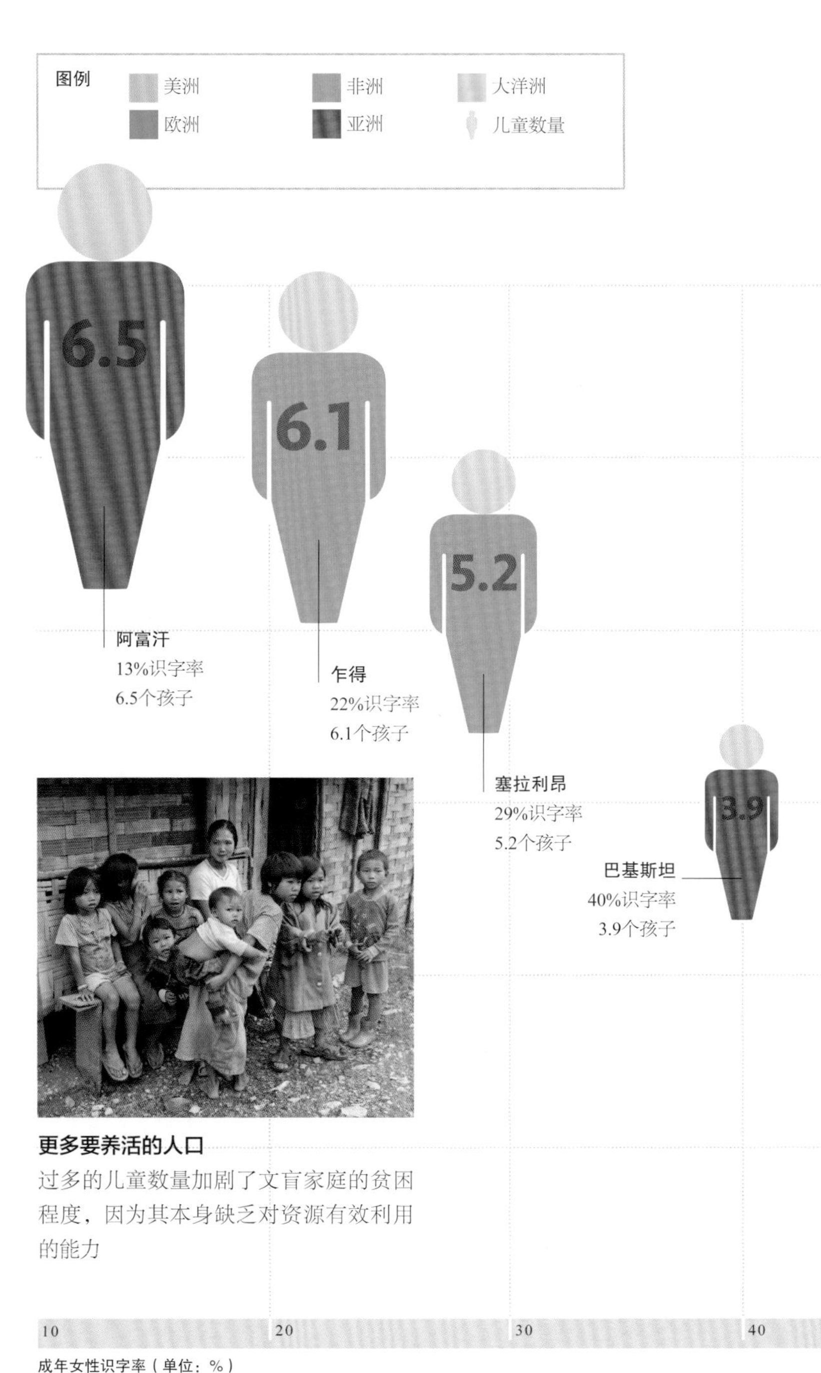

更多要养活的人口

过多的儿童数量加剧了文盲家庭的贫困程度，因为其本身缺乏对资源有效利用的能力

受教育水平的影响

平均水平上，识字妇女生养的孩子数量更少。但在一些地区，也出现了成年人识字率高，但妇女生养的儿童数量也高的情况，这主要是由于男性受教育的机会高于女性的性别歧视造成的。

尼日尔
51%识字率
7个孩子
7.0

刚果民主共和国
56%识字率
5.9个孩子
5.9

乌干达
67%识字率
6.3个孩子
6.3

4.0
新几内亚
55%识字率
4个孩子

4.1
苏丹
60%识字率
4.1个孩子

2.7
印度
50.8%识字率
2.7个孩子

突尼斯
71%识字率
1.8个孩子

萨尔瓦多
81%识字率
2.3个孩子

博茨瓦纳
84%识字率
2.8个孩子

3.4
玻利维亚
86%识字率
3.4个孩子

中国
91%识字率
1.8个孩子

3.9
萨摩亚群岛
99%识字率
3.9个孩子

澳大利亚
99%识字率
1.9个孩子

美国
99%识字率
2.0个孩子

英国
99%识字率
1.9个孩子

德国
99%识字率
1.3个孩子

50 60 70 80 90 100

中国的计划生育政策

在20世纪80年代初期，中国政府开始采用行政手段来控制人口快速增长的趋势，限制每个家庭只能生育一个孩子。

4 : 2 : 1的社会结构：养育一个儿童需要——

4位（外）祖父母
下降的工作人口比例和上升的退休人口比例共同出现，从而加重了社会赡养老人的负担。

2位父母
父母需要为计划外儿童支付“社会抚养费”，来补偿社会的教育和医保支出。

经济扩张

从18世纪后期工业革命开始，世界经济就以惊人的速度快速增长。在过去的200年中，新生产技术和发明创造的出现使劳动力和资源得到了有效利用，并提高了人均产出量。在世界范围内，生产力的提高意味着更高的收入，更好的生活质量和大量减少的贫困人口。并且随着亚洲，南美洲和非洲的新兴发展中国家逐渐实现工业化，全球经济将继续保持增长。

更高生产力的世界

在最近的100年中，以GDP为指标的世界经济总量保持稳定地持续增长。经济增长的主要驱动力是更多的人口和更先进的技术；前者提供更多劳动力来制造产品和提供服务，后者则使劳动力得到更有效的利用。自1950年以来，全球经济增长开始加速；2000年，全球经济产出就已经是1950年的10倍了。尽管随着最近的全球经济衰退而出现增长速度降低的情况，经济产量仍然处在一个空前的高位水平。

“我们正在允许**资本利益凌驾于人类和地球的利益之上。**”

戴斯蒙德·图图（Archbishop Desmond Tutu），
南非社会权益活动家

电力的广泛应用提供了人工光源，使得在白天之后延长工作时间得以实现。

1900
1910
1920
1930
1940
年

不断增长的个人财富

人口增长是经济攀升的一个驱动力，因为更多的人意味着需要更多的商品和服务。与此同时，人均GDP也在增长，标志着生产力和财富的增长。从1960年往后的50年里，全球经济体系中的人均货币总量翻了三番。在这里列举的仅是全球平均水平，而实际上，增长成果在全球并不是均匀分布的（见第110～111页）。

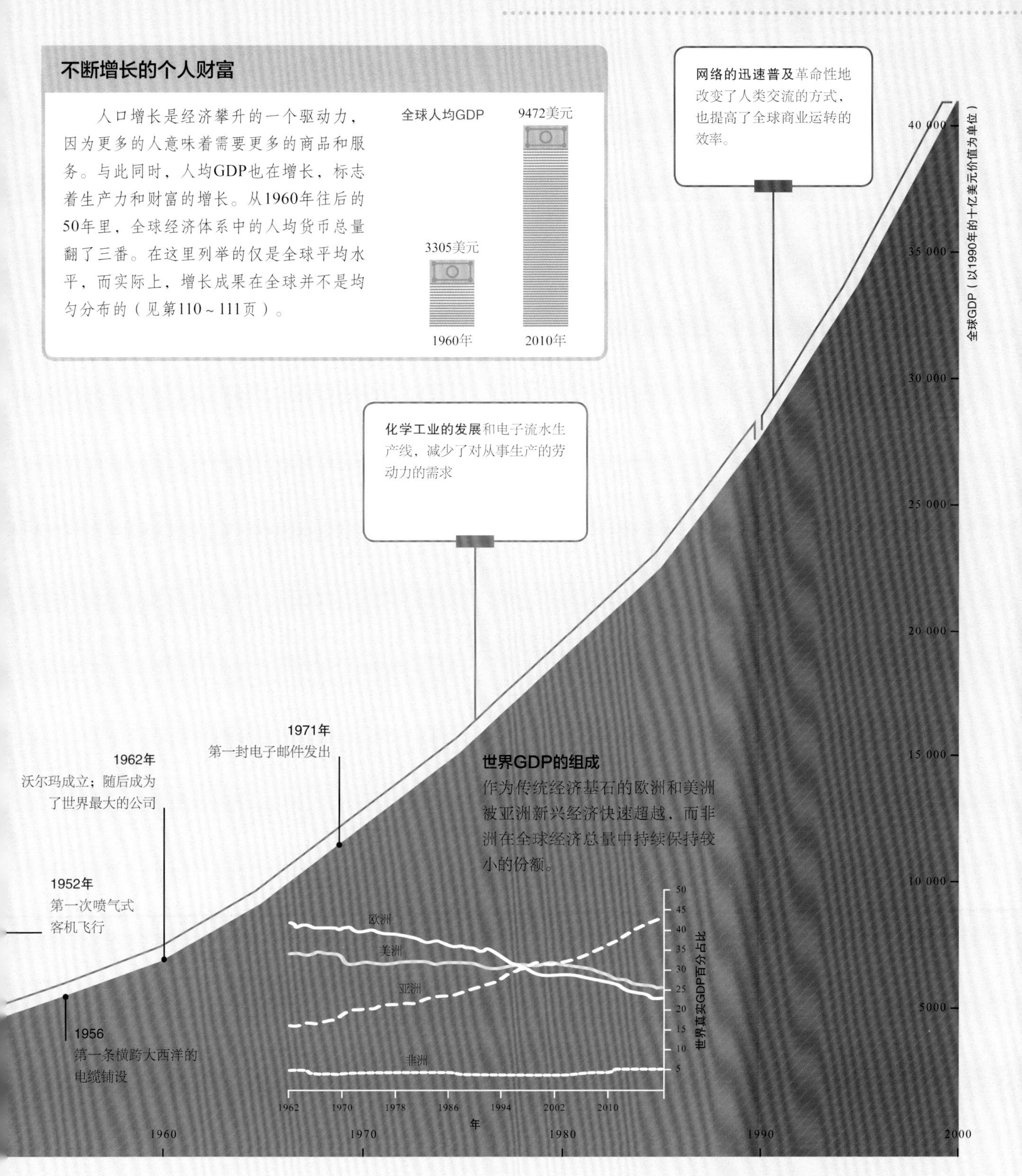

什么是GDP

国内生产总值（Gross Domestic Product），缩写为GDP，是衡量一个经济体系产出量的指标；它被定义为在特定的时期内（通常为一年），经济体内所有生产的商品和服务的总价值。常被用来比较经济体的相对大小和判断一个经济体是否随着时间的变化健康发展。经济学家有多种方法来衡量这种产出——这里我们用支出法来举例说明。支出法通过将经济体系中的政府、个人、商业和组织的支出总量加合来评估产出量。

图例

（C）顾客消费
由个人和家庭购买的所有商品和服务的总额。

（I）投资支出
公司购买设备为未来提供产品和服务所花费的钱；新建筑的购买。

（G）政府开销
政府在公共服务和公共部门的薪资上的支出。

（X）净出口
减去进口价值后，本国制造的商品和服务在国外销售的价值。

政府从制造公司购买飞机和武器，并向士兵和工人们支付薪酬。

工厂投资购买新设备和机器来制造用于销售的产品。

GDP =C+I+G+X

计算GDP的方法有很多种。这里所展示的方法是通过加入经济体内四个组成成分的支出来计算的，即消费支出、投资支出、政府支出和净出口价值。

通过和其他国家的贸易，国内制造的产品和服务销往国外。

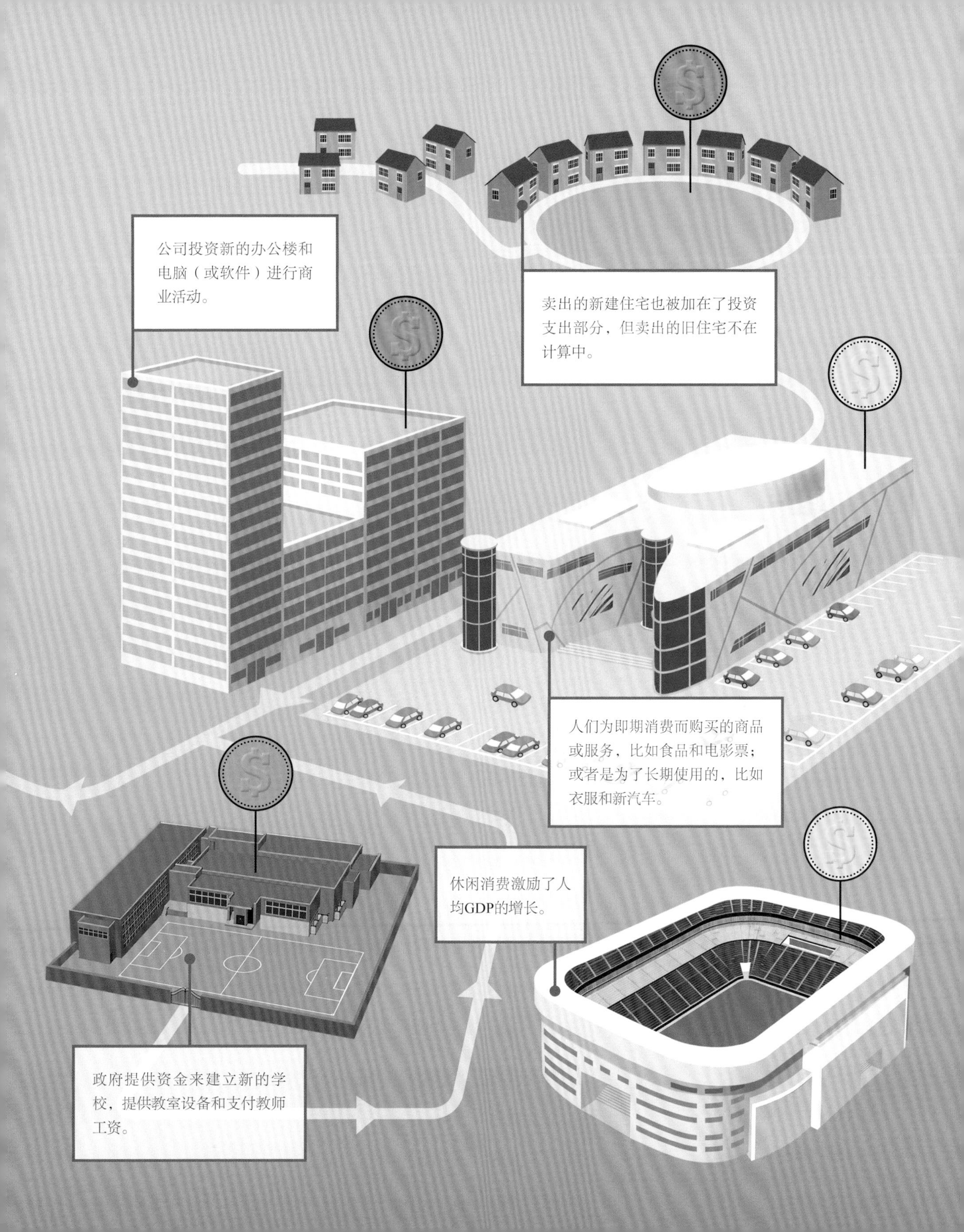

公司投资新的办公楼和电脑（或软件）进行商业活动。
卖出的新建住宅也被加在了投资支出部分，但卖出的旧住宅不在计算中。
人们为即期消费而购买的商品或服务，比如食品和电影票；或者是为了长期使用的，比如衣服和新汽车。
休闲消费激励了人均GDP的增长。
政府提供资金来建立新的学校，提供教室设备和支付教师工资。

越来越富的人们

纵观世界，随着收入水平的提高，人们也在逐渐提高生活水平；但在我们之中，极端富裕和极端贫困之间的差距也越来越大。

人均国内生产总值是一种量测经济的增长或下降如何影响不同国家的个人生活质量的指标，即将一个国家的年经济生产总值除以它的人口数量。人均生产总值数值代表着个人平均收入和生活质量，可以在时间尺度上进行比较来观察人们生活质量的变化。从全球范围来看，人均GDP的平均值从1990年的4271美元上升到2014年的10 804美元，这代表着家庭收入是整体上升的。这种结果的部分原因是新兴经济体的崛起（比如巴西、俄罗斯、印度和中国）和世界上一些最贫困国家贫困率的显著降低。但显然，这个时期人均GPD上升的最大原因还是因为世界极端富裕经济体的持续增长。像美国和英国这样发展完备的经济体，它们的增长率可能比较低，但人均GDP却远远高于其他国家。

参见

› **全球经济实力的转移** 第32～33页
› **消费主义兴起** 第86～87页
› **不平等的世界** 第110～111页

全球不均等

尽管事实上全球人均GDP是在持续增长，且几乎没有国家的增长速率为负值，但富裕国家和贫困国家之间的差距也在逐渐增大。1990－2014年，最不可思议的增长来自新兴经济体中的中国、越南和卡塔尔。其中，越南的人均GDP增长了10倍，而中国增长了20倍以上。毫无疑问，它们是成功的，但在绝对值上，美国和挪威这样有着更平稳完备的经济体系的国家会更高。

缓慢增长
尽管比大多数国家的经济增长都要缓慢，日本仍是世界上生活标准最高的国家之一。

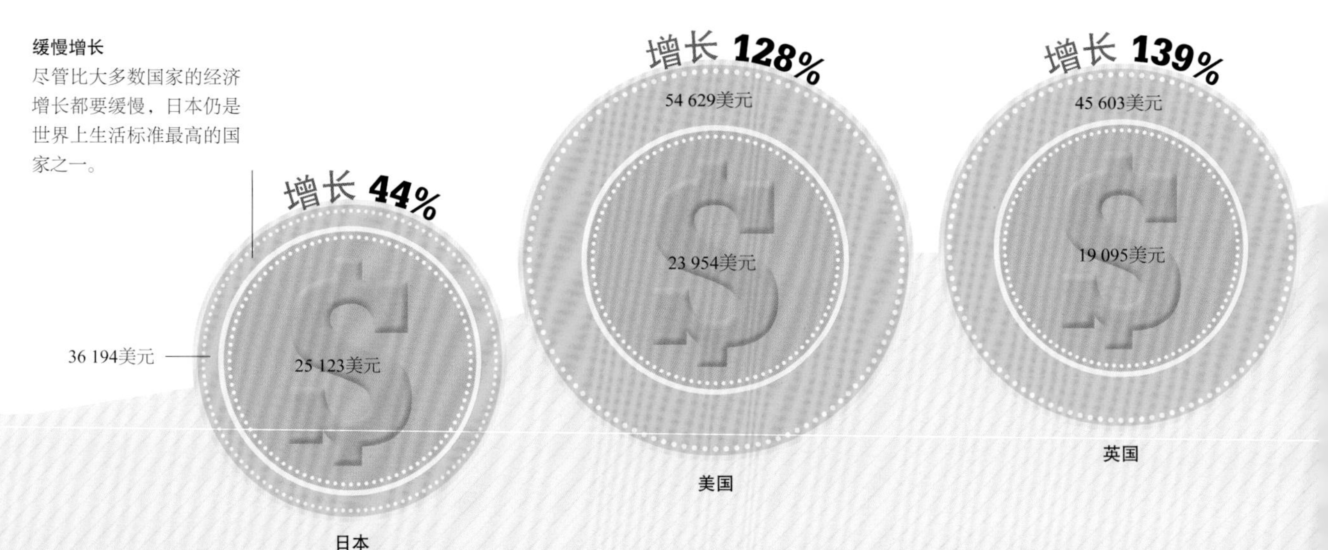

中产阶级的世界

日开销在10～100美元的全球中产阶级群体正日益扩大。在2009年，大约有18亿人被归为中产阶级，预计到2030年的时候这个数字将会增长到49亿。与之相应的，发展中国家中产阶级消费者的影响也在增长；预计到2030年，全球中产阶级消费的35%将来自印度和中国。

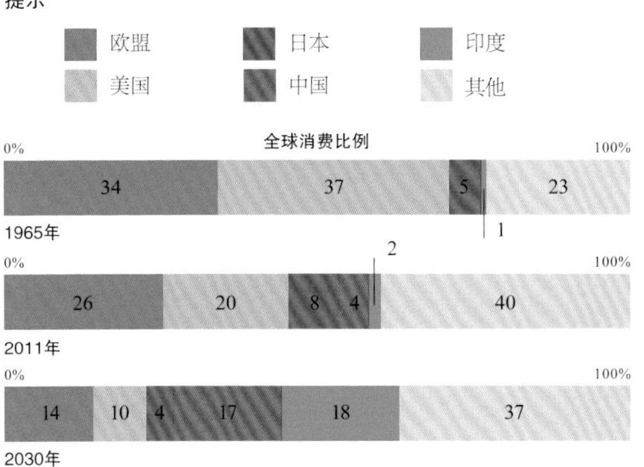

增长 **2303%**

最大增长幅度

近20年来，中国已经成为一个主要经济体，但其国内严重的贫富差距仍然是一个大问题。

中国

2052美元

98美元

增长 **1994%**

越南

高GDP

该海湾国家有着大量的资金，但很多人仍然生活在贫困中。

增长 **505%**

93 397美元

15 446美元

卡塔尔

增长 **245%**

97 363美元

28 242美元

挪威

最高GDP

挪威的巨型经济体主要来自政府管辖的北海石油。

增长 **335%**

375美元

1630美元

印度

增长 **296%**

481美元

1904美元

苏丹

增长 **276%**

3086美元

11 612美元

巴西

炫富

虽然中国的人均GDP在急速上升，但贫富差距也随之增大。只有少部分人群能够买得起奢侈品，比如图中这样引人注目的法拉利汽车。

企业还是国家

近数十年来，全球市场的兴起使大量跨国公司的财富比世界上大多数国家都要庞大。

基于国家和地区GDP（见第26～27页），以及公司收益排列的世界前100名经济体中有60个是国家和地区，其余都是公司企业。其中，沃尔玛位列第28大经济体，是世界上最大的公司，在排行榜上仅次于挪威。这种巨大的经济影响力使这些公司具有相当大的权力和影响力。比如，石油公司游说政府去反对通过政策调整来应对全球变暖，只因这将会威胁到他们的商业利益。

顶级赚钱机器

通过比较世界银行排列的国家和地区GDP榜单和按收益排列的企业财富500强榜单，将世界前70大经济体在地图上标出，如右图所示。这些公司中，资产最高的是零售业，但大量的领军人物是在石油炼制和汽车制造行业，比如在财富500强的榜单上，位于第二位的是中国石油和能源巨头中国石化，紧随其后的是壳牌。

沃尔玛的年总营业额（4860亿美元）**几乎是巴基斯坦GDP（2470亿美元）的两倍。**

在美国，政治游说是一项大买卖。很多公司通过雇用说客来干涉政局。2014年，大约有12 000名注册说客致力于游说国会的535名成员。

图例（2014年）

国家/地区（GDP以十亿美元为单位）

企业（收益以十亿美元为单位）

2014年部分国家和地区GDP与部分企业收益

国家/地区（企业）	GDP（企业收益）
美国	17 419
沃尔玛	486
埃克森美孚	383
雪佛兰	203
伯克希尔哈撒韦	195
苹果	183
中国	10 360
中国石化	447
中国石油	429
国家电网	339
日本	4601
丰田	248
德国	3853
大众	269
英国	2942
英国石油公司	359
法国	2829
道达尔	212
巴西	2346
意大利	2144
印度	2067
俄罗斯	1861
加拿大	1787
澳大利亚	1454
韩国	1410
三星电子	196
西班牙	1404
墨西哥	1283
印度尼西亚	889
荷兰	870
壳牌	431
土耳其	800
沙特阿拉伯	746

（续表）

国家/地区（企业）	GDP（企业收益）
瑞士	685
嘉能可	221
瑞典	571
尼日利亚	569
波兰	548
阿根廷	540
比利时	533
委内瑞拉	510
挪威	500
奥地利	436
伊朗	415
阿联酋	402
哥伦比亚	378
泰国	374
南非	350
丹麦	342
马来西亚	327
新加坡	308
以色列	304
中国香港	291
埃及	287
菲律宾	285
芬兰	271
智利	258
巴基斯坦	247
爱尔兰	246
希腊	238
葡萄牙	230
伊拉克	221
阿尔及利亚	214
卡塔尔	212
哈萨克斯坦	212
捷克共和国	206
秘鲁	203
罗马尼亚	199
新西兰	188
越南	186

全球经济实力的转移

在过去的40年里，有7个国家（G7）被视为世界上最重要的经济体，但新兴经济体正在逐渐取代它们。

自19世纪后半叶以来，美国就已经被广泛接受为世界最大经济体及在产出和发明创造上的领头人。20世纪70年代，其他的传统经济发达国家和美国一起组成了7国集团，称为G7。类似地，在2006年出现了E7集团（或称为新兴7国集团），由最重要的七个发展中经济体组成。

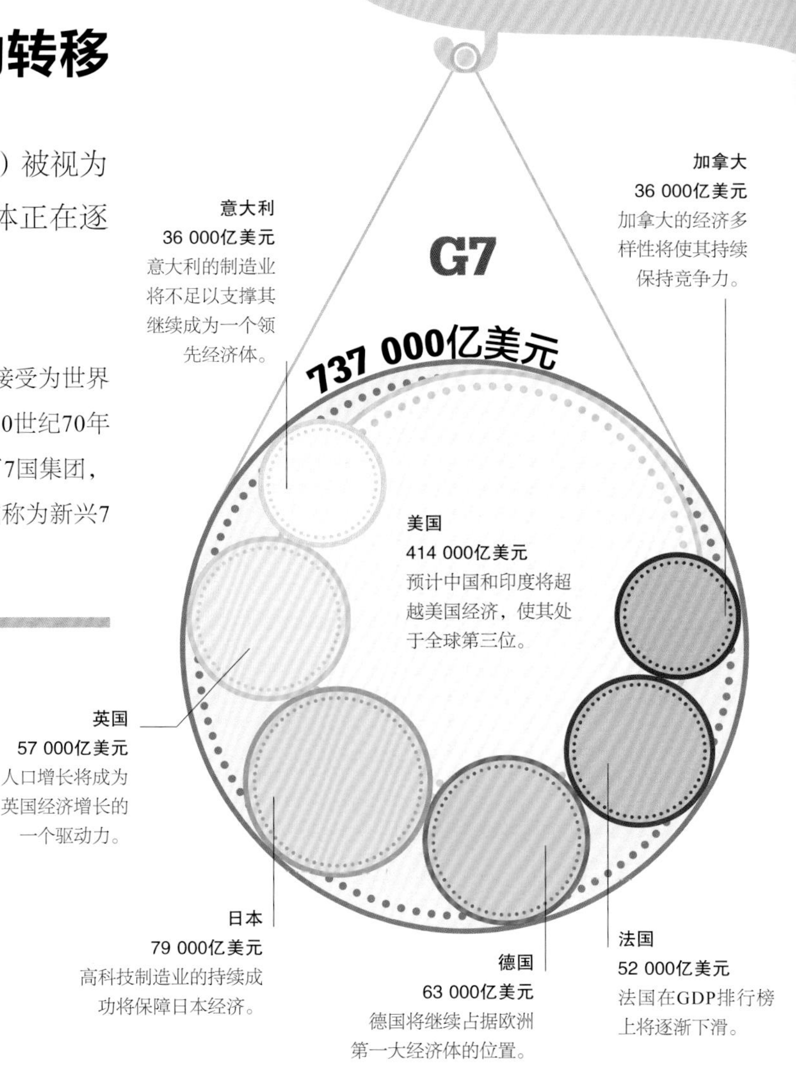

E7的发展

到2050年，G7集团预计将会被E7中的7个新兴经济体完全超越。在中国，社会主义经济政策的改革和制造业生产能力的快速提升取得了巨大的经济成果，并且预计其将得到持续发展。同样，到2050年，印度将会完全超越美国，成为世界第二大经济体。虽然G7集团的经济将会持续增长，但与他们的对手新兴集团相比，增长速率则在一个相对很低的水平上。

世界上最富裕的50个城市

通过预测世界上最富裕的50个城市，有助于对东方世界经济增长的充分了解。在2007年，通过GDP排列的50个最富裕的城市中，有8个在亚洲。到2025年，这个数字预计将达到20个；而最富裕的50个城市中的欧洲城市将有一半完全从这个名单上消失，同时消失的还有三个北美城市；从而呈现一个新的城市经济实力地图。

2050

预计**欧洲和美国**在全球GDP中的占比将从2014年的**33%**跌至2050年的**25%**左右。

平衡倾斜

在北美、西欧和日本，完备发达经济体的经济实力将持续流失。到2050年，预计E7国家的GDP将是G7集团的两倍。

E7

1 454 000亿美元

土耳其
51 000亿美元
通过与欧洲的贸易来获利，土耳其的大型制造业和纺织业预计将得到持续增长。

中国
611 000亿美元
继续保持过去20年的增长趋势，中国将成为世界最大经济体。

印度尼西亚
122 000亿美元
预计到2050年，印度尼西亚的经济总量将仅次于美国。

印度
422 000亿美元
超过美国后，印度将成为世界第二大经济体。

巴西
92 000亿美元
基础设施的发展，充足的自然资源将有力支撑其经济发展。

墨西哥
80 000亿美元
墨西哥90%的出口货物将继续提供给它的北美邻居，这将成为它稳定收入的一个来源。

俄罗斯
76 000亿美元
俄罗斯多样的自然资源将持续成为其主要出口商品和经济成功的驱动力。

贸易利益

数百年来，贸易一直是世界经济发展的强劲推动力；且贸易大国往往比贸易小国有更大的经济量。

国际贸易使得各国能充分利用其自然和人口资源。现代交通工具方便快捷，保鲜期非常短的南非食物和鲜花能在数天之内出现在欧洲的超市中；互联网的出现使许多服务不再受地域所限。这些技术上的进步均使国际贸易不断繁荣。

世界贸易

（以总出口量为标准的）国际贸易巨头往往是世界上最富裕的国家。它们可以从高效的基础设施和有利的合同条约中获利匪浅，同时也有能力制造出高附加值产品。当今贸易和交通工具的便利性使大多数产品或服务在世界范围内得以流通。

贸易与援助

一些专家认为为了更好地帮助贫困国家的发展，应当减少国际援助，转而投资与贫困国家的贸易。

贸易

- 建立双边伙伴关系而不是单边依赖性关系
- 促进贫困国家的工业和基础设施的发展
- 降低对强大的国家的依赖性

援助

- 提供紧急救助和支持
- 鼓励推行可持续发展的政策
- 国外援助使双方经济关系处于不平等地位

最不发达的国家

由联合国认定的48个最不发达国家的贸易主要受基础建设和政府政策缺失的影响。相应地，在这些国家中最常见的是价值含量低的商品和服务。

进口

制造能力低下的贫困国家无法在全球市场中扮演重要角色；反之，它们不得不进口一些制造品，如汽车和药物。

出口

多数最不发达国家的首要出口商品是被运往海外进行商品制造的自然资源；同时旅游业也是一项能带来收入的出口商品。

劳动力

以开采原料为主要产业的国家往往患有“荷兰病”，即原材料的出口使更稳定或更合算的制造业流失了大量工作岗位。

2360亿美元
最不发达的国家

23.6万亿美元
世界贸易

90% 的世界贸易
来自海运

23.3万亿美元
其他国家

发达国家

贸易协议和开放政策往往使发达国家在贸易中获利更多。良好的基础设施和交流工具确保了贸易的顺利进行。

进口
发达国家长期进口食物、原材料和机械用于加工制造业。基础商品和服务是其进口的主要组成部分，用来为高附加值的产业服务。

出口
多数发达国家出口的高附加值产品主要为电子消费品和汽车产品。而服务产品大多以金融和旅游的形式出现。

劳动力
像中国和美国这样的大型经济体的出口能力强大，从而支撑起数以百万计的工作岗位。

美国协定

美国是世界上最大的国际贸易国，在2014年的贸易总量超过3.9万亿美元；随着北美自由贸易协定（NAFTA）的实施，加拿大成了美国的最大贸易伙伴。每年，1/3的美国出口量流向了加拿大和墨西哥。

图例

进口

出口

加拿大
与加拿大互为对方至关重要的贸易伙伴，同时享用世界范围内最高价值的贸易关系。

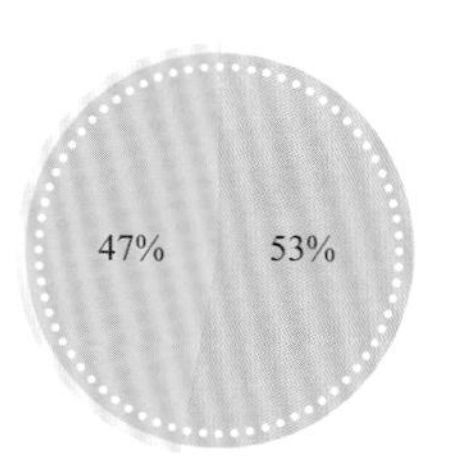

6600亿美元

中国
中国是美国最大的进口国；近年来，对中国出口份额的迅猛增长使其成为美国第三大海外商品和服务市场。

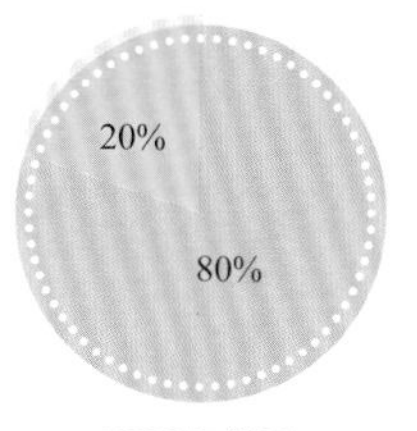

5900亿美元

墨西哥
作为北美自由贸易协定（NAFTA）中的第三位成员国，墨西哥的优势在于廉价的劳动力和制造成本。这意味着其出口大量消费品到美国。

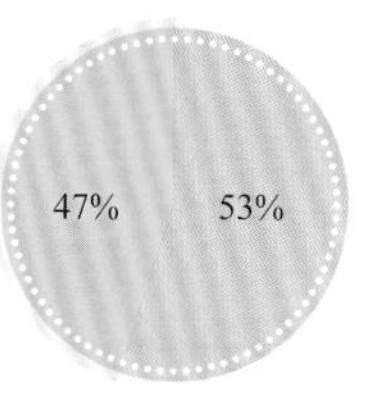

5340亿美元

日本
从日本进口的产品主要是一些专门制造品；其中，汽车和电子是最受欢迎的物品。

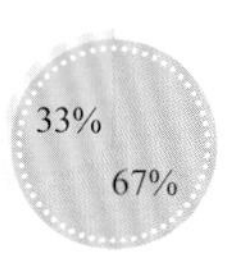

2010亿美元

德国
德国是美国最大的欧洲贸易伙伴，以出口高质量的消费品而闻名。

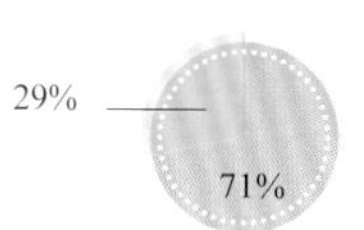

1730亿美元

世界债务

政府债务对制定政策措施有着巨大的影响。过重的债务和偿还压力将迫使政府更少地考虑环境友好和可持续发展目标。

政府通过向私人银行和其他金融机构发行债券的方式筹集资金，并将所得收入投入到公共服务和基础设施建造方面。只要国家仍然具有偿还能力，债权人就可以通过利息获利。当支出超过税收份额而用于偿还债务的资金趋于枯竭时，政府往往会优先发展经济、削减支出，并降低长期发展目标。例如，多数国家在2008年全球经济危机时中止了低碳能源项目，从而对环境保护造成了巨大影响。

参见

› 什么是GDP 第26～27页
› 可持续经济 第200～201页

债务比例

高额债务国家往往比财政负担小的国家面临着更大的困难。而具备政府稳定、低腐败率和经济增长等条件的国家，比如日本，即使在背负着高额债务的情况下仍能发行债券。

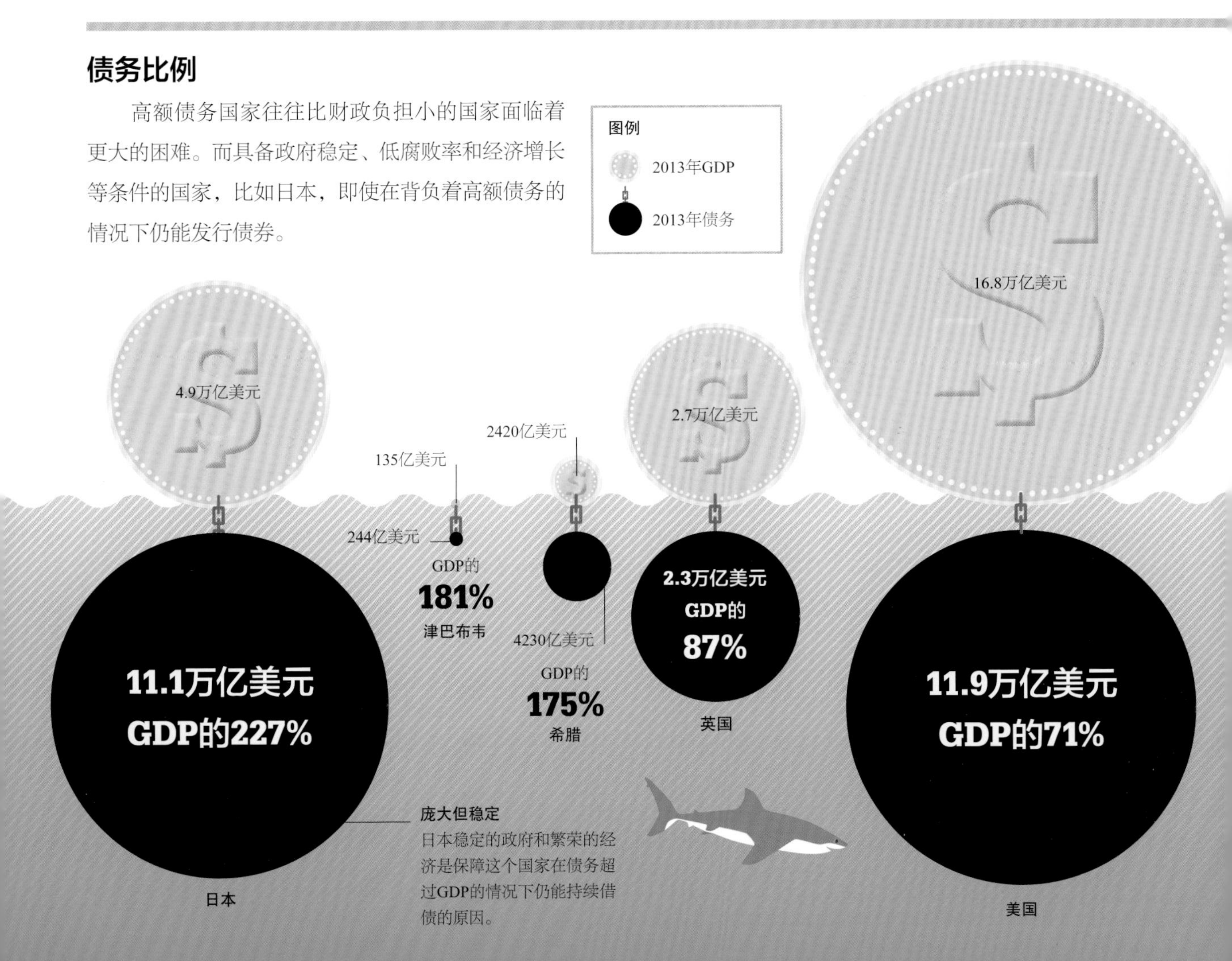

政府紧急援助

2008年金融经济危机发生后，美国政府为金融行业提供了4.82万亿美元的紧急援助。这部分援助形成新的公共债务，加剧了美国经济的负担。与其他政府支持项目相比，银行紧急援助的范围有限。2015年，奥巴马的医疗改革方案得到了长达40年的等值紧急援助。而载人登月的阿波罗11号任务所需花费只是2008年紧急援助的一小部分。

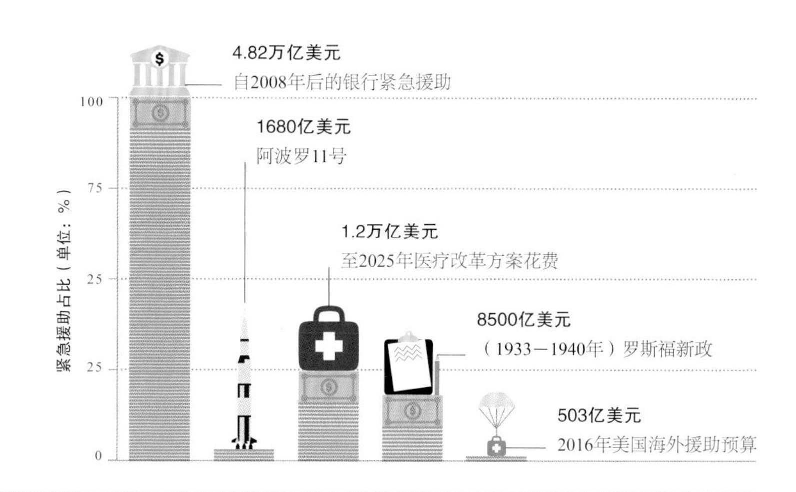

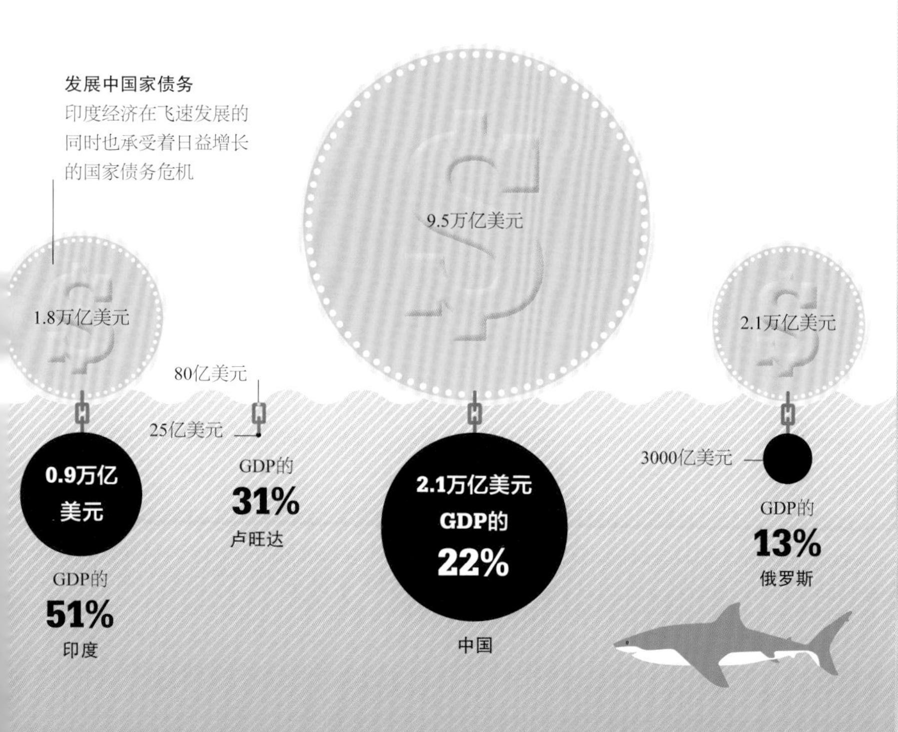

2015年，全球公共债务超过了**57万亿美元**。

第三世界债务

20世纪70年代，过量外借、不计后果的贷款和不断上涨的利率导致第三世界国家的债务危机。拉丁美洲、非洲和亚洲的许多国家拖欠债务。因此，西方国家的债权银行、发达国家的财政部和世界机构等不得不联合促使债务国家采取改革手段来促进经济发展和降低支出。具体方法包括提高自然资源出口量和削减社会项目。

巴西的木材出口业

城市星球

远在一万年以前，地球上就出现了第一个有规划的城市中心。当时，农业技术发展是养活新出现的城市人口、促进城市崛起的保障。随后，工业革命加快了城市化的步伐，精耕细作进一步提高了农作物产量。在人口向城市的迁移持续推进的同时，也带来了对其可持续性发展的担忧。预计到2050年，我们需要175个伦敦大小的城市用来安置城镇居民。

从农村到城市的迁移

1800年，只有2%的世界人口居住在城市。随着时间的推移，数百万的农村居民或是为了更好的生活条件，或是被农村微薄的收入所迫而不断向城市地区迁移。2007年，城市居住人口首次超过世界人口的一半。持续的人口增长和城市化进程预计将在2050年前带来25亿的新增城市人口；也就是说从现在开始，每天将会新增18万城市人口，其中大多数来自于增长迅速的发展中国家。

“**在很多城市**里，来自基建设施（住房、饮用水、排水设施、交通和电力供给）和**生活质量双方面的压力是难以承受的。**”

乔治·蒙贝尔特（GEORGE MONBIOT），英国作家和活动家

1885年
美国芝加哥建造了世界上第一幢摩天大楼，改变了城市建设方式。芝加哥人口也在1850－1900年翻了三番。

20世纪20年代
第一次世界大战期间，社会混乱使许多年轻人向城市迁移。

1885 1890 1900 1910 1920 1930 1940

年

畸形的城市化

在某些国家，城市的增长速度几乎是整体人口增长速度的两倍，尤其是在这些国家的欠发达地区。在过去15年中，南美洲的城市覆盖率逐年下降，而欧洲、北美洲和大洋洲则经历了平稳的城市增长过程。与此同时，非洲和亚洲是拉动发展中国家平均城市覆盖率上升的主力；非洲被认为将是在2020—2050年城市化发展速度最快的地区。

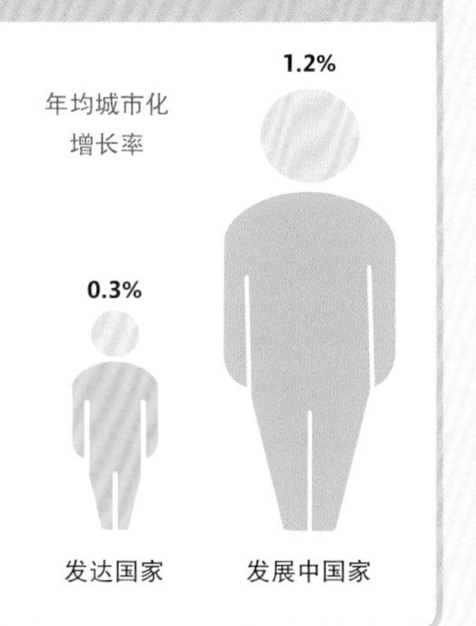

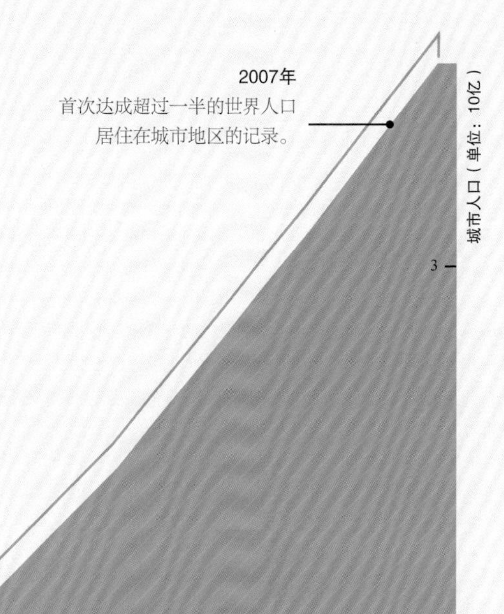

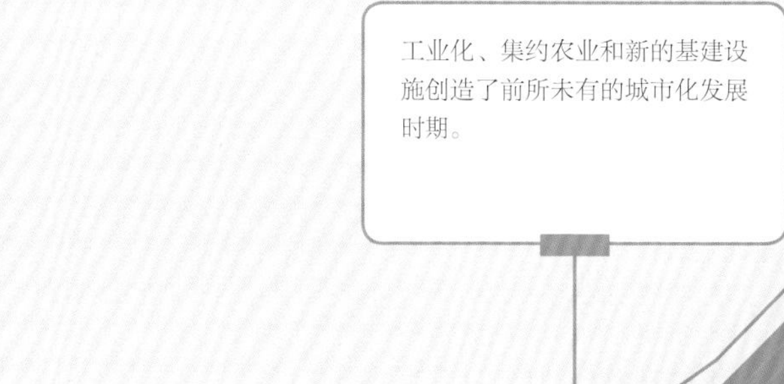

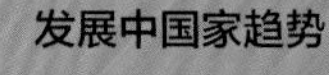

发展中国家趋势

尽管乡村仍然是非洲和亚洲人民的主要聚集形式，但在这两个地区的城市化发展速度明显高于其他地区。预计到2050年，它们的城市人口比例可以分别达到56%和64%。

20世纪80年代
包括中国在内的城市人口快速增长时期。

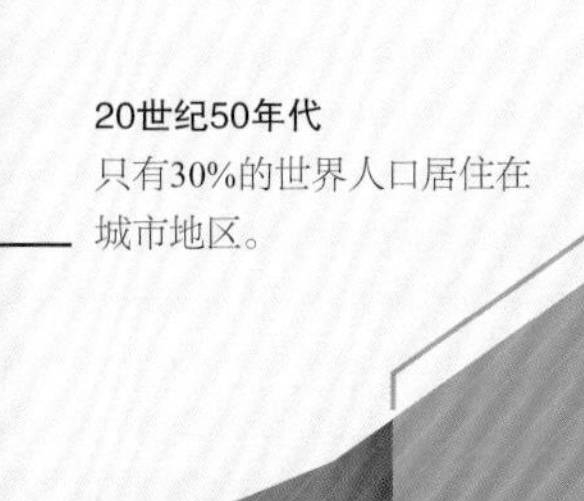

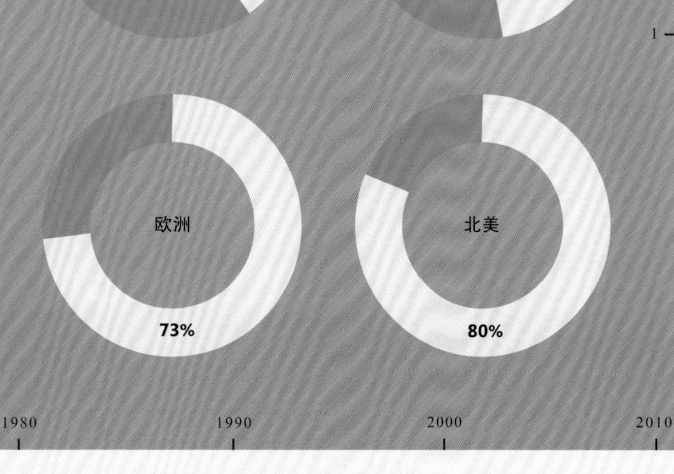

图例
（2014年）人口比例
城市
乡村

1960 1970 1980 1990 2000 2010

超大城市的出现

在过去的25年间，超大城市（人口达千万以上的城市）如雨后春笋般出现。50年前，世界上只有一个超大城市，那就是纽约；1990年，这个数目变成了10；而如今达到了28个，几乎是1990年的三倍。

在过去的数十年中，世界城市的中心从日本、北美和欧洲等发达经济体逐渐转移到了亚洲、非洲和南美洲等发展中国家。据联合国预测，2030年，新增的13个超大城市将全部集中在亚洲、非洲和南美洲。它们分别是首尔、利马、班加罗尔、金奈、波哥大、约翰内斯堡、曼谷、拉合尔、海德拉巴、成都、艾哈迈达巴德、胡志明市和罗安达，其中有9个位于亚洲。

非洲目前正处于城镇化发展最快的阶段。例如，刚果（金）的金沙萨市的人口数量将从1950年的20万增到2030年的2000万，比2015年的人口数量多出1100万。但同时，一些超大城市也将面临着城市迅速发展带来的自然资源、食物和交通巨大压力的窘境。

参见

› 全球经济实力的转移 第32～33页
› 消费主义兴起 第86～87页
› 不平等的世界 第110～111页

TOP 10超大城市的变化

亚洲的城镇发展举世瞩目，仅中国和印度两个国家就占据了28个千万级人口城市中的9个。当然，并不是所有的亚洲国家都具有如此高的增长速度。日本就深受人均寿命的延长和相对低的出生率的影响而导致经济持续低迷。据预计，东京可以在2030年之前一直保持着最大的超大城市的地位，但新德里则有赶超趋势。

1990年，世界上只有10个拥有千万级人口的城市。如今，这个数字翻了近三倍。

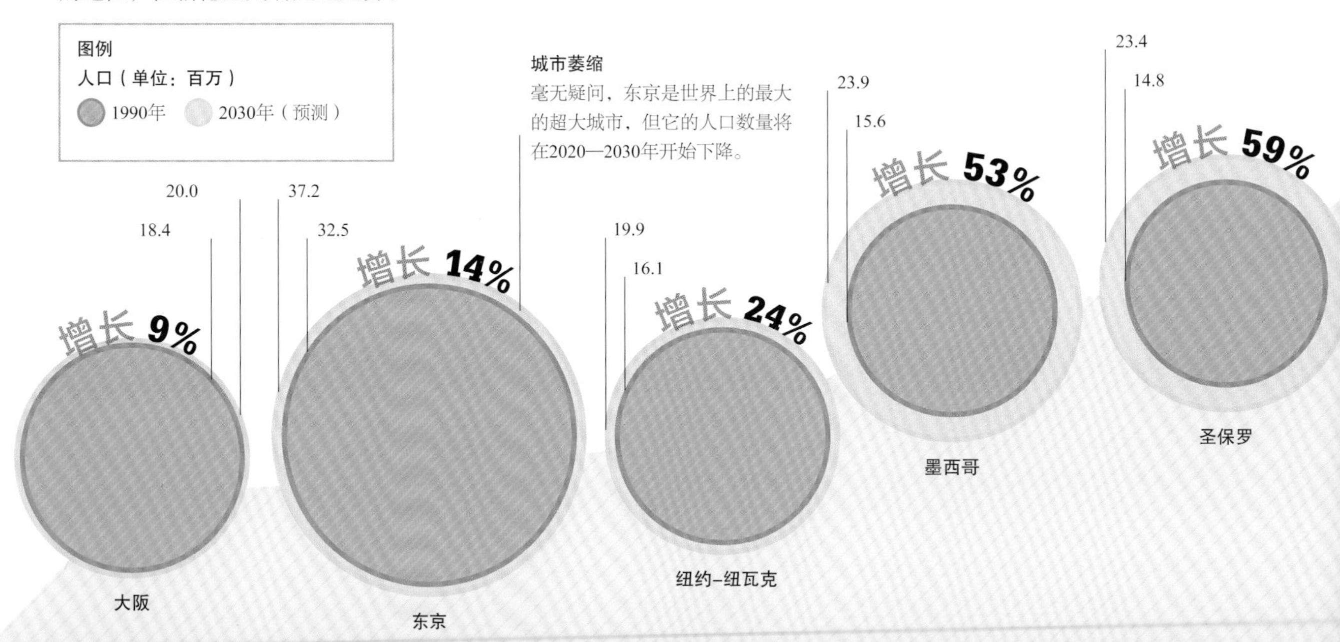

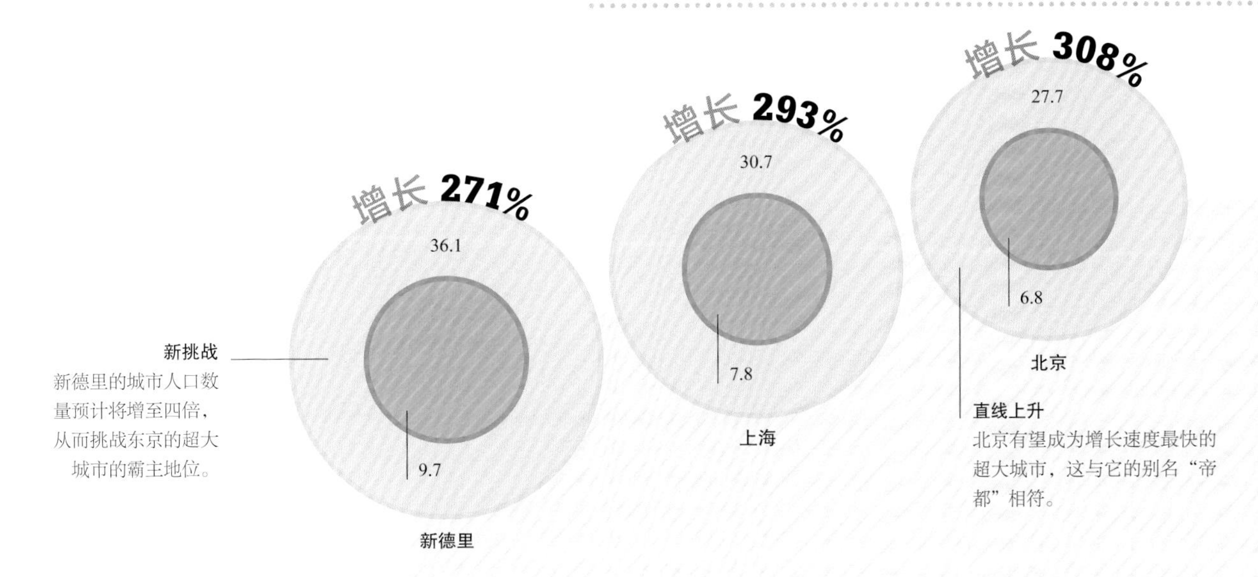

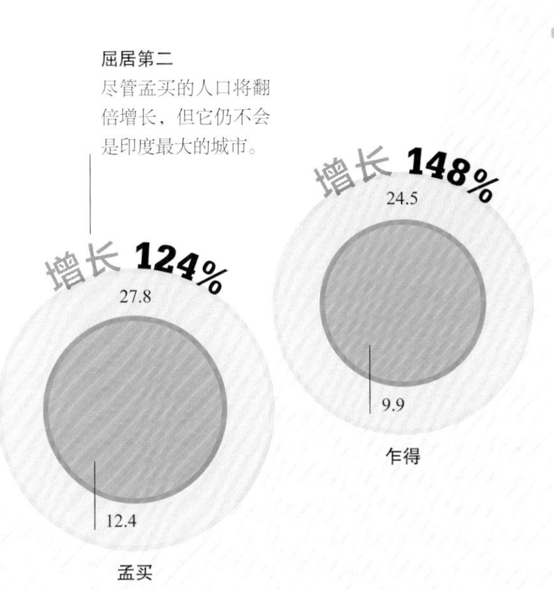

多种规模的超大城市

图中列出了2014年拥有500万以上人口城市的国家。随着这些城市的持续增长，它们将在整个国家的发展中扮演着至关重要的角色。

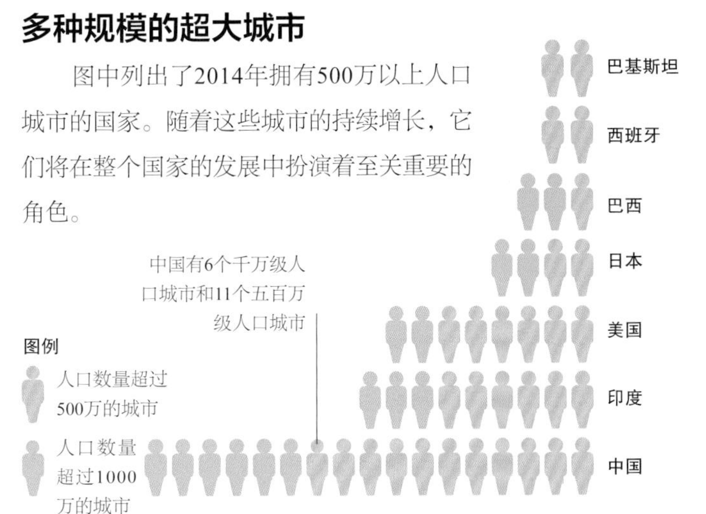

超大城市的分布

世界上28个超大城市的分布目前主要集中在亚洲。除了亚洲的16个超大城市外，南美、非洲、欧洲和北美洲分别还有3个超大城市。考虑到目前亚洲的城镇化率仅有48%，其城镇化率将持续增长，预计到2050年达到64%，并且超大城市的数量也将继续增长。这也对有限的自然资源带来了前所未有的压力。

城市压力

城市居民对能源、饮用水、食物和资源的消耗量往往都要高于农村居民。城市人口贡献了总消费量的3/4和总废弃物的1/2。

城市是经济的引擎。以自然资源作为燃料，城市创造了大量的促进发展和积累财富的活动，也带动了更多的人从农村迁移到城市。但随之也带来了一些问题。城市居民对食物、饮用水和能源的需求也在持续上涨。私人交通和公共交通的使用增加，污染增多。一般而言，原农村居民在城市中消费能力反而更高，这加大了对自然资源的需求。总而言之，所有这些因素都通过消费力的增长对自然栖息地和环境造成了破坏。

城市密度

城市人口密度差异巨大。一个有趣的比较城市密度的方法是以不同城市的人口密度为标准，分别计算它们容纳73亿世界人口所需的空间大小。以纽约的人口密度为标准时，一个德克萨斯州大小，64.854万平方公里，就足够了；然而采用一个低人口密度的城市（如休斯敦）为标准来衡量时，占地面积可达458.191万平方公里，几乎是整个美国大小。此外，以伦敦为标准的占地面积是以巴黎为标准的占地面积的4倍。

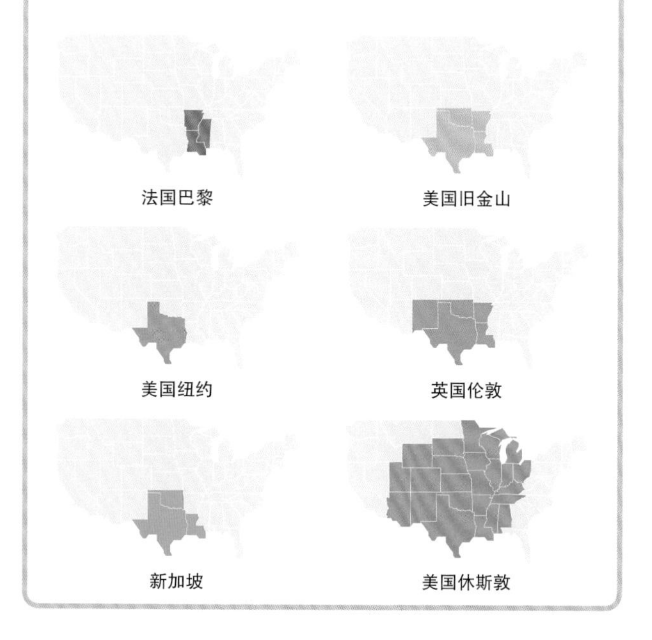

生态足迹

生态足迹是用来测量人类活动对自然环境影响的一种方法。这本质上是一种面积测量，其含义是能持续为一个地区或国家提供资源和容纳人类排放物的所需要的具有生物生产力的土地面积大小和水量的多少。每个人、每项活动、每家公司和每个国家都有各自的生态足迹。2002年的一篇名为“城市极限”的报告曾分析过伦敦的生态足迹，并提出了伦敦向可持续发展城市转型过程中面临的挑战。

城市仅占据地球土地表面的**2%**，却**消耗着世界上75%的自然资源**。

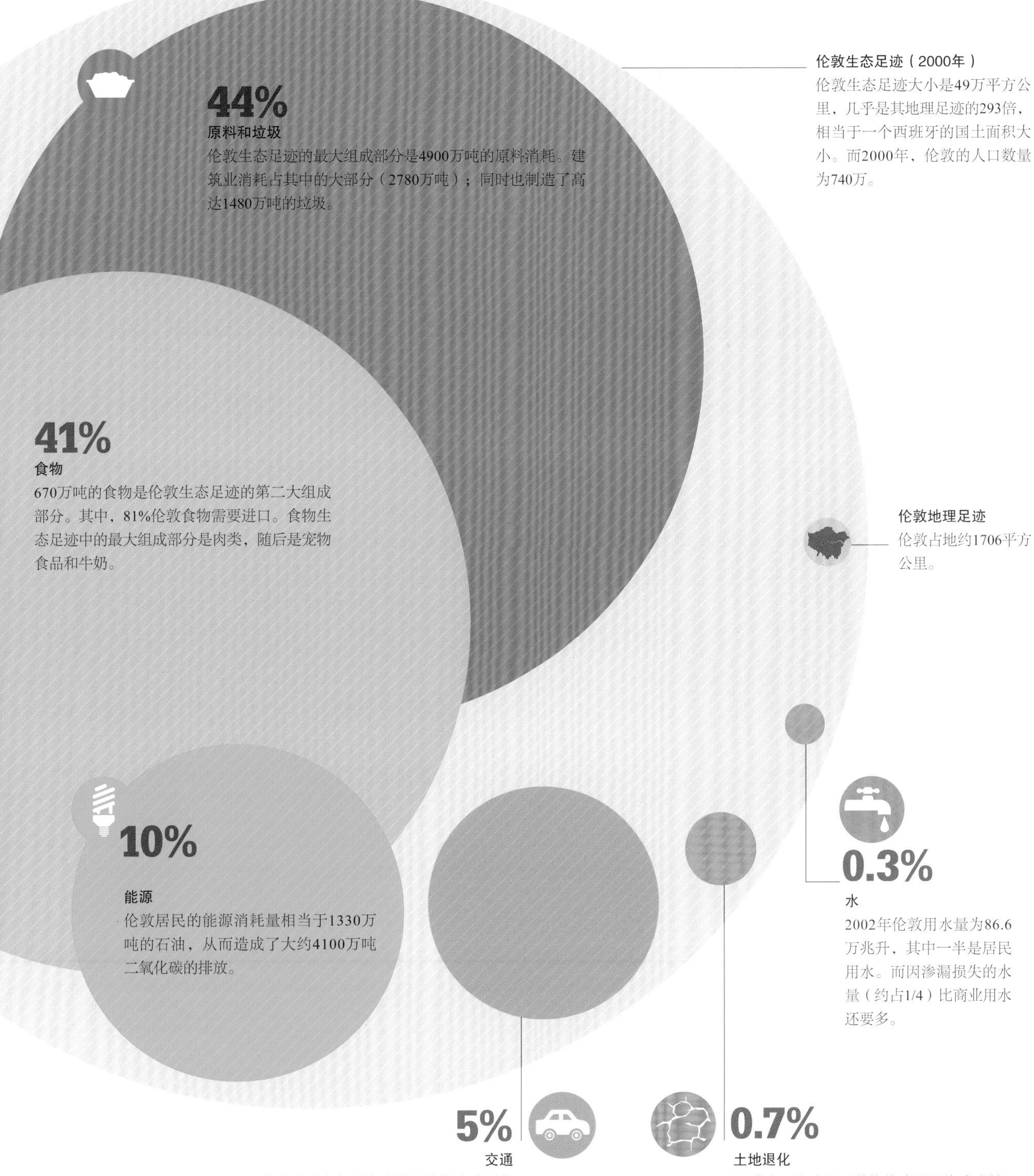

伦敦生态足迹（2000年）

伦敦生态足迹大小是49万平方公里，几乎是其地理足迹的293倍，相当于一个西班牙的国土面积大小。而2000年，伦敦的人口数量为740万。

伦敦地理足迹

伦敦占地约1706平方公里。

0.3%

水

2002年伦敦用水量为86.6万兆升，其中一半是居民用水。而因渗漏损失的水量（约占1/4）比商业用水还要多。

5%

交通

伦敦汽车和轻型卡车的运输能力分别为640亿客运公里和440亿公里。交通业的二氧化碳排放量可达890万吨。

0.7%

土地退化

因道路、铁路和通道等的建设污染或腐蚀了的土地，其生产能力下降。

能源使用

自从我们的祖先学会用火后，人类就开始不断探索越来越多样化的能源。在过去数百年中，经济发展一直依赖于动物、木材、风和水提供的能源。时至今日，人类更多地依赖于石油、煤和天然气等化石能源来进行电力生产、农业耕种、远距离运输等活动，以及支撑由这些活动带来的高消费的生活方式。

能源革命

随着中国、印度、巴西和南非等主要新兴经济体的发展，从20世纪开始，人类对能源的巨大需求在当前仍在持续。与此同时，其他能源，如核能、水力、风能和太阳能等，逐渐开始发挥重要作用。如何应对未来对能源需求的增长，我们正面临着一系列的挑战，包括负担能力、气候变化和空气污染等。

“我们**不能再像**没有明天**那样满足人类对化石能源的贪欲了，因为不会再有明天了。**”

戴斯蒙德·图图（Archbishop Desmond Tutu）

南非人权活动家

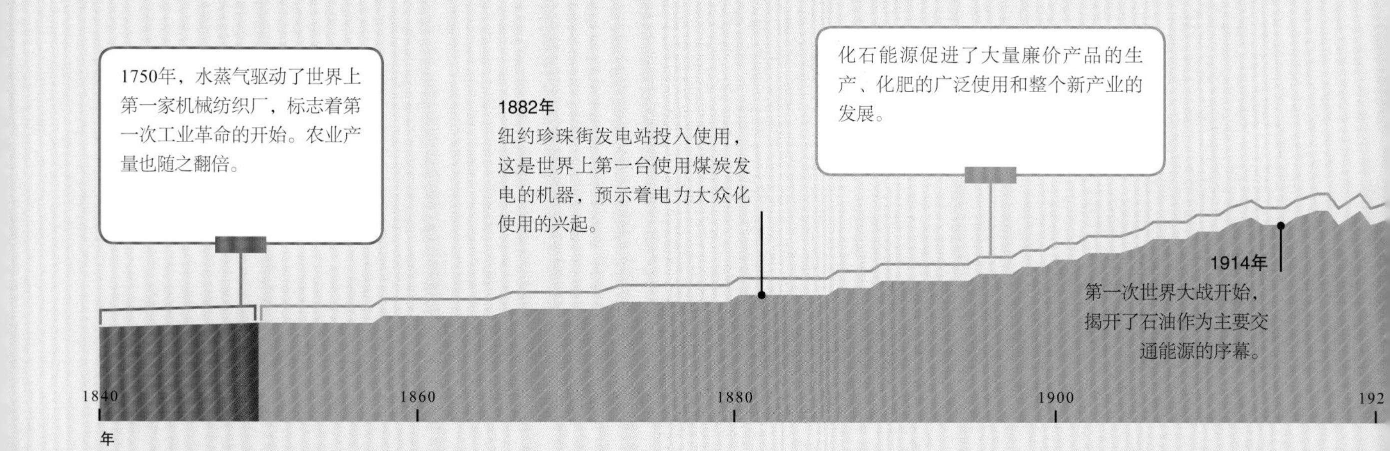

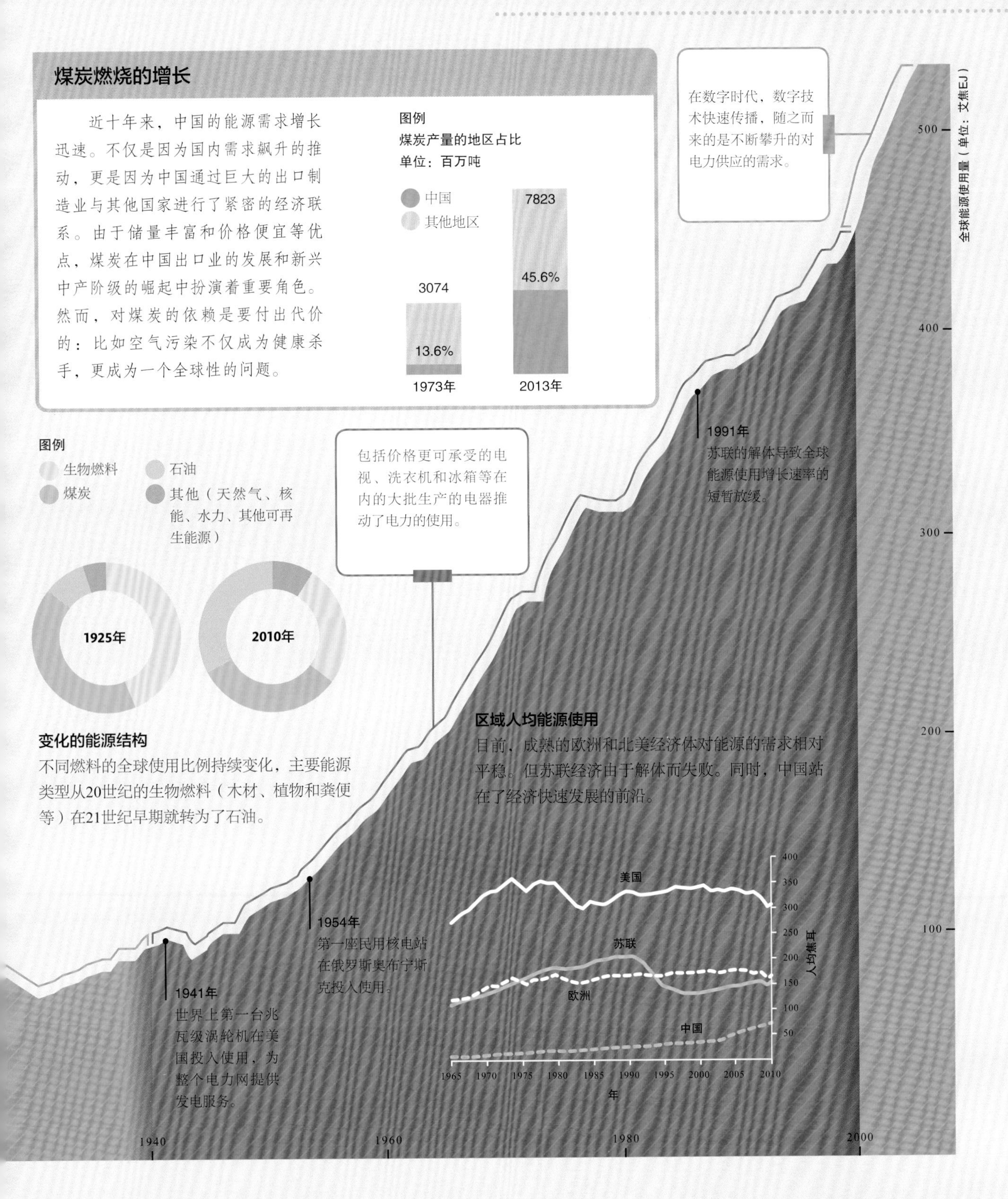
煤炭燃烧的增长
近十年来，中国的能源需求增长迅速。不仅是因为国内需求飙升的推动，更是因为中国通过巨大的出口制造业与其他国家进行了紧密的经济联系。由于储量丰富和价格便宜等优点，煤炭在中国出口业的发展和新兴中产阶级的崛起中扮演着重要角色。然而，对煤炭的依赖是要付出代价的：比如空气污染不仅成为健康杀手，更成为一个全球性的问题。
图例
煤炭产量的地区占比
单位：百万吨
中国
其他地区
3074
13.6%
1973年
7823
45.6%
2013年
在数字时代，数字技术快速传播，随之而来的是不断攀升的对电力供应的需求。
全球能源使用量（单位：艾焦EJ）
500
400
300
200
100
1991年
苏联的解体导致全球能源使用增长速率的短暂放缓。
图例
生物燃料
石油
煤炭
其他（天然气、核能、水力、其他可再生能源）
包括价格更可承受的电视、洗衣机和冰箱等在内的大批生产的电器推动了电力的使用。
1925年
2010年
变化的能源结构
不同燃料的全球使用比例持续变化，主要能源类型从20世纪的生物燃料（木材、植物和粪便等）在21世纪早期就转为了石油。
区域人均能源使用
目前，成熟的欧洲和北美经济体对能源的需求相对平稳。但苏联经济由于解体而失败。同时，中国站在了经济快速发展的前沿。
美国
苏联
欧洲
中国
人均焦耳
400
350
300
250
200
150
100
50
1965
1970
1975
1980
1985
1990
1995
2000
2005
2010
年
1954年
第一座民用核电站在俄罗斯奥布宁斯克投入使用。
1941年
世界上第一台兆瓦级涡轮机在美国投入使用，为整个电力网提供发电服务。
1940
1960
1980
2000

需求剧增

经济的发展依赖于大量廉价能源制造的电力、热能和输送能力。长远的发展目标和城镇化进程则意味着这种需求将持续增长。

就目前状况而言，英国以东和以南快速发展的经济体，如亚洲和非洲，是能源需求最有可能持续增长的地区。为满足这种需求，化石燃料仍将是首要选择。

在过去，人类主要使用诸如木材、水力、风力和动物能等可再生能源。自工业革命以来，我们开始持续依赖于化石燃料，和有节制地使用核能。使用（燃煤产生的）天然气进行发电则有效降低了碳排放。但如果我们想要把自工业革命时期以来的全球温度上升幅度控制到2℃以下，就不得不进一步减少对化石燃料的依赖，同时加快对可再生能源技术的研究进程。

参见

› 碳的十字路口 第138～139页

› 可再生能源革命 第52～53页

› 有毒的空气 第144～145页

能源储存：现状

世界能源需求持续上涨。预计到2030年，能源需求总量将达到1990年的两倍，比2015年要多1/3。尽管现在一些国家可在不提高排放量的情况下保持经济增长，但全球能源需求仍在攀升。

图例

可再生能源

包括风能、太阳能、海浪能、潮汐能和地热等。虽然部分能源使用比例很低但增长迅速。

生物能。

包括木材、甘蔗和其他用于运输、发电和产热的农业副产品。

水力

水电站可以产生大量的低碳能源，但其推广应用却受各种条件限制。

核能

新低碳时代的关键能源，但也面临着费用昂贵、技术复杂、核废物处理等挑战。

天然气

尽管比燃煤更彻底干净，但目前天然气的燃烧量并不足以达到控制气候变化的目标。

石油

主要用于道路、海洋和航空运输。通过更有效的技术手段和普及电动汽车可以降低对其的需求。

煤炭

迄今为止，煤炭仍被认为是“最脏”的能源。在许多快速发展的国家，如中国和印度，煤炭都发挥过重要作用。

百万吨油当量（MTOE）

8789

36MTOE

905MTOE

184MTOE

526MTOE

1672MTOE

3235MTOE

2231MTOE

1990年

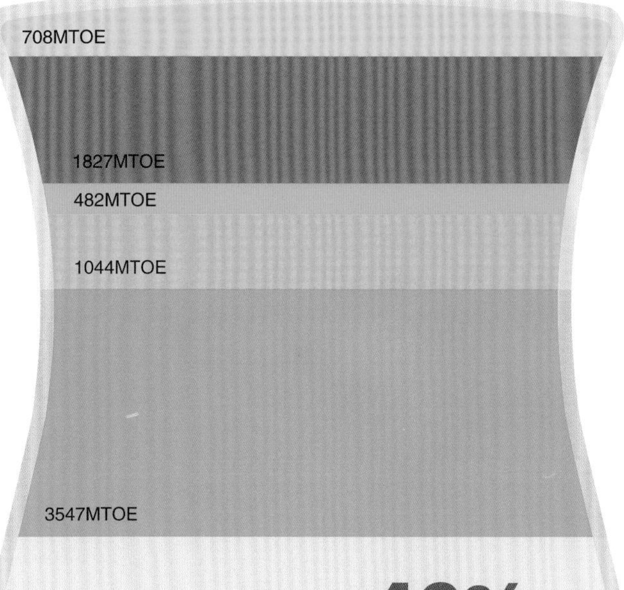

未来能源

在未来，尽管对石油和煤炭等高污染型燃料的依赖持续存在，但可再生能源将得到蓬勃发展，并在能源使用总量中占据相当大的比例。然而，可再生能源也将面临诸多挑战。比如，水电站可能会因气候变化而陷入干旱危机中，能源存储技术不得不随着某些可再生能源的间歇性进行调整。

我们能做什么？

- 政府和国际组织通过颁布相关政策可以推动传统能源向清洁能源的快速过渡，同时鼓励工业中的能源大户采取更有效的能源利用技术。
- 政府可将原本用于化石燃料产品的公共能源补贴转移到更清洁的可再生能源替代品上。

我能做什么？

- 从可再生能源公司购买电力。
- 降低能源使用量。比如降低供暖、减少空调的使用、拔下空闲电器、关闭非必要的灯光等；并尽可能地采用步行和自行车等交通方式。

能源饥渴

发达国家的能源供给稳定；然而在普遍贫困的发展中国家，相当高比例的人群日常用电仍无法得到保障。

虽然近年来，电网电力系统已经得到迅速普及，但仍有14亿人缺乏日常用电，尤其是在亚洲和拉丁美洲。此外，大约有27亿人还在使用木材或干燥的动物粪便来烧火做饭，他们中的大多数分布在非洲和南亚。更不必说还有数百万人使用煤油来照明。由上述两种原因导致的空气污染带来了健康威胁：每年都会导致大量人口死亡，尤其是妇女和儿童。

参见

› **需求剧增** 第46～47页
› **可再生能源革命** 第52～53页
› **能源难题** 第60～61页

全球性鸿沟

人均能源利用量揭示了世界上不同地区之间能源利用的巨大鸿沟。能源消耗量最多的地区是最少地区的数百倍。人口规模和经济发展速度是影响能源利用最主要的因素。比如，中国和印度总计27亿人口中越来越多的人进入中产阶级，这导致亚洲的能源使用量整体上升，超过了世界上其他地区。然而，鉴于非洲大部分地区仍然没有电网供应系统，无法保障夜晚照明的供给，所以非洲的能源使用量持续在较低的水平徘徊。在这里，医院不能使用冰箱保存药品，学生没有足够的阅读光线。让全体人民享有清洁且廉价的电力是终结贫困的关键所在。

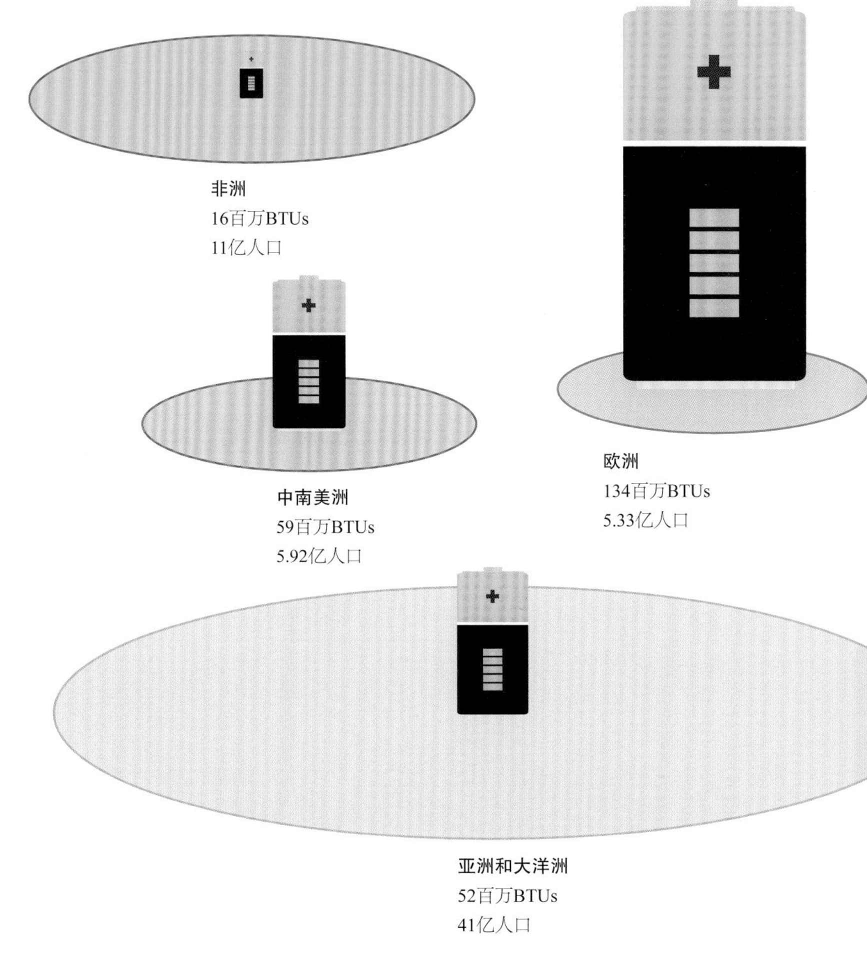

图例

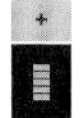

人均能源使用量（单位：英国热量单位，BTUs）。一个英国热量单位大约相当于点燃一棵木材产生的总热量

地区总人口数

太阳能

一些发展中国家可能完全绕过使用传统的电网电力系统。比如，小额信贷方案提供的低成本资助促使太阳能灯制品在非洲的销售额暴增，带来了数百万的零排放照明。

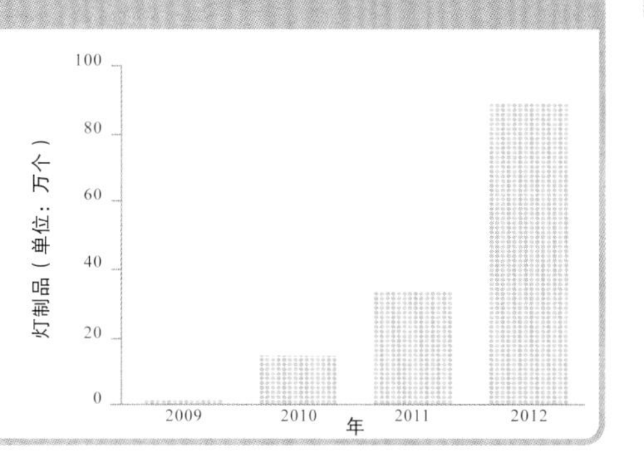

我们能做什么？

- 政府鼓励公司更多地投资清洁能源和可再生能源。
- 国际发展组织可以采用更强力的政策来避免使用化石能源，进而帮助需要的国家建立清洁能源系统。

我能做什么？

- 投资发展中国家的清洁能源公司。
- 帮助呼吁政府和公司在发展中国家使用推广清洁能源。

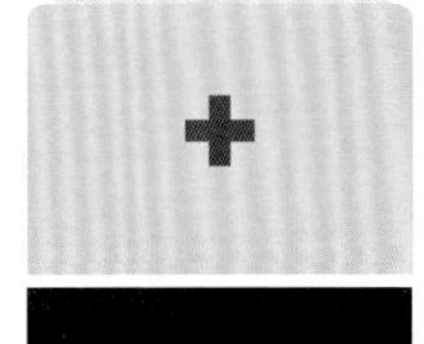

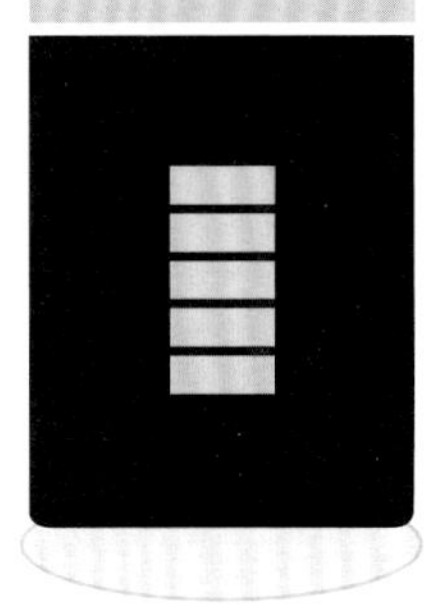

中东
142百万BTUs
2.17亿人口

俄罗斯和中亚
155百万BTUs
2.84亿人口

北美洲
258百万BTUs
3.46亿人口

黑暗鸿沟
夜色降临，卫星影像上富裕国家灯火通明，而电力有限的发展中国家漆黑一片。

碳足迹

人类的日常活动中会产生碳足迹，它被用来描述在消费特定的商品、活动或服务中排放的二氧化碳（CO_2）数量。

碳足迹之间差异巨大。比如，美国居民人均碳足迹是非洲撒哈拉以南地区人均碳足迹的一百多倍。某些活动，如一次航空飞行，能在短时间内成生相当大数量的碳足迹，然而其他一些高碳行为，如一辆新汽车上路行驶，往往需要数年的时间才能积累如此多的碳足迹，并且还要取决于车辆的驾驶里程。一般我们很难得到精确的碳足迹数值，但往往可以用一些明显的变化来辅助指示。这使得个人、企业和政府可以做出控制碳排放的决策。

个人足迹

英国居民人均碳足迹来自食物、交通、取暖、娱乐和电力等众多服务与商品，每人每年的碳排放量可达10吨。而随着高消费水平的生活方式在世界范围内的流行，碳足迹将进一步得到迅速增长。

图例

二氧化碳（吨）

CO_2：特定活动排放的二氧化碳总量

CO_2e：二氧化碳当量，二氧化碳和其他温室效应气体混合后的通用单位

观看24英寸等离子电视一小时排放220克CO_2e
去一趟健身房排放9.5千克CO_2
买一张在线CD排放400克CO_2

1.93
娱乐休闲
（包括看电视和度假等一系列休闲活动，但不包括飞行）

1.47
房屋取暖
（包括家庭和办公室等各种形式的取暖方式）

健康卫生
（包括泡澡、淋浴、洗衣和各种健康服务）
1.33

5分钟的热水沐浴排放1.5千克CO_2
每日泡澡排放4千克CO_2e
4℃水温洗衣并滚筒干燥排放2.5千克CO_2

发送一封电子邮件排放4克CO_2
每天使用手机1小时，年均排放1.25千克CO_2e

通讯
（包括电话和网络）
1.6

餐饮
（包括农业、食物运输、烹饪、饭馆等）
1.37

制造一杯卡布奇诺排放235克CO_2e
生产1千克羊肉排放39.2千克CO_2e；
1千克鸡肉对应6.9千克CO_2e；
1千克蔬菜对应2千克CO_2e；
1千克水果对应1.1千克CO_2e；
1千克小扁豆对应0.9千克CO_2e；

通勤
（使用汽车或公共交通往返上下班）
0.8

平均一辆汽车每年制造4.7吨CO_2e
每位乘客每千米的巴士通勤排放66克CO_2e
自行车通勤每千米排放17克CO_2e

服装
（包括衣物和鞋子的制造、运输和洗涤烘干等）
9.8

一件T恤从制造到销售排放10千克CO_2

航空
0.67

长途飞行每千米排放138克CO_2e
短途飞行每千米排放120克CO_2e

家庭开支
（包括照明、手工、装修和园艺等）
1.36

标准100瓦电灯泡每年排放63千克CO_2
割草机每单位英亩年排放73千克CO_2
新建两居室房屋排放80吨CO_2e

教育
（包括学校、书本和报纸等）
0.48
每份可回收日报排放400克CO_2e

0.29
政府和国防

能做什么？

› 使用网上的碳足迹计算器计算个人碳排放来源。

› 考虑如何减少碳排放。计算得到个人碳足迹后就可以制订削减计划并节省开支。

› 重组日常食品摄入比例。在大多数的西方国家，尤其是以大量肉类和乳制品为食品的国家，食物是一个人总碳足迹的主要组成部分。

可再生能源革命

可再生能源技术，尤其是太阳能和风能正在迅速普及。诸多清洁能源的使用不仅迎合了日益增长的能源需求，并有效地应对了气候变化。

可再生能源的优势在于可以在不消耗有限资源（如化石燃料）的情况下得到无限补充。目前，可再生能源在发电供暖和交通运输等方面都已投入使用。

现在，风力发电和太阳能技术是所有可再生能源中比例最大、发展最快的部分。沼气（与石化天然气类似，但从食物残余等有机物发酵中产生）和木材能像电力一样用于供暖发热。而生物液体燃料可以作为柴油和汽油可再生替代品。

可再生能源在有助于解决多种环境问题的同时，也能创造就业机会和促进技术发展。

可再生能源的增长

可再生能源是目前能源世界中发展速度最快的。2016年，可再生能源总量超过了天然气能，是核能的两倍。而在这之前，可再生能源早已是世界第二大最重要的电力来源（仅次于煤炭）。到2018年，可再生能源发电量将达到世界能源发电总量的25%，比2011年提高了近20%。到2030年，可再生能源的利用将超过煤炭。

图例

2005年

2020年（预计）

美洲经合组织国家

1300太瓦时

800太瓦时

非美洲经合组织国家

800太瓦时

500太瓦时

太阳能成本的降低

可再生能源来源的多样化也带来了日益激烈的市场竞争。在技术成型以后，成本开始逐渐降低。比如，近些年太阳能发电成本降幅显著，目前几乎与石油成本在同一水平。

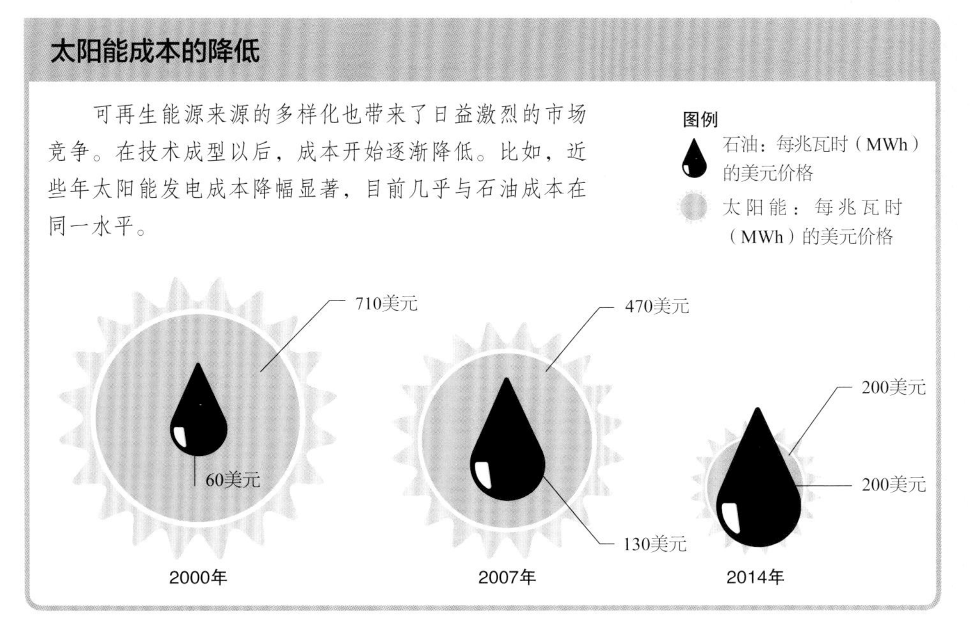

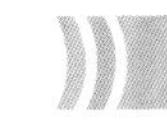

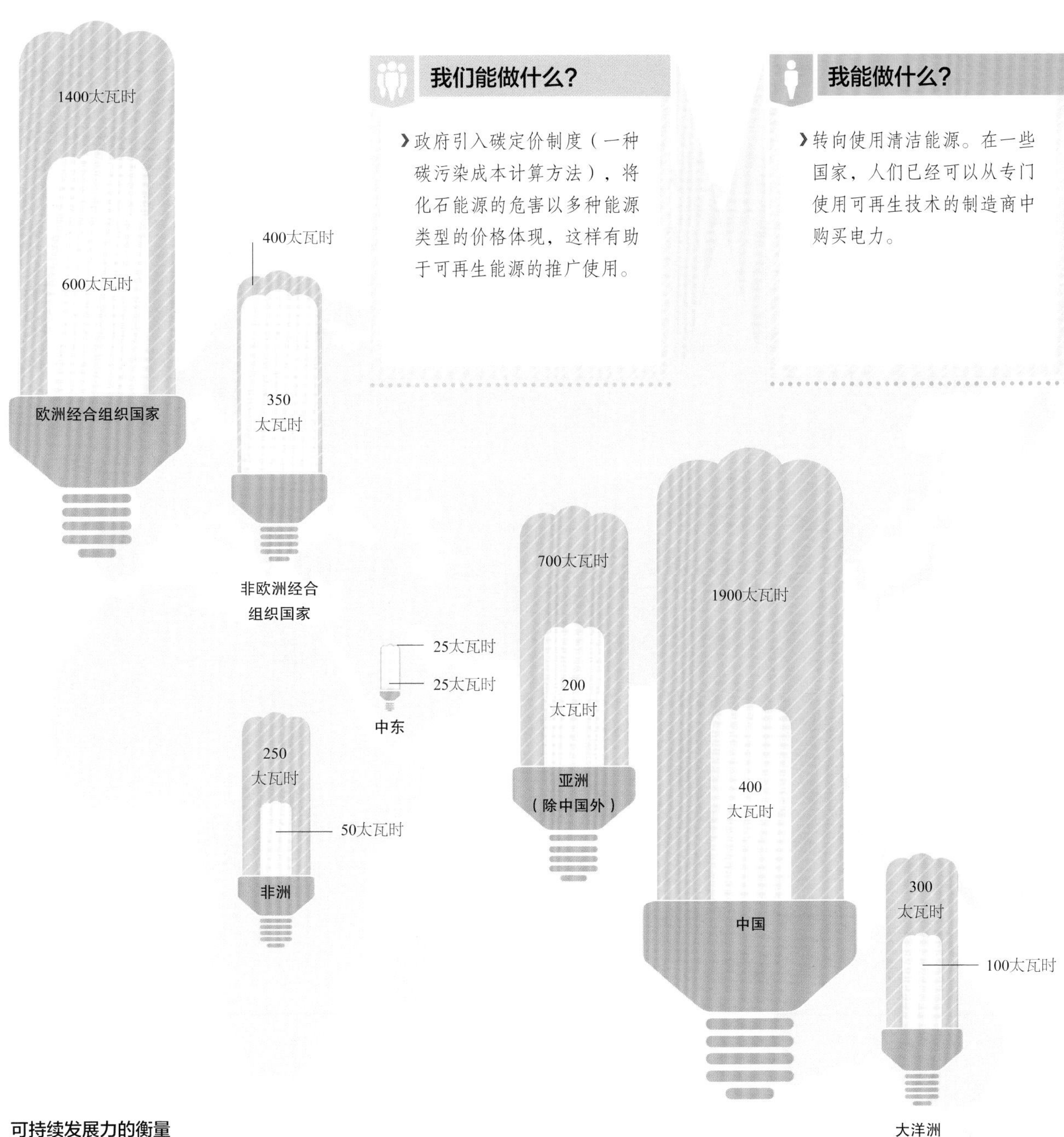

我们能做什么？

› 政府引入碳定价制度（一种碳污染成本计算方法），将化石能源的危害以多种能源类型的价格体现，这样有助于可再生能源的推广使用。

我能做什么？

› 转向使用清洁能源。在一些国家，人们已经可以从专门使用可再生技术的制造商中购买电力。

可持续发展力的衡量

图中展示了世界上九大地区的可再生能源使用情况，包括经合组织内的国家（经济合作与发展组织，OECD）和非经合组织国家。经合组织是世界上34个最发达的国家组成的结合体。（1太瓦时，即1TWh，相当于588441桶石油）

2013年，**全球发电总量的22%**来自可再生能源，这比2012年提高了近5%。

太阳能

太阳是地球上几乎所有生命的终极能量来源。通过使用合适的技术，我们的地球也能成为一座满足人类世界能源需求的发电站。

太阳能光伏（PV）板

通常使用硅类半导体材料来捕捉太阳能。日光直射光伏面板，在面板表面产生一个正负极分明的临时电场。日光越强，产生的电能越多。

太阳能发电站

太阳辐射产生大量能量，到达地球表面的有效能量大约相当于4万亿个100瓦电灯泡。近年来太阳能技术发展和应用迅速，因此许多专家认为，2050年，太阳能将成为世界主要能源。

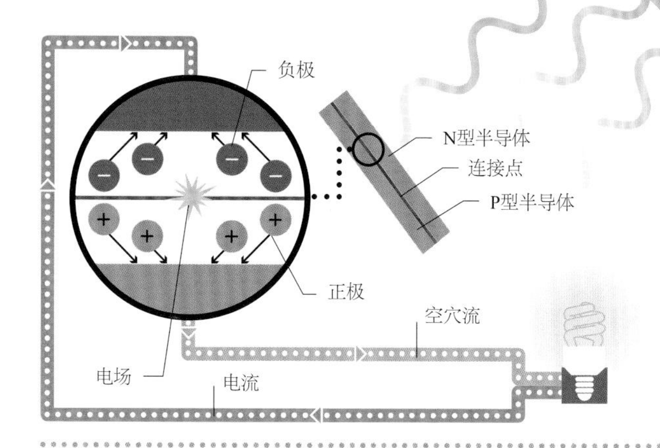

聚焦式太阳能发电（CSP）

CSP的线性聚光器、反光碟引擎和发电塔（如图所示）使用镜面聚焦太阳的热量到盛有液体的容器中，如熔盐，进而加热水制造水蒸气来驱动发电机组。并有相应的蓄热设施存储太阳能来进行夜间发电。

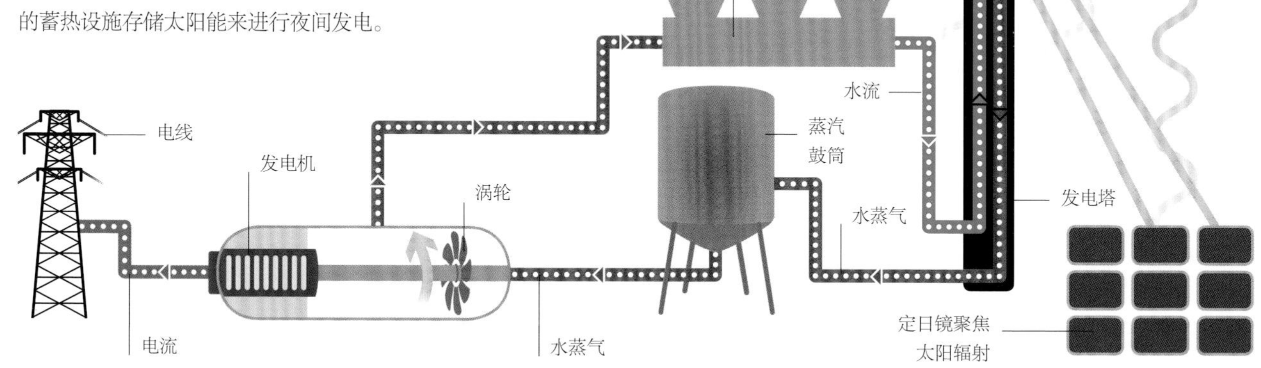

人类一直依赖着太阳的能量生活。比如，马车曾经是人们的一种重要交通工具，而马匹又以阳光滋养的草与谷物为食。时至今日，新技术的发展将太阳的光和热转换成电和热水等更容易使用的能量形式，使我们能更充分的利用太阳能。当然，太阳能技术既有优点又有缺陷，但在总体上表现出了巨大的潜能。在未来的岁月里，使用量的增长和技术的改良都将大大降低它的成本并提高其发展速度。

随着人类世界进一步削减导致气候变化的温室气体排放量，太阳能终会取代化石燃料的地位。

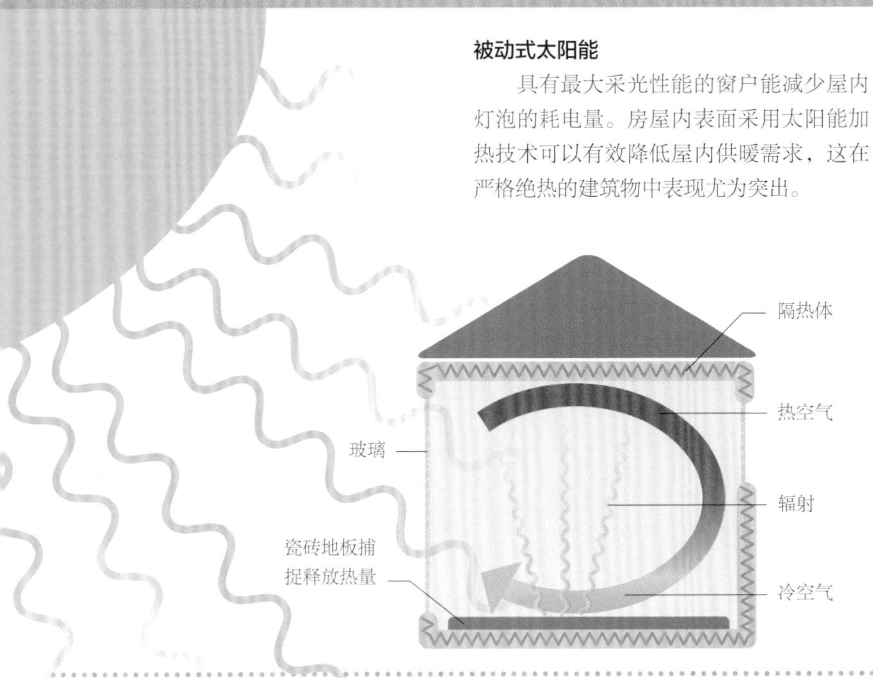

被动式太阳能

具有最大采光性能的窗户能减少屋内灯泡的耗电量。房屋内表面采用太阳能加热技术可以有效降低屋内供暖需求，这在严格绝热的建筑物中表现尤为突出。

全球热点

太阳能技术可以在任何阳光充足的地方使用，但只有在阳光持续强劲且云量稀少的地区才能发挥最大效应。因此，许多沙漠地区和其他阳光强劲地区使用现有太阳能光伏技术和集光太阳能发电技术已经实现了太阳能发电的产业化，如南美洲西部、非洲、中东、南亚、澳大利亚等地区。

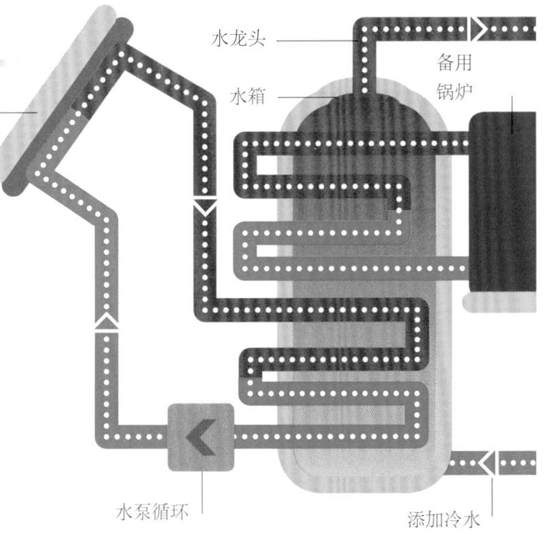

太阳能热水器

太阳能热水器使用太阳能集热板收集太阳能量并将水箱中的冷水加热成为热水。此外，备用锅炉或浸没式加热器也能被用来进一步加热，这在高纬度地区的冬季时节尤为实用。

地球表面吸收**1**小时的**太阳能量**大致相当于**地球一整年的能量消耗量**。

风 能

近数十年来，风力发电技术在世界上的部分地区得到迅速普及。以丹麦为代表的一些国家如今已十分依赖风力发电。

在古代的尼罗河畔，人们利用风力推动船只、抽取河水并灌溉作物。约公元1000年，风能被用来浇灌莱茵河三角洲的大片地区。在1887年的苏格兰格拉斯哥，风力第一次被用于发电。1941年，世界上第一台兆瓦级涡轮机在美国弗蒙特洲建成；1980年，美国新罕布什尔州建成了第一座多涡轮风力发电场；1991年，丹麦建成了第一座海上风力发电装置。自这些开创性的风力发电场建成以来，风力发电技术就得到了迅猛发展。

谁的产能最多？

目前很多国家都已经出台了鼓励发展风力发电设施的政策，其中大部分国家是为了降低温室气体的排放。目前，中国已经成为了世界上风力发电量最大的国家，其次是美国。近些年来，美国的新增风力发电量已远少于中国。德国以占世界风力发电量11%的比例位居第三位。其他风力发电大户还包括西班牙、印度、英国、加拿大、法国、意大利和巴西等。

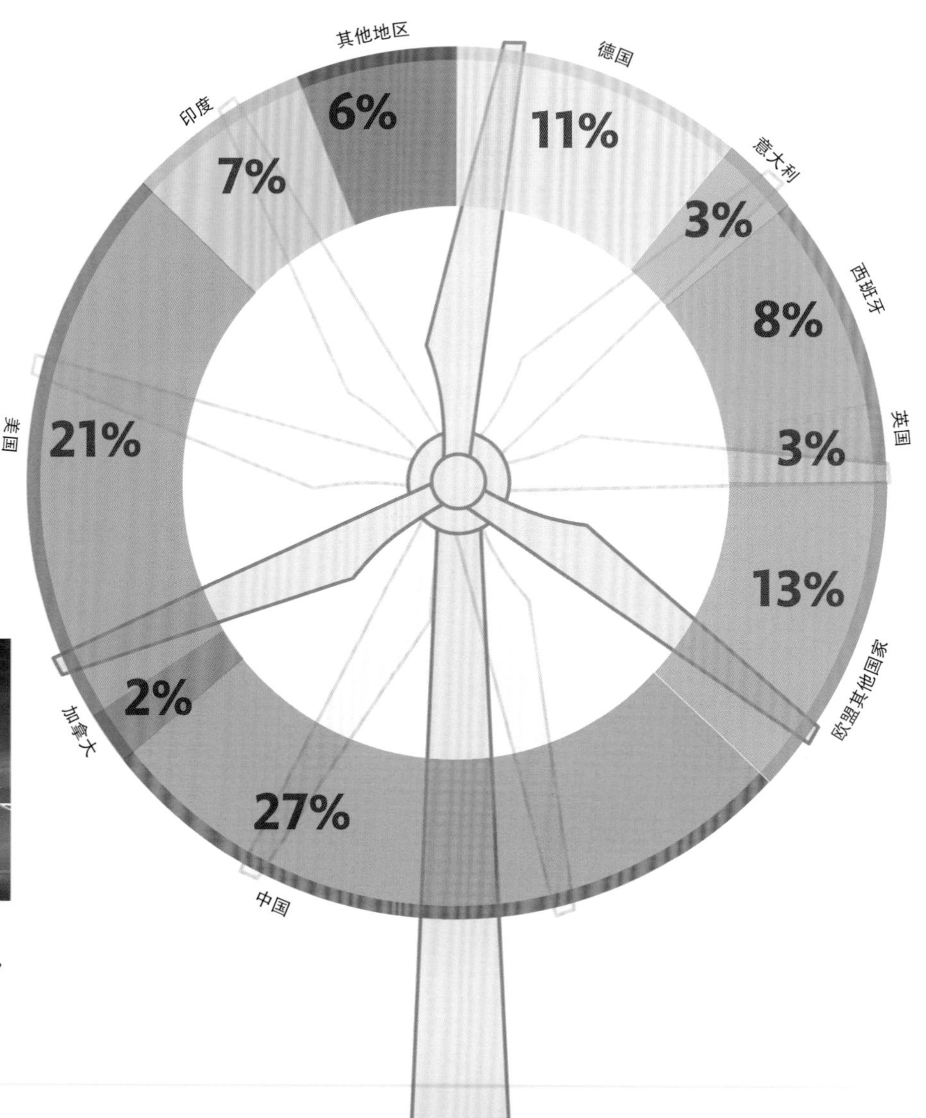

海上风力发电

强劲海风的产电能力比陆地风场更强，但海上的建造成本也要更高一些。

1

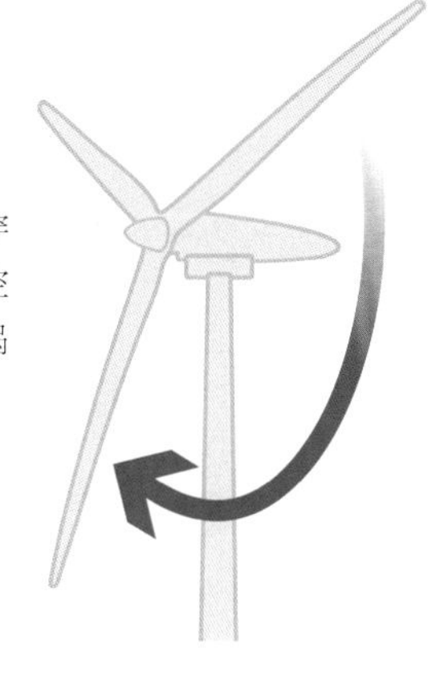

旋转叶片
当足量的风穿过，流动的空气压力推动涡轮叶片旋转。

2

齿轮旋转发电机
涡轮叶片通过转向轴与齿轮箱相连，从而增强旋转动能。

风力发电原理

传统的发电技术均使用蒸汽推动发电机。而风力发电技术使用空气而不是煤或天然气等化石燃料来完成这个过程。螺旋桨一样的叶片通过转子附在主转向轴上，再带动发电机运转。整套设备架在高塔之上，有效地利用了稳定的风流。

“未来是属于绿色、可持续的可再生能源的。”

阿诺德·施瓦辛格（ARNOLD SCHWARZENEGGER），前加利福尼亚州州长

3 **发电**
旋转动能通过发电机转换成电能。

4 **配电**
转换器将电力转换成合适的配电电压。

5

输送
通过国家电网的电缆向全国输送电力。

风力发电：优点与缺点

优点

- 清洁、绿色、零污染。风力涡轮不产生任何排放。
- 可再生。风力来自太阳能，因此它可无限供应的。
- 自1980年以来，风力发电的价格已下降80%，未来也将进一步降低。运行成本极低。
- 发展潜力巨大。
- 技术的提升有望产生更多的电力和更低噪声。

缺点

- 涡轮仅能发挥30%的效益。
- 可能会造成对鸟类和蝙蝠的伤害和建造过程中的土壤侵蚀。
- 在一些国家，风力发电的价格依然比煤或天然气发电的价格要高。
- 可能会导致土地景观的视觉变化。
- 仅在风力充足且稳定的地区可用。

潮汐能和海浪能

海洋拥有巨大的能量，而人类却刚刚开始使用海浪和潮汐能。同风力发电和太阳能发电一样，它们制造的也是零污染的电力。

潮汐转换

潮汐和海浪能正在成为可商业化利用的能源。潮汐和海浪发电技术正快速发展，并展现出了巨大潜能。海浪发电场和潮汐能源系统利用巨大的海洋能量发电，其全球发电能力可达120个核反应堆。世界上最有条件利用这些稳定可再生能源的国家包括法国、英国、加拿大、智利、中国、日本和韩国、澳大利亚和新西兰。

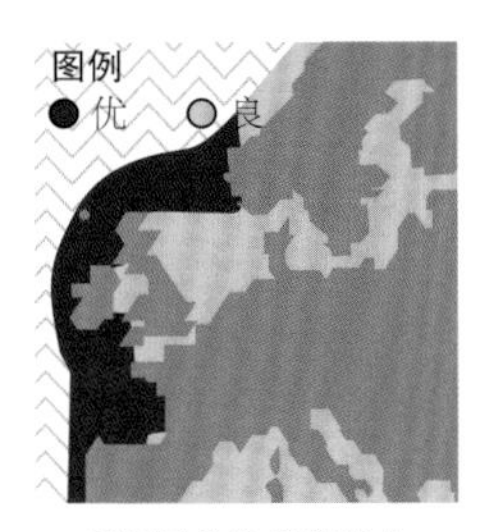

欧洲最佳海浪能地点

制造海浪

欧洲最佳的海浪能地点沿西大西洋海岸分布，在这里强劲且持久的风力制造了大量海浪。

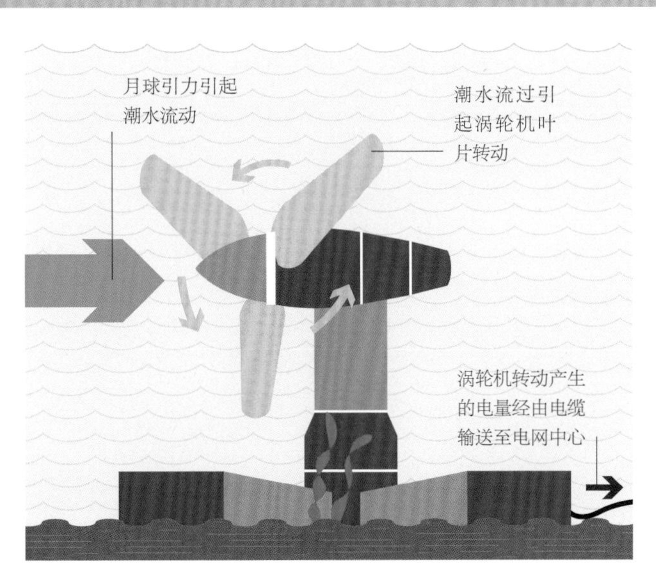

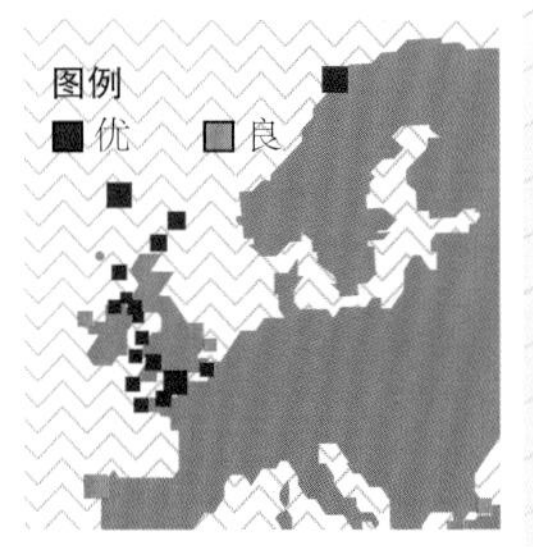

欧洲最佳潮汐能地点

潮水流动

尤其是英国附近的岬、水湾、海峡可以汇集并加快潮水流动速度，极大地增强了潮汐能量。

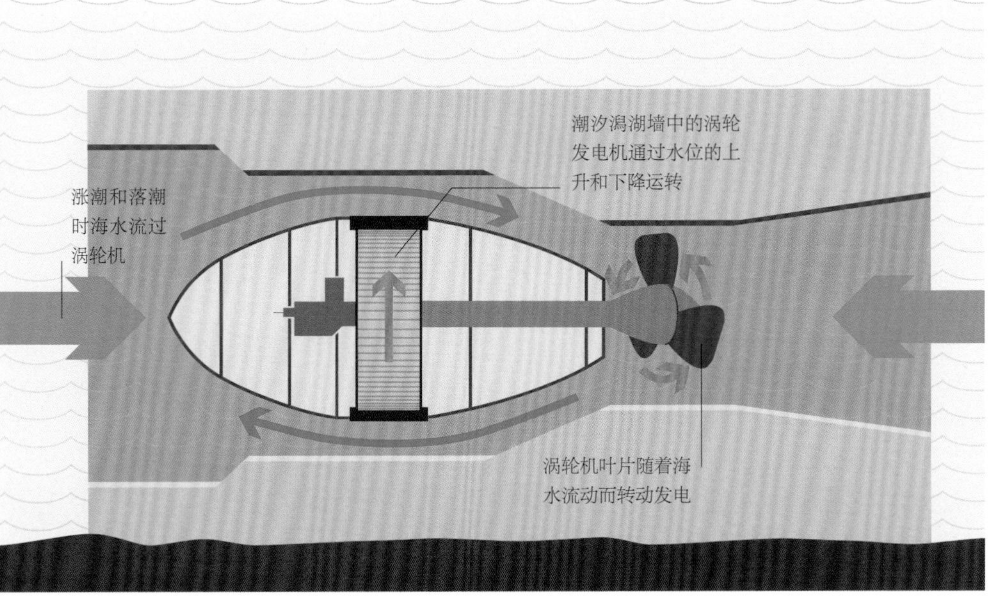

潮汐和海浪发电技术利用了潮汐和海浪的动能来驱动涡轮发电机。在降低二氧化碳排放量的同时，这些技术也保障了能源安全并提供了工作机会。但目前海浪和潮汐的发电价格还是比化石能源的要高一些，其中部分原因是化石燃料成本没有将它们所导致的气候变化的成本计入在内。

参见

›需求剧增 第46～47页
›可再生能源革命 第52～53页
›能源难题 第60～61页

海浪动能的潜在电力转化率可达**80%**

海面波浪的利用

最具有发展前景的表面海浪利用技术之一就是波长衰减器。强劲稳定的风力为西部海岸带来了绝佳的海浪，所以这项技术的应用热点地区包括美国西太平洋、英国、法国、葡萄牙、新西兰和南非。

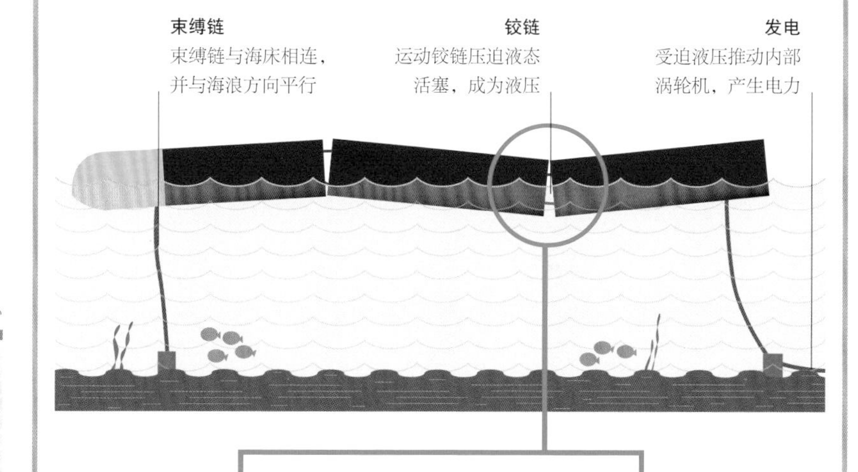

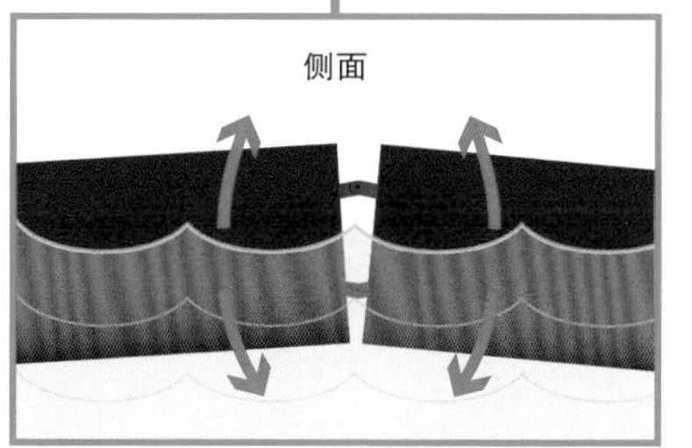

垂直运动

一个波长衰减器中半浸入海水的部分固定在铰链上随波浪上下起伏。

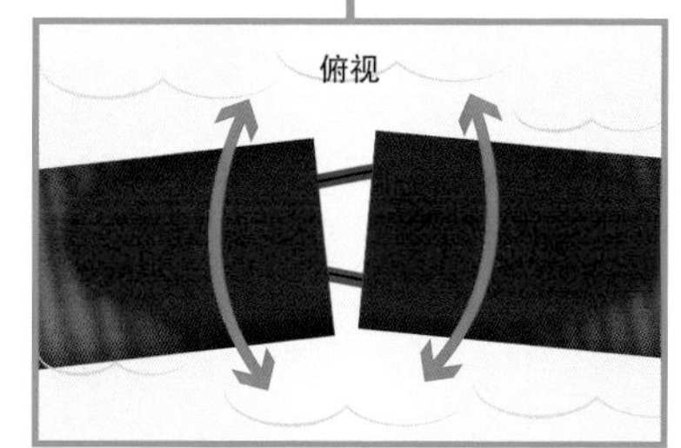

往复运动

在压迫式上下运动的同时，连接衰减器的铰链可以任意偏移，以便捕捉周围海浪的旋转能量。

案例分析

斯旺西潮汐潟湖

- 南威尔士的斯旺西湾坐落在布里斯托尔海峡内。在英国海岸线的这一地区拥有着世界上第二高潮汐差，为潮汐潟湖提供了绝佳的地理条件。
- 16个水下涡轮机将被放入深至3千米的防波堤中。
- 潮汐潟湖发电站将在至少未来120年中，为超过155 000个家庭提供清洁可持续的电力。

能源难题

我们的能源选项总是同时存在着优点和缺点。而日益增长的能源需求加剧了国与国之间的竞争。因此，全面掌握能源信息对我们做出明智的决定至关重要。

现有的多种新兴能源提取技术在满足我们能源需求方面扮演了重要角色。多种技术同时并存也是未来的选择趋势：比如，碳捕捉和存储技术与煤和天然气并存，能量存储技术与一些可再生能源相关。

我们的能源获取方法必须考虑如何同时解决安全性、可获得性和环境影响等问题，而这三个目标往往不能同时达到。比如，煤炭可以提供廉价、安全的能量但却制造了大量的二氧化碳的排放，导致空气污染。

能源政策是一个严肃的政治话题。决策者往往以环境的代价换取短期的成本和安全目标，这使得将最合理的全球性长期战略计划落实到实际行动，变得更具挑战性。

我们该如何选择？

下列简单的比较建立在现有普遍存在的基础上。尽管某些技术的应用情况是高度不稳定的，比如某些地区具有的可再生能源的潜力是多变的，但每种能源的总体结论还是可供参考的。决策者们需要考虑的是为达到长期最佳效果的限制条件。

煤炭

9

世界上最大的电力来源。近年来，包括中国和印度在内的高速发展的国家推动了对其需求的剧烈增长。

› 供应充足，发电成本低。
› 碳排放量高，易造成空气污染。

石油

10

世界主要的运输燃料。

› 二氧化碳和城市污染的主要来源。
› 与传统的取油技术相比，水力压裂法和焦油砂提炼法产生的碳排放量更高。

天然气

4

形式灵活，储量丰富。可用于发电、取暖和烹饪。

› 二氧化碳的排放量仅为等量煤炭的一半。
› 传统的取气技术和水力压裂法常常引发诸多争端。

核能

8

低碳发电，但成本昂贵、原理复杂。

› 对放射性废弃物的长期管理是一个重要问题。
› 核能利用与核武器之间的界限争论不止。

水力

5

相对的低碳能源，但受河流条件的限制。

› 可能造成严重的生态和社会影响。
› 对长期饱受干旱困扰的地区而言更不利。

符号与等级图例

成本。能源成本往往决定着政府对能源类型的选择，特别是对低收入国家。

现有技术。部分技术早已成熟，但还有部分技术刚刚起步。

污染和浪费。某些能源提取技术更干净。

能源安全。通过安全途径持续稳定地获得能源对经济发展具有重要性。

土地与生态影响。能源供给问题常常与其他资源或环境目标冲突。

以是否能在长期运行时，达到能源安全、可获得性和环境保护三大目标而进行总体等级排列。

1 最佳　10 最差

突出特征

优势

劣势

主要问题

效率：隐形的“燃料”

最易忽略的能量来源是效率。省油汽车、节能灯泡和智能绝热房屋都可以在不影响舒适和便捷的条件下节约能源。效率就是金钱，在达成三大目标的众多最佳方式中，提高能源效率具有明显优势。

2011年，能源效率的提高节省了近74300亿美元*。

*与11个国家（澳大利亚、丹麦、芬兰、法国、德国、意大利、日本、荷兰、瑞典、英国和美国）的年总能源消耗量相比。

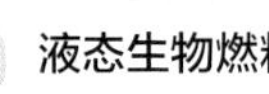

液态生物燃料

7

可替代化石石油，减少二氧化碳的排放，比如用甘蔗产生乙醇。

› 将粮食供应终端从餐桌转移到燃料罐。

› 可能导致森林退化，造成更多的二氧化碳的排放和生物多样性的消失。

生物能

6

发电站使用木材燃烧来替代天然气和煤炭。

› 可再生，但易导致高二氧化碳排放量和土壤破坏。

› 可能导致森林退化。

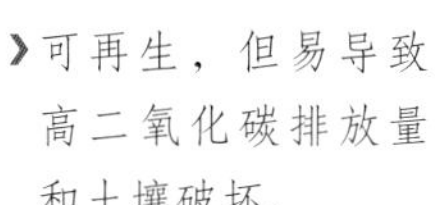

风

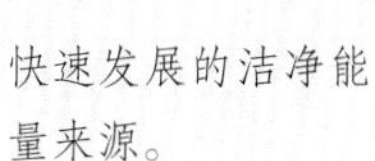

1

快速发展的洁净能量来源。

› 有限的风力意味着同时需要其他能源来满足长久需求，风能存储技术正在不断改进中。

› 改变了地表覆盖类型。

太阳能

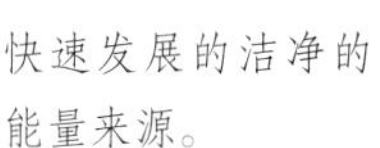

2

快速发展的洁净的能量来源。

› 依赖日光，因此其大规模使用将依赖新兴的存储技术如大容量电池。

› 正在世界范围内得到迅速普及。

波浪/潮汐能

3

非常洁净且十分重要的潜在能量来源。

› 技术加速发展，第一座商用发电站正在建立。

› 成本相对较高，在起步阶段需要政府的支持。

食物需求升级

农业的发展改变了地球表面形态，塑造了人类历史进程。在前农耕时代的狩猎采集社会中，人口总数不过百万左右，而如今的农业养活了世界范围内70亿人口。农业生产效率的提高是文明建立的重要因素，也促进了人类从乡村到城市的持续流动。健康的土壤、可用的淡水（见第78～79页）是农业可持续发展的必要条件，也是人类正面临着的日益严重的挑战。

谷物生产

早期的农民驯化改造野草得到水稻、小麦和玉米等各种谷物。由于富含碳水化合物和蛋白质、易储存和在贫瘠的土壤中也能迅速生长（如旱地的小麦）等优势，谷物成为农业的主力军。尽管自20世纪中期以来，随着新品种、机械化、杀虫剂和化肥的兴起，大规模多样化的农业种植成为现实，但谷物的地位仍不可撼动。世界人口虽然在急剧增长，但粮食供给始终能满足人类需求，其中谷物产量自1950年以来更是稳步上升。

20世纪40年代，始于墨西哥的绿色革命致力于寻找粮食增产的方法。诸如化肥、杀虫剂、机械化和灌溉等技术手段在50年代和60年代风靡全球。

肉类和奶制品的崛起

随着富裕程度的提高，人们对肉类和奶制品消费的大幅增加，但这在一定程度上也对环境和人类健康造成了负面影响。与以蔬菜为主的饮食相比，牲畜食品的生产加工需要占用更多的土地和饮用水。高蛋白和高脂肪的肉类和奶制品的过多摄入还会使患心脏病、癌症和2型糖尿病等疾病的风险上升。

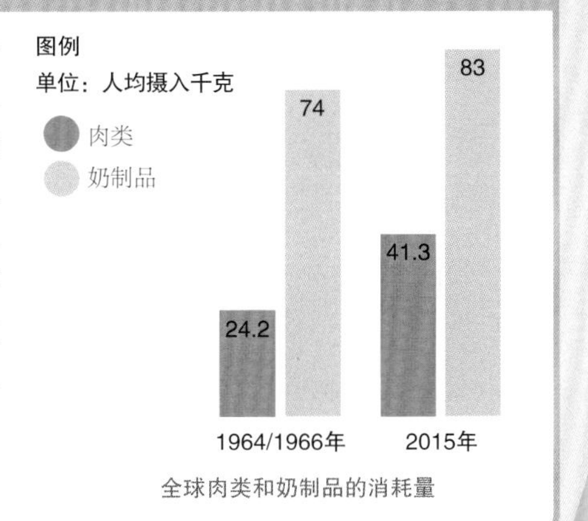

全球肉类和奶制品的消耗量

“假如**没有充足的粮食供应**，我们**文明不可能进化**到目前的程度，甚至不可能存在。”

诺曼·博洛格（NORMAN BORLAUG），美国科学家和绿色革命之父

全球粮食产量

2012年，有三个国家生产了近一半的世界粮食，它们是中国、美国和印度。玉米、小麦和水稻则几乎贡献了世界粮食产量的全部。

农耕星球

世界上近1/3的土地属于农业用地，但只有其中的1/4用于种植作物，其余则是用来饲养家畜。

地球表面大部分地区被沙漠、冰层、森林和草原所覆盖，并不适宜种植作物。并且从全球来看，适用于农业耕种的土壤和水分都是有限的，但在条件允许的地区农业面积仍在稳步扩大。对粮食需求的增长促使更多水肥合适的区域转变成农业用地。从而这也导致森林退化、野生物种减少、温室气体排放增多，水质恶化和大面积土壤侵蚀等后果。

作物与肉类

世界上3/4的农业用地被用于饲养家畜，并制造肉类和奶制品；其余农业用地生产粮食、水果和蔬菜。家畜产品的消耗量随着中产阶级消费者的扩大而直线上升，并将随着主要新兴经济体饮食偏好的转变而持续增长。尽管只有少部分农田用于粮食和蔬菜的生产，却有相当高比例的农作物用于饲养家畜。部分草原、稀疏木林和荒地也能放养家畜。

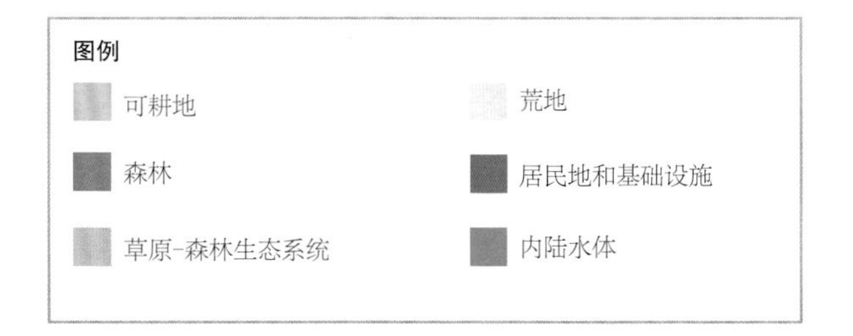

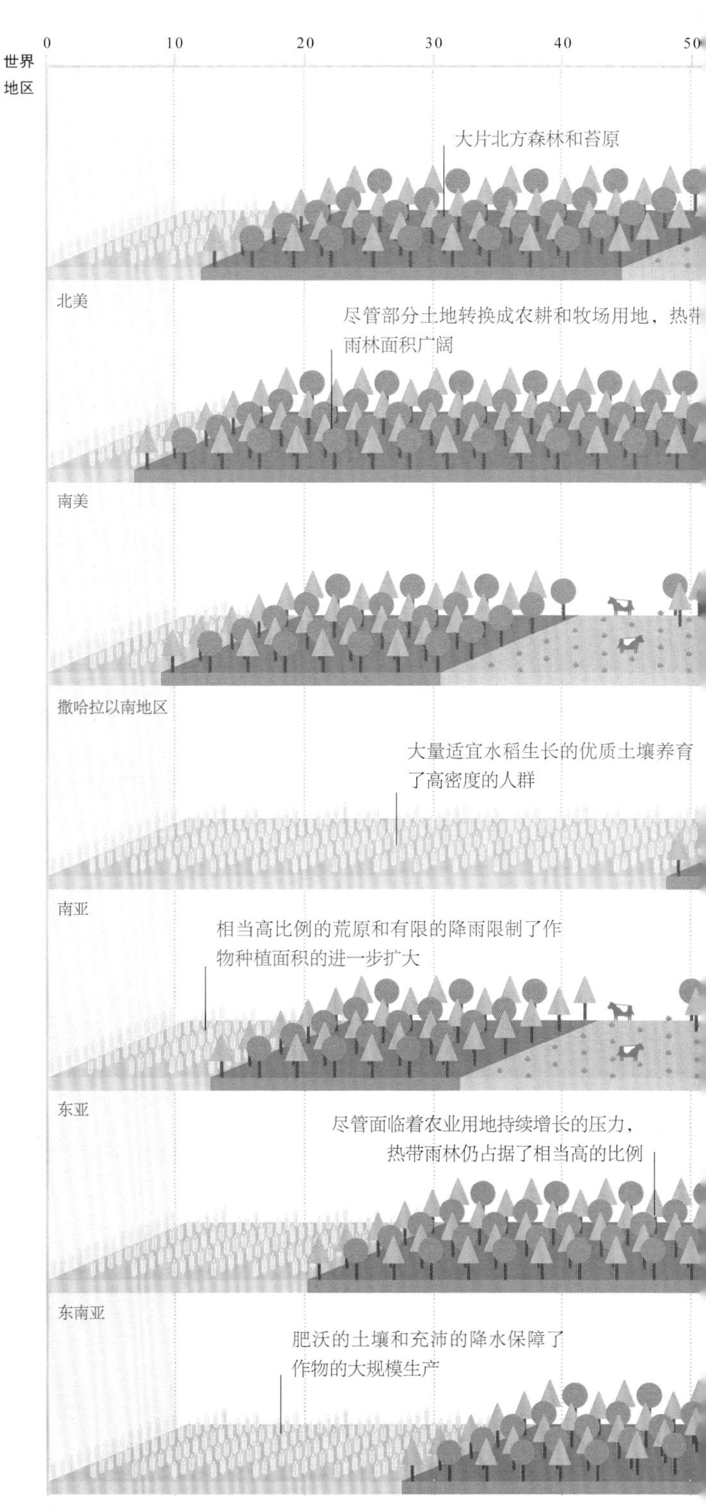

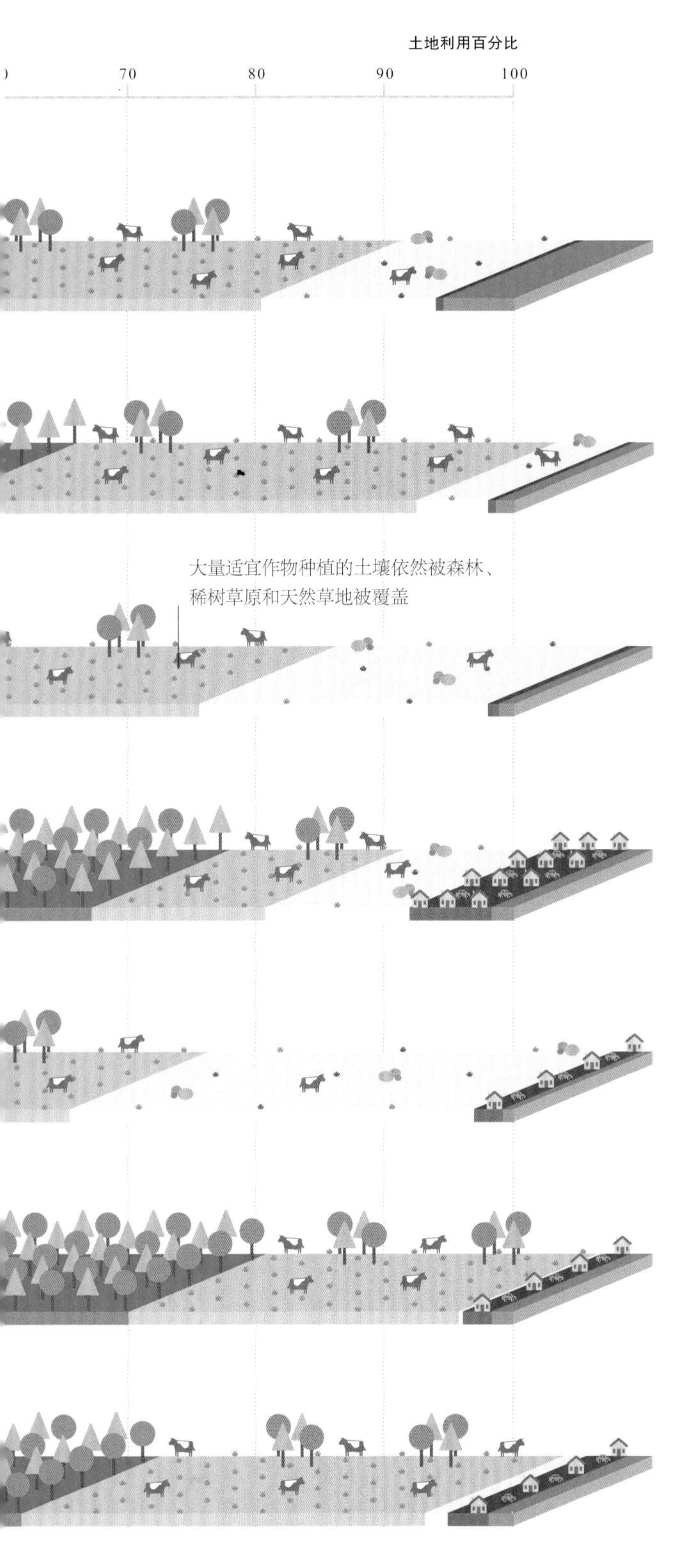

时代变迁

在过去的两个世纪中，农业发展迅猛。1800年，大部分的可耕地集中在欧洲和部分亚洲地区。如今可耕地遍布世界各大洲，并完全改变了北美、南美和大部分的非洲、澳大利亚地区的地表形态，过去土地上的自然植被被完全清除并转而种植作物和饲养家畜。

谷物利用

世界的年均谷物产量大约是25亿吨。人类摄入量最多的谷物是水稻和小麦，而玉米常常被用来喂养家畜。人类先饲养家畜再以其为食所消耗的土地、水和化石燃料往往比直接吃掉粮食要多。

人类，45% 近一半的粮食总量由人类直接摄入

饲养家畜，35% 玉米之类的谷物常被用来喂养猪、牛和鸡等家畜

其他，20% 部分粮食被用于制造生物燃料和工业制品

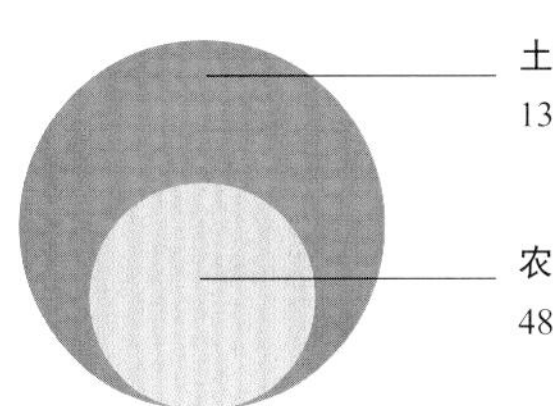

农业用地总量

肥料快速增长

近十年来，粮食产量的大幅增长主要归功于肥料施用的增加。然而，这种成功也带来了一些严峻的挑战。

养育了世间万物的地球需要土地中氮、磷、钾等养分的滋养，但农业生产消耗了土壤养分打破了原有的养分循环。在过去的数千年中，农民使用粪便等废料来补充土壤中的养分。而进入机械化种植的时代后，大量合成化肥进入农业系统中，从而造成了严重的环境影响。

粮食产量增长

20世纪上半叶，以天然气和氮气为原料的哈勃-博施法被用来制造氮肥。化肥的广泛使用帮助农民在同样的土地上收获了更多的粮食，满足了人类日益增长的粮食需求。从1950年到1990年，在农业用地仅增加10%的情况下，世界粮食产量增长了三倍。

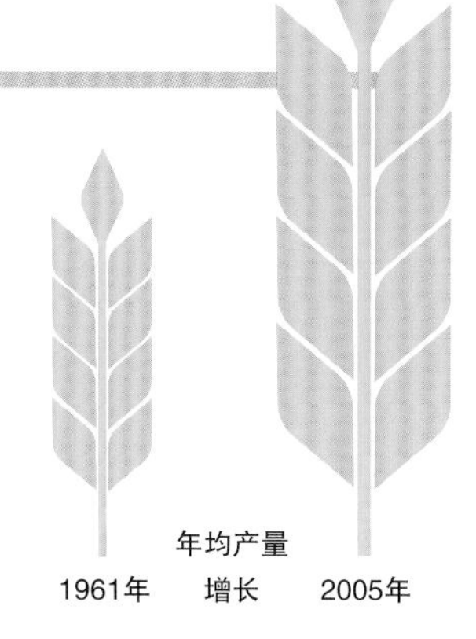

化肥施用量上升

第二次世界大战后，化学工厂开始制造氮肥，磷矿储量也随着新的岩磷矿源的发现而上升。加之一些国家政府的补贴政策，化肥施用量迅速增长，尤其是20世纪40年代后期到70年代之间的“绿色革命”时期。

图例

化肥施用量（单位：百万吨）

非洲　大洋洲
美洲　欧洲（除东欧外）
亚洲　东欧

硝态氮肥的影响

氮肥的大量使用是大气层中氮氧化物浓度增加的主要原因，并进而对环境和人类健康造成了一系列有害影响。

- 氮氧化物是导致气候变化的第三大温室效应气体
- 氮肥是导致臭氧层空洞变大的原因之一
- 氮（和磷酸盐）可以造成生态变化，尤其是海洋水生环境的变化，危害鱼类及其他野生生物的生存（见第162～163页）
- 肥料富集化也导致陆地生态系统的变化，较脆弱的植物更容易被生命力顽强的植物取代
- 环境中大量的硝酸盐化合物可以进入饮用水中，对人类健康造成危害。如“蓝婴综合征”、各类癌症和甲状腺疾病等

在过去100年中，人类活动导致地球土壤中固定氮的总量增长了**100%**

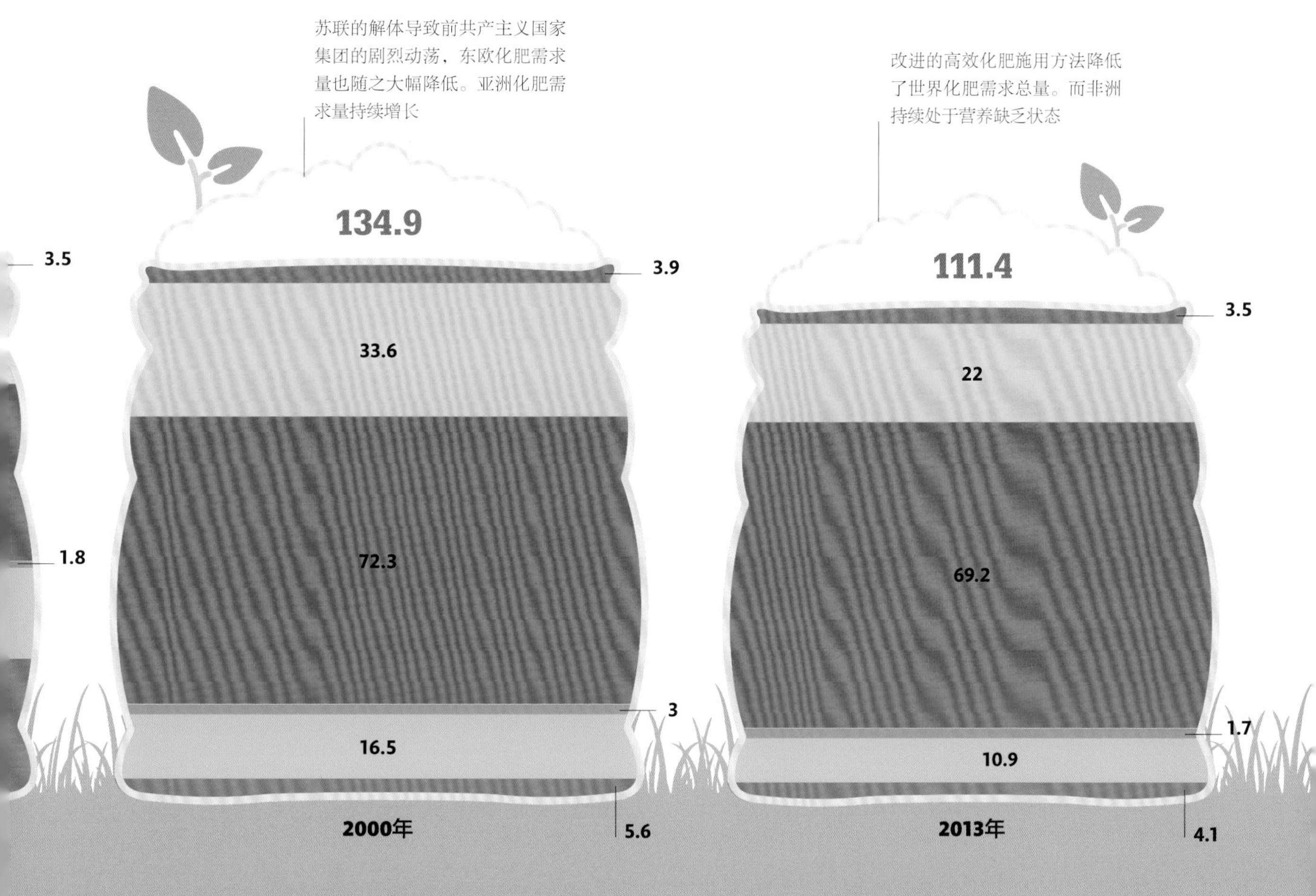

害虫防治的挑战

杂草、真菌、细菌和昆虫都会危害作物生长、降低产量、毁坏粮食。人类使用杀虫剂进行反击，但同时也造成了对其他物种的伤害。

在过去长达数千年的时间里，农民的耕种管理手段并没有农药这一项。而在第二次世界大战后数十年内，农药被迅速接受并在世界范围内广泛使用，成为粮食产量快速增长的关键因素。但相应的，农药的使用也对其他物种造成了强烈的副作用，包括食用植物昆虫数量的下降和以昆虫为食的鸟类数量的减少等。益虫的数量和生殖也因此受到影响。部分农药在食物链中富集，导致顶层生物的数量下降（见第92～93页）。与此同时，害虫体内逐渐积累起对杀虫剂的抗药性。

农药的使用量

虽然几乎全球各地都在使用农药，但每个国家使用的量却相差甚远。这样的差异主要是由作物种植类型、作物价值和害虫是否严重等因素造成的。同时也取决于所使用的化学制品的威力大小、农业管理措施及国家总体实力等。比如，极端贫困的国家几乎买不起农药。政府政策和农药公司对政策的影响力也只是部分影响因素。但大多数的情况下，农药的使用量都是可以降低的。

全球农药使用总量**自1950年以来增长了50倍。**

莫桑比克是一个典型的非洲国家。使用农药的费用十分昂贵，因此与其他地区相比农药的使用量也相对较低。

郁金香是荷兰一种典型的经济作物，但同时也深受害虫困扰。

莫桑比克	印度	喀麦隆	加拿大	美国	英国	荷兰	新西兰	中国
0.2千克/公顷	0.2千克/公顷	0.9千克/公顷	1千克/公顷	2.2千克/公顷	3.3千克/公顷	8.8千克/公顷	8.8千克/公顷	10.3千克/公顷

全球农药销量增长

自20世纪40年代以来，全球农药销量增长迅猛。进入2000年后，在以亚洲、拉丁美洲和东欧为代表的地区，农药销量仍在增长；但在中东和非洲地区，农药销量却停滞不前。农药公司一般通过低价销售旧产品或转向未开发市场来提高销售量。

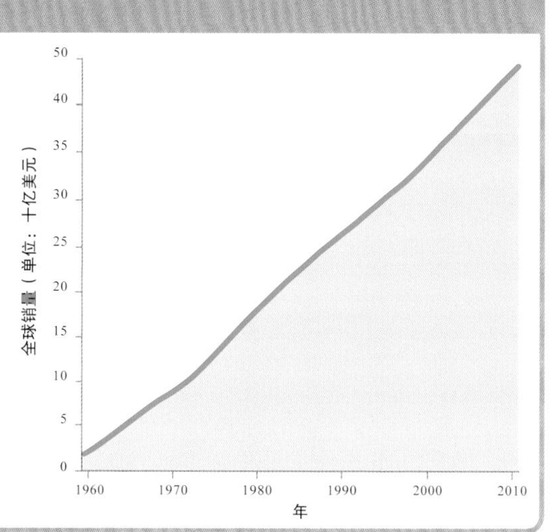

农药的使用

农药在南亚和中南亚的水稻种植中扮演着重要角色。手动喷雾器是一种常见的喷洒农药的工具。

危害野生物种

新类尼古丁农药是一种危害昆虫神经系统的强效毒药，同时也影响许多以昆虫为主要食物来源的鸟类。有研究表明在吡虫啉（一种新类尼古丁农药）含量超过19.43纳克/升的地区，鸟类数量会大幅减少。

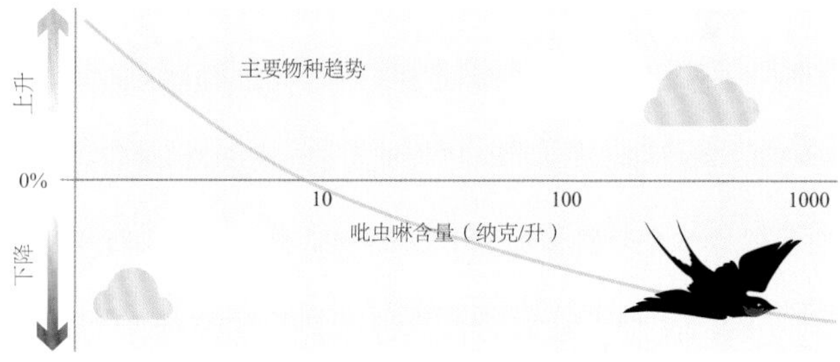

我们能做什么？

- 政府、农民和农药公司应合作进行害虫综合治理工作，包括通过多样化作物种植和作物轮作等方式降低农药施药，从而提高作物产量。鼓励蝙蝠和鸟类族群的恢复，增强自然环境对害虫的管控能力。

食物浪费

1/4以上的世界粮食最终被倒入垃圾桶而不是人类口中；但人口和经济增长需要更多的粮食补给，因此，减少粮食浪费刻不容缓。

全球每年浪费的粮食可达13亿吨，换句话说，就是世界粮食年产量的1/3；折合成浪费的水量相当于俄罗斯伏尔加河的年径流量。食物垃圾产生的温室气体，尤其是食物腐烂过程中产生的甲烷，更高达30亿吨，是导致气候变化的元凶之一。粮食浪费还造成了每年数百万吨的化肥和高达7500亿美元的食品加工费打了水漂，但与此同时，这个世界上还有大量人群挣扎在温饱线以下。粮食从田地到餐盘的过程越长，投到这个过程中的资源越多，造成的环境影响越严重。

食物浪费过程

食物浪费可能发生在从初始生产到家庭消费的食物供应过程中的每一个阶段。在发展中国家，受收获、存储和冷藏方式所限，40%的粮食损失发生在食物链的早期阶段。而在发达国家，由于过于强调对食物外表的质量控制，40%以上的食物浪费发生在销售阶段或者食用阶段。

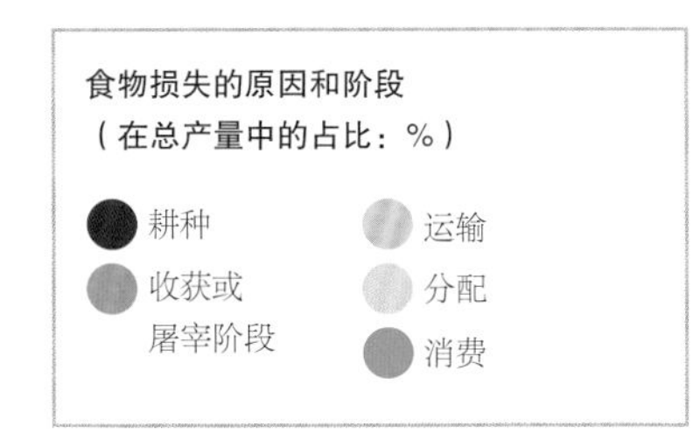

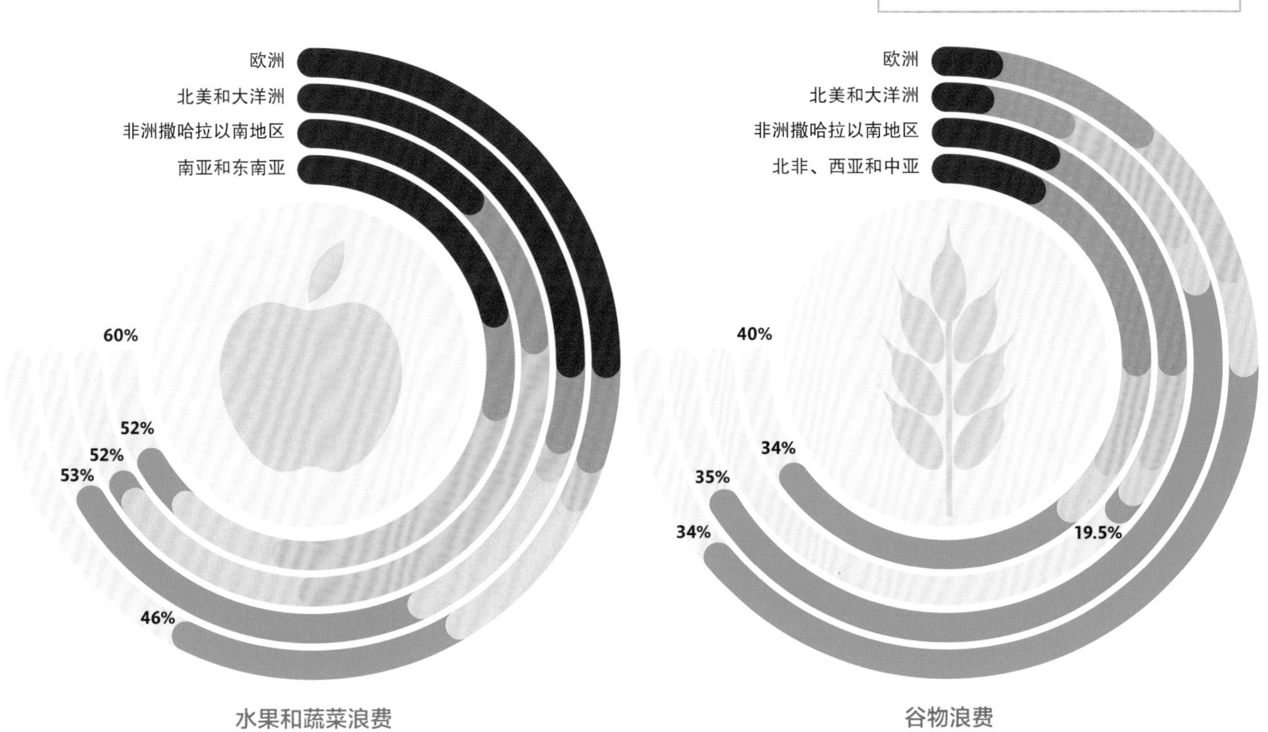

食物浪费品种

几乎所有种类的食物都存在被大量浪费的情形，诸如水果、蔬菜、根茎类和块茎类等易碎易腐烂性食物占据了食物损失中最大的比例。肉类食物的浪费比例相对较低，但造成的后果却更加严重，因为家畜的卡路里包含了更大的生态足迹。

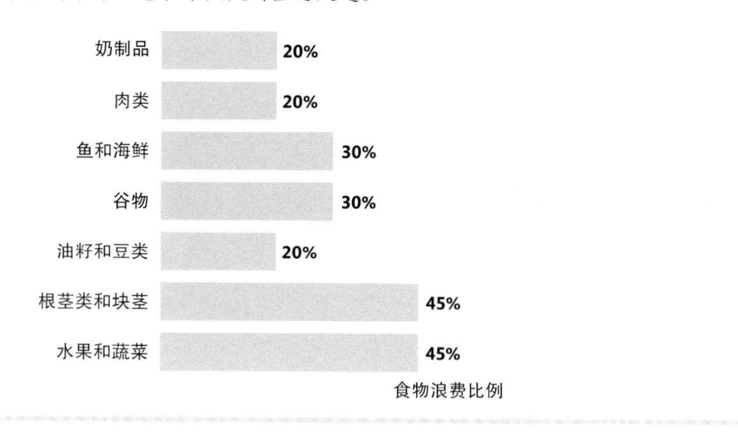

我们能做什么？

- **减少浪费**。避免从田地到餐桌之间的浪费。
- **救济饥饿人群**。收集整理原本被浪费的食物救济有需要的人群。
- **喂养家畜**。人类不可食用的粮食可用来喂养猪和鸡。
- **压缩食品并制成可再生能源**。严重腐烂食物可以通过厌氧消化过程发电，同时被用做肥料补充土壤养分。

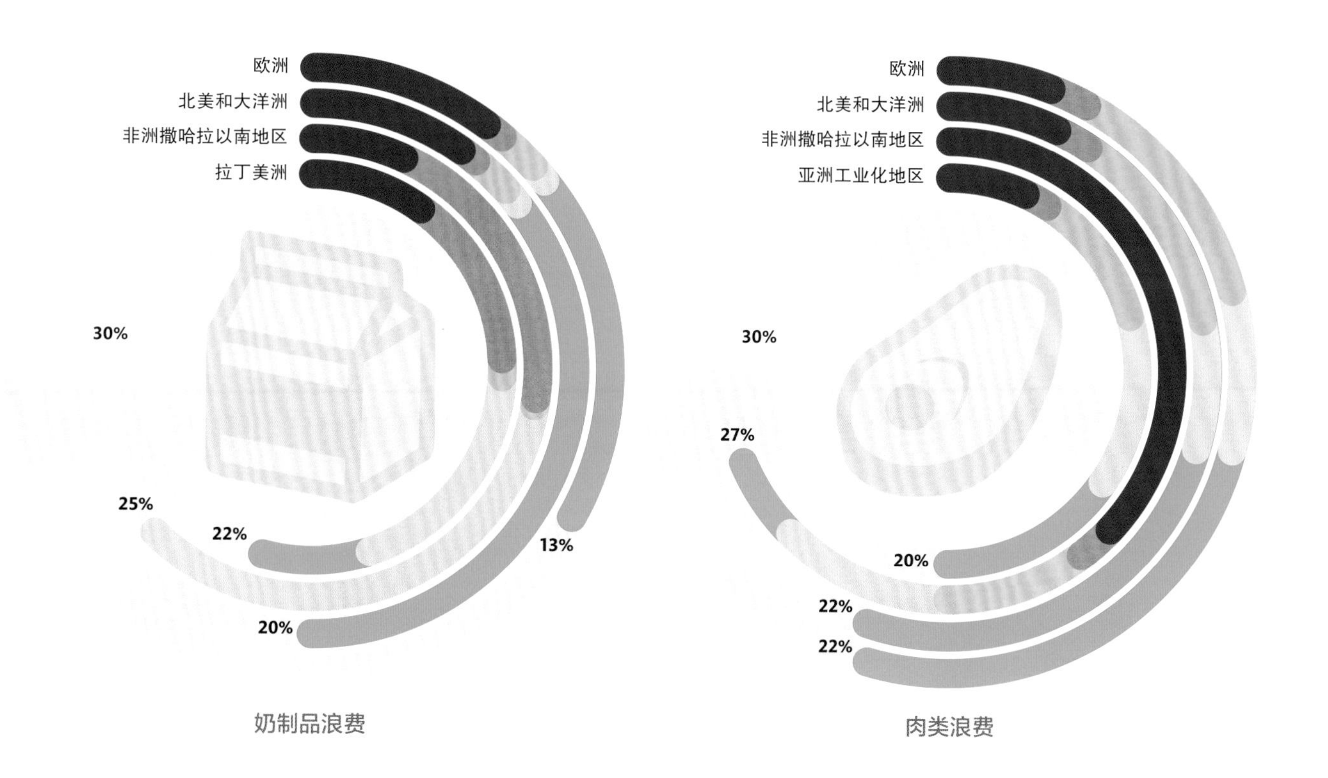

奶制品浪费

肉类浪费

养活世界

纵观全球，当部分人类为过度肥胖而烦恼忧愁时，另一部分人类却在忍饥挨饿。这说明单纯靠增加粮食产量并不能确保为地球提供均衡的营养。

在许多富裕的发达国家，越来越多的人体重超标，过度肥胖；然而在许多发展中国家，却有相当大比例的营养不良人口。导致这种局面的原因有很多，比如政治和气候条件、食品支出的收入占比等。虽然数十年来粮食产量在持续增长，但贫穷和饥饿却始终缠绕着人类。全方位的经济发展有助于降低饥饿和营养不良现象，是提高贫困家庭的收入和生活水平的关键。

营养不良

全球约有8亿营养不良人口，他们往往是居住在农村地区生活拮据的人们中最贫穷的一批。在南亚和非洲撒哈拉以南地区，消除饥饿的进程缓慢，营养不良现象普遍存在。尤其是在非洲撒哈拉南部地区，近1/4的居住人口没有足够的食物。此外，虽然印度的营养不良人口比例较低，但却是全球营养不良人口数量最多的国家。

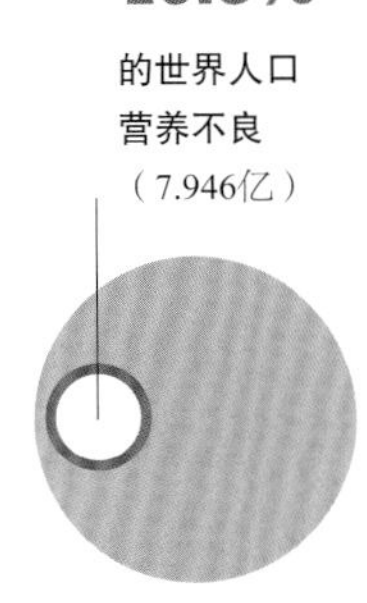

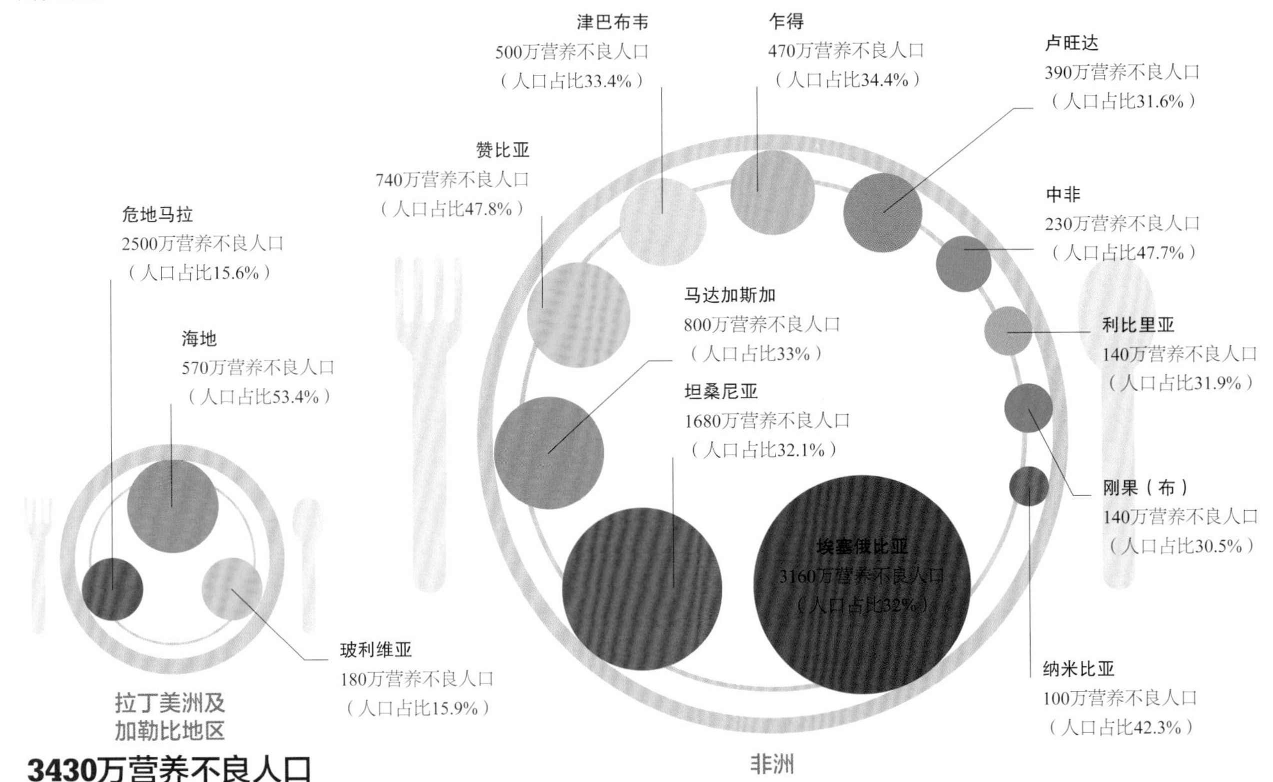

食品支出

无论是从绝对数值还是从收入占比的角度来讲，粮食价格都是饥饿与过度肥胖的决定性因素。在美国，人均收入高而食品支出占比相当低；但在印度，人均收入较低而食品支出占比相当高。

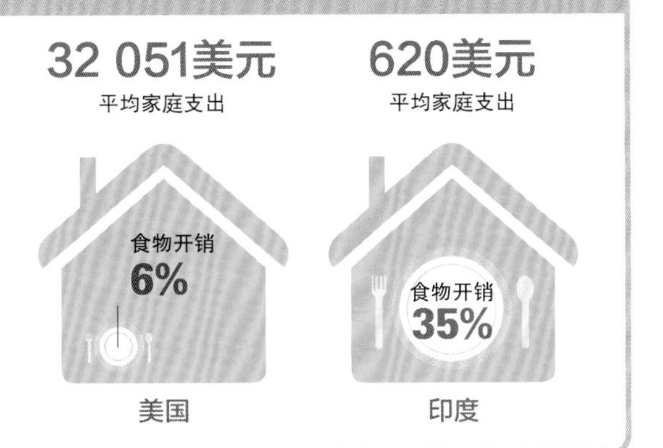

"对抗饥饿的战争是全人类的共同事业。"

约翰·菲茨杰拉德·肯尼迪（JOHN F KENNEDY），第35任美国总统

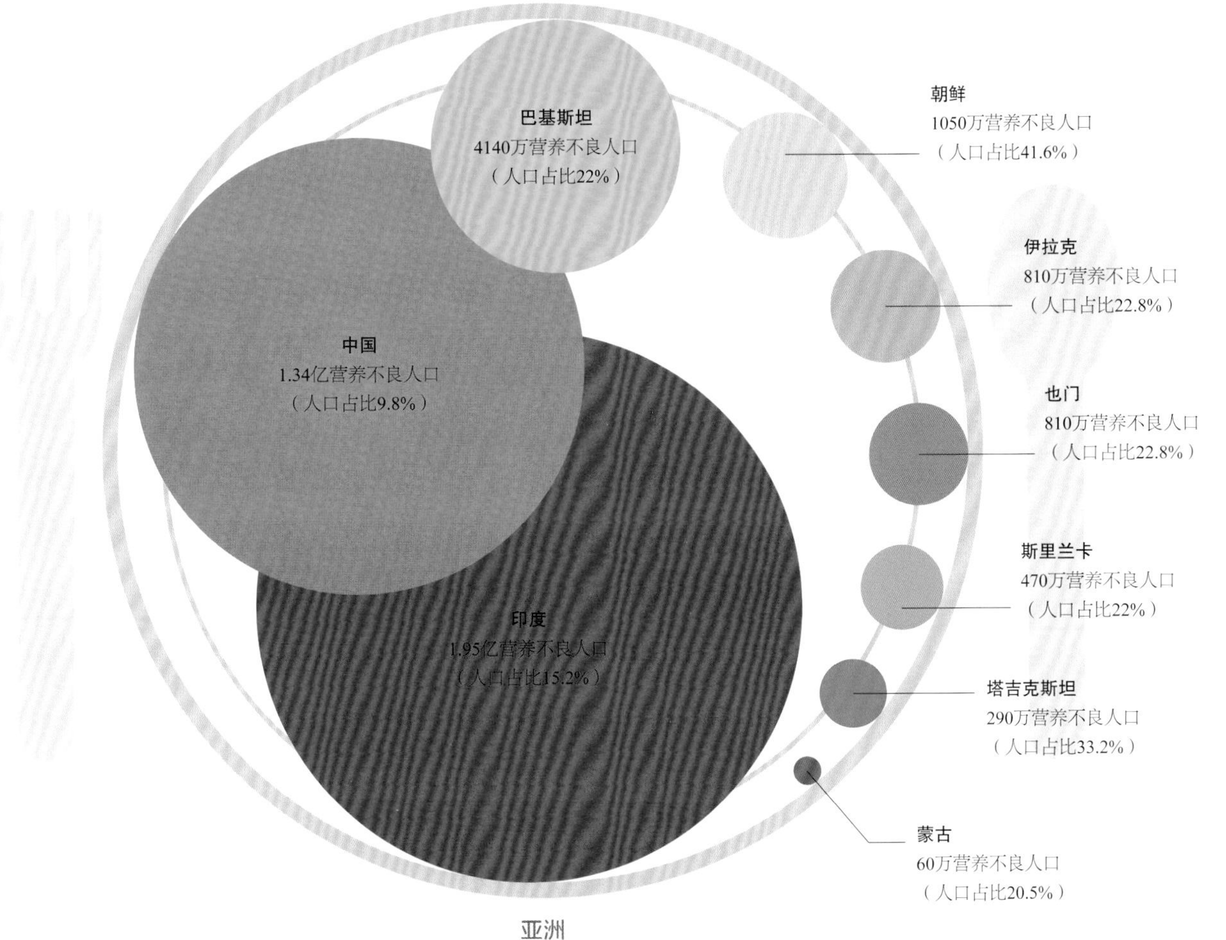

亚洲

5.12亿营养不良人口

食物安全危机

几乎所有食物的生产都离不开土壤和水，而环境变化正通过土壤和水威胁着食物安全。这是一个全球性的问题，但在发展中国家尤其尖锐。

每年有500万 ~ 700万公顷的农业用地在风力和水力的共同侵蚀下退化，流失的表层土壤可达250亿吨。自定居农业开始以来，美国表层土壤流失了近1/3。农业活动造成了土壤中（植物和土壤有机物）有机质含量的下降。而有机质含量高的土壤蓄水能力强，植物抗旱性能高。土地退化和干旱是在发展中国家普遍存在的两个问题。 据预测，世界上大部分地区将在21世纪后期迎来前所未有的极端干旱事件。

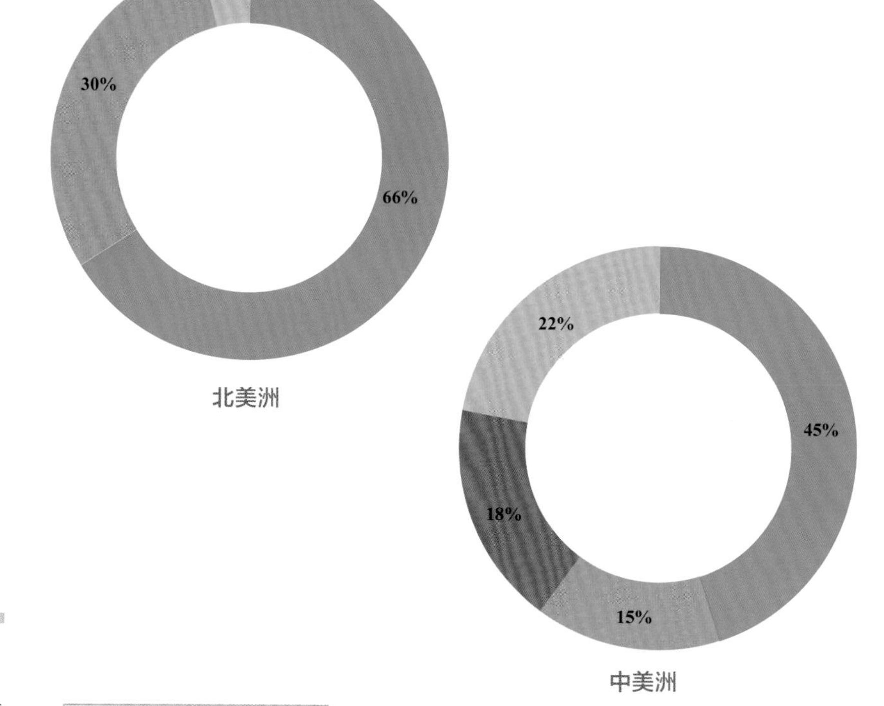

土地退化

全球土地退化日益严重。人类活动导致的土地退化造成世界上许多地区，尤其是半干旱地区，已经不再适宜耕种。农业耕种和放牧家畜带来的过度压力使土壤表层裸露更易遭受风雨侵袭，这是北美洲土地退化的主要原因。在南美洲、欧洲和亚洲，森林采伐是大面积土地退化的主要原因；另一部分土地退化则是由工业化污染造成的。

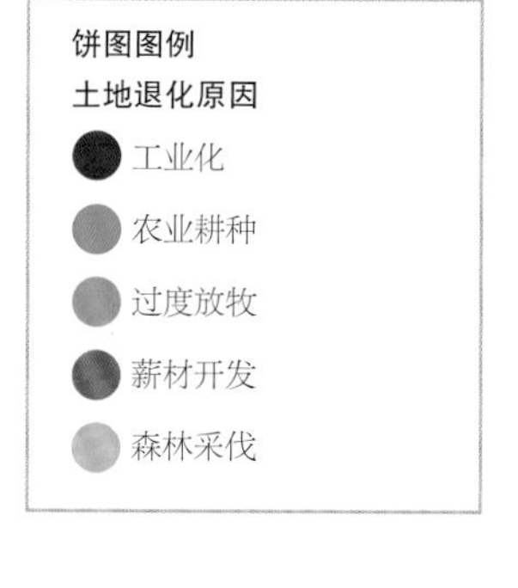

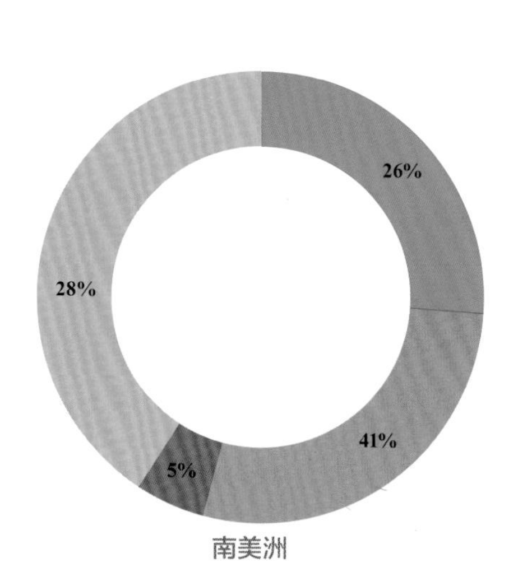

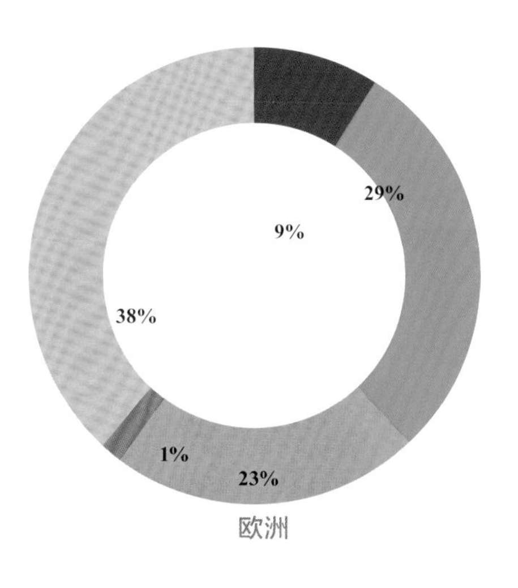

欧洲

干旱加剧

帕默尔干旱指数（PDSI）一种使用温度和降水数据来揭示随着时间推移干旱度变化的指数。自20世纪70年代以来，世界范围内的干旱强度和频率均呈现增长趋势。

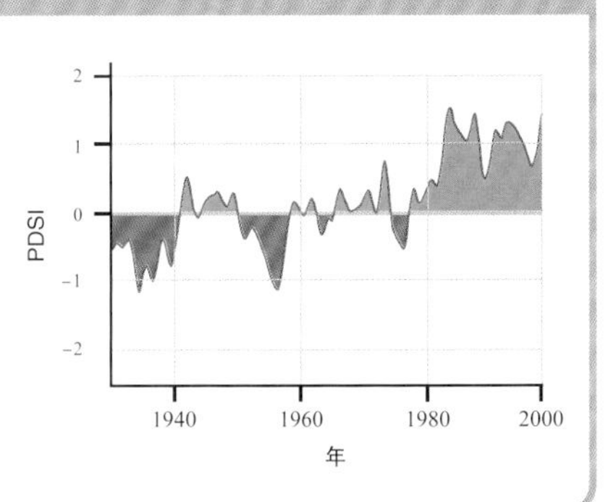

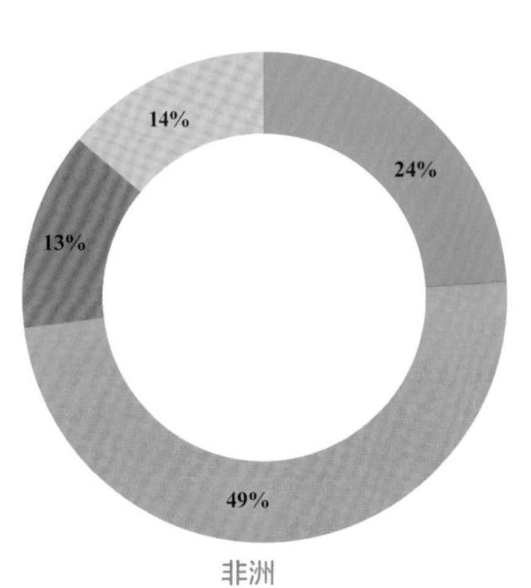

非洲

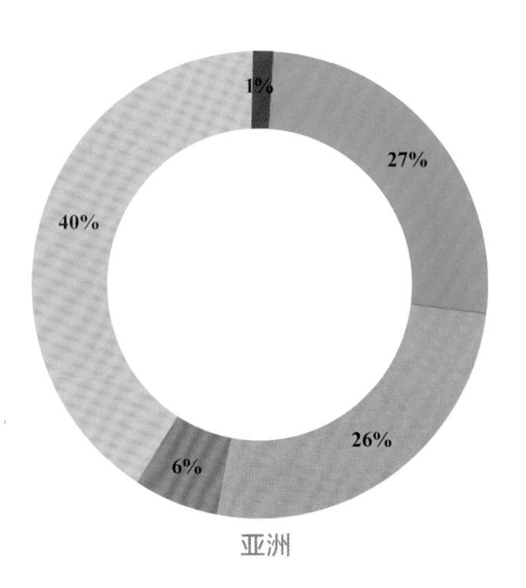

亚洲

以色列土壤退化

全球中度至重度的土地退化面积比美国和墨西哥的国土面积之和还要多。

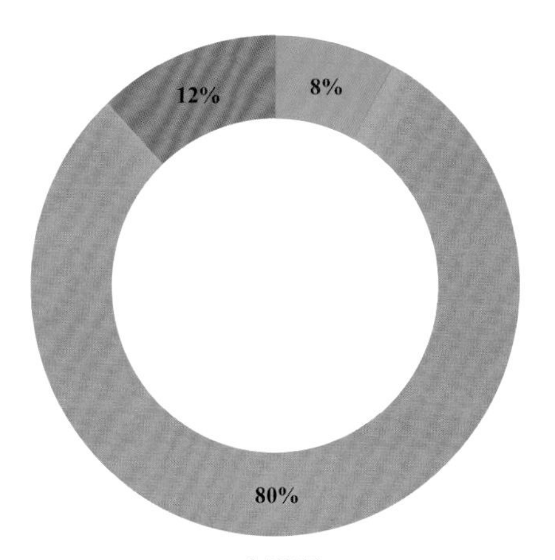

大洋洲

干渴的世界

在过去的一个世纪中，人类对淡水的需求大幅上升。淡水不仅能满足饮用、洗衣和农业的需求，更是推动经济发展的动力。在自然界中，所有的陆生植物和动物都依赖淡水而生存。热带雨林和湿地等生态系统更需要定期补充水资源。近些年来，世界上多个地区都遭受严重的干旱影响，从而造成粮食收获和食品价格的波动，增加了数百万饥饿人口。

淡水供应压力

70%的地球表面被水覆盖，其中仅有不足3%是淡水资源，其中的大部分为人类不可利用部分（见第78～79页）。自1900年以来，人口和经济的增长导致人类对淡水资源的消耗量增加了近5倍。而水资源不足已经严重限制了世界上部分地区的发展。农业、工业和家庭的低效用水方式及对生态系统安全供水的破坏又进一步恶化了这种状况。气候变化对水循环的干扰影响，如更严重的干旱和易出现水压力的地区，使得淡水资源的压力更加沉重。

> “一个不能**明智**规划和发展珍贵水源的**国家**是注定要消亡的……”
>
> 林登·约翰逊（LYNDON B JOHNSON），第36任美国总统

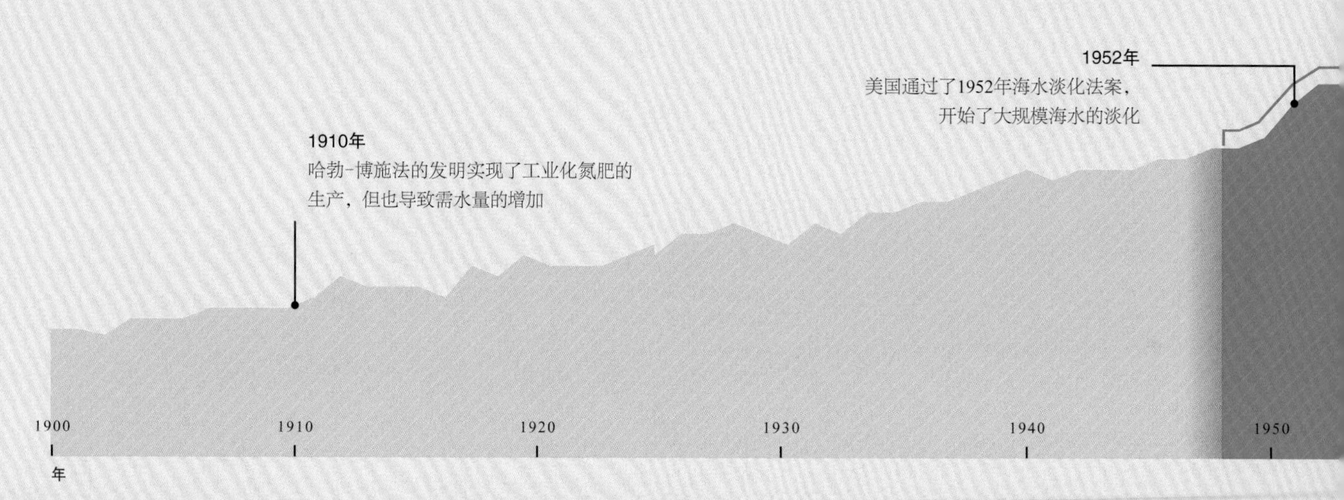

淡水分布

亚洲的灌溉田面积居世界首位，并拥有超过一半的世界淡水存储量。然而，却是发达国家的人均用水量普遍较高，如美国的人均用水量是孟加拉国5倍以上。富裕国家的淡水压力问题依然尖锐。

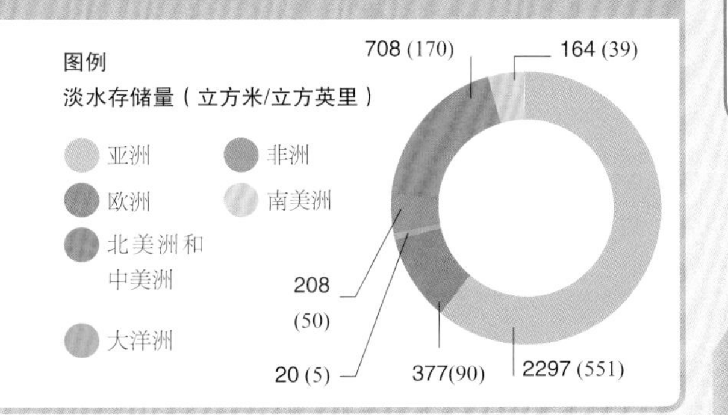

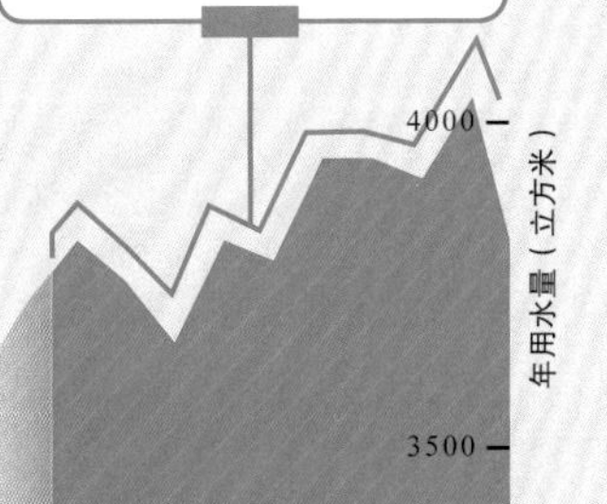

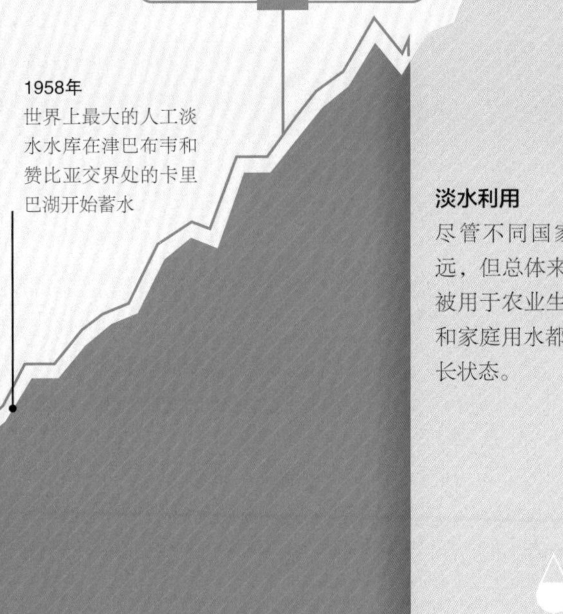

淡水利用

尽管不同国家的使用比例相差甚远，但总体来看，约有70%的淡水被用于农业生产。预计农业、工业和家庭用水都将在2025年前维持增长状态。

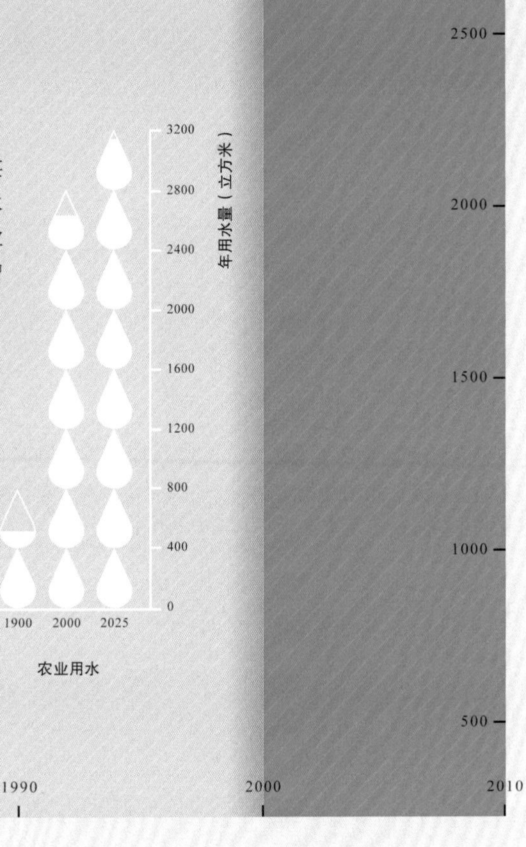

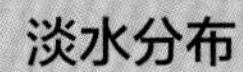

淡水危机

大约97.5%的世界水资源是海洋咸水，剩余部分为淡水资源。但大部分的淡水以冰的形式存在，人类实际利用的部分仅有0.3%。

淡水是一种十分缺乏的资源。淡水在地球表面分布不均匀，从而导致在少雨或高蒸发率的地区，淡水缺乏性问题尤为严重。世界上有近12亿人口面临着淡水缺乏问题，另外还有16亿人口面临着取水和运水的挑战。由于淡水需求的增长速度几乎是人口增长速度的两倍，造成长期淡水资源缺乏状况迅速向世界其他地区扩散，以上两类人口总数持续增长。虽然大量淡水资源被浪费、污染或被不恰当地使用，目前淡水资源总量仍能满足人类需求。但在未来数十年中，如何合理地使用淡水资源对人类发展至关重要。

参见

› **人口爆炸** 第16～17页

› **食物需求升级** 第62～63页

地球水资源

地球上14亿立方米的水资源中绝大部分是咸水。剩余小部分淡水资源中的2/3以上存储在地面冰盖中，十分难以获取。这就导致只有极小比例的湖泊河流中的淡水资源可供人类饮用、农业耕种和工业使用。

水

生命起源于海洋，迁移至陆地，所有陆生的“动物和植物”都“要”依赖淡水生存。

地球表面的71%是水

水量丰富的国家

淡水资源是一个国家经济发展的决定性因素。巴西是人口密度最高的地区，圣保罗市已在2015年连续第三年经历极端干旱事件。由于巴西2/3的国家电网都依赖于水力发电，限制用水将不可避免。中国庞大的工业产能持续增长也需要越来越多的淡水资源。

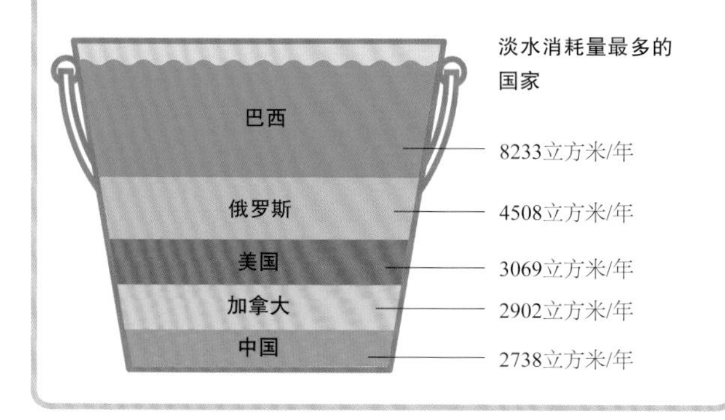

地球储水总量
14亿立方米

2.5%
淡水

97.5%
海水

液态水
仅占0.3%的比例。极小比例的世界淡水资源以液态形式存在，并可从地表的河流、湖泊和沼泽等处获取。

冰和冰川
巨量淡水存储在冰川、冰盖、山川的永久积雪覆盖层和地球两极地区。

68.9%
在冰和冰川中

地下水
地球上30.8%的淡水是地下水。在一些地区，如美国和阿拉伯地区，由于灌溉作物，深层地下水正逐渐枯竭。

30.8%
是地下水

“井水枯竭之日，方知**水源珍贵**。”

本杰明·富兰克林
（BENJAMIN FRANKLIN）

淡水资源
具有蓄水能力的生态系统包括健康的土壤、森林、湿地和覆被沼泽等。寒冷潮湿气候下的酸性泥炭地也能吸附大量水分。这些环境在以下三个主要因素的作用下正处于不稳定状态：改变降水分布和融化冰川冰盖的全球气候变暖，为迎合不断增长的需求的过度水资源开采，恶化水质的污染排放。

澳大利亚北部的湿地

水循环

对陆地生命、经济发展和农业耕种至关重要的淡水在不停地更新循环。循环过程从海洋、湖泊和森林的水分蒸发形成云雾开始（见第81页）。雨水落下后经森林、土壤和石块进入河流和湖泊中。其中部分雨水以冰雪形式储存，来年春天或夏天融化，补充河流早期水量。森林采伐、气候变化和土壤退化等都能在不同程度上干扰了水循环过程，造成世界上部分地区如北非和中东的水资源短缺问题。

4 水滴或在一定温度下形成的冰晶组成云层。当温度降低时，雨水形成雪花降落。

5 水滴在云层中碰撞结合，以雨水、冻雨、雪花或冰雹的形式降落。

夏天积雪融化释放冰川储水。由气候变化引起的冰川减少是一个影响水资源安全的问题。

6 水分在完整植物及其根系帮助下进入土壤的过程称为渗透。

7 进入土壤深层的水分以地下水的形式存在。超过30%的地球淡水是地下水。

云是如何形成的?

温暖空气在上升过程中形成云。上升气体中的水汽凝结并释放热量，从而上升更高。空气在降温过程中相对湿度也在升高。当上升气体中的水蒸气达到饱和状态时，水蒸气在大气颗粒物周围凝结形成云。

5000米（16 500英尺）——云层形成且当不稳定气体上升时分散

4000米（13 000英尺）——水蒸气浓缩并释放热量，缓慢降温

3000米（10 000英尺）——水蒸气浓缩形成云底

2000米（6500英尺）——温暖空气在空中成团

1000米（3300英尺）——温暖空气从地面上升

3 水蒸气上升过程中降温并浓缩形成水滴。

2 植物通过根系吸收水分，其中大部分以水蒸气的形式通过叶孔散发。

云雾森林从云层中吸收水汽并形成液态水。即使在不下雨的天气里，大面积的叶片也能在寒冷且多云的高海拔地区从云雾中吸收水汽，形成水滴。

1 太阳加热水体使其转化成为水蒸气。微型浮游生物产生的二硫化物气体能够加快蒸汽凝结和形成云“核”的速度。

8 土壤表层下的地下水大部分通过河流最终流入海洋。

水足迹

我们的家庭日常用水消耗量其实并不多，反而是在食物生产、商品制造和发电产能过程中“隐含”的用水总量巨大。

水资源在世界贸易中扮演的角色比石油和金融资本更加重要。与碳足迹（见第50～51页）类似，水足迹代表个人、商业和国家活动的用水总量，是一种计算“虚拟”用水的方法，不仅可以计算商品贸易中的水量，更有助于发现为什么那些水资源有限的国家不得不依赖于进口淡水来满足自身发展需求。

虚拟用水交易

所有的国家都在进行着粮食进出口贸易，但其本质是在交易虚拟用水。从1996年至2005年，农业贸易和工业生产需水总量达年均2.3万亿立方米，相当于北美五大湖中的伊利湖储水量的五倍。位居前五的虚拟用水净出口地区有美国、中国、加拿大、巴西和澳大利亚。而相应的五大净进口地区为欧洲、日本、墨西哥、韩国和中东。

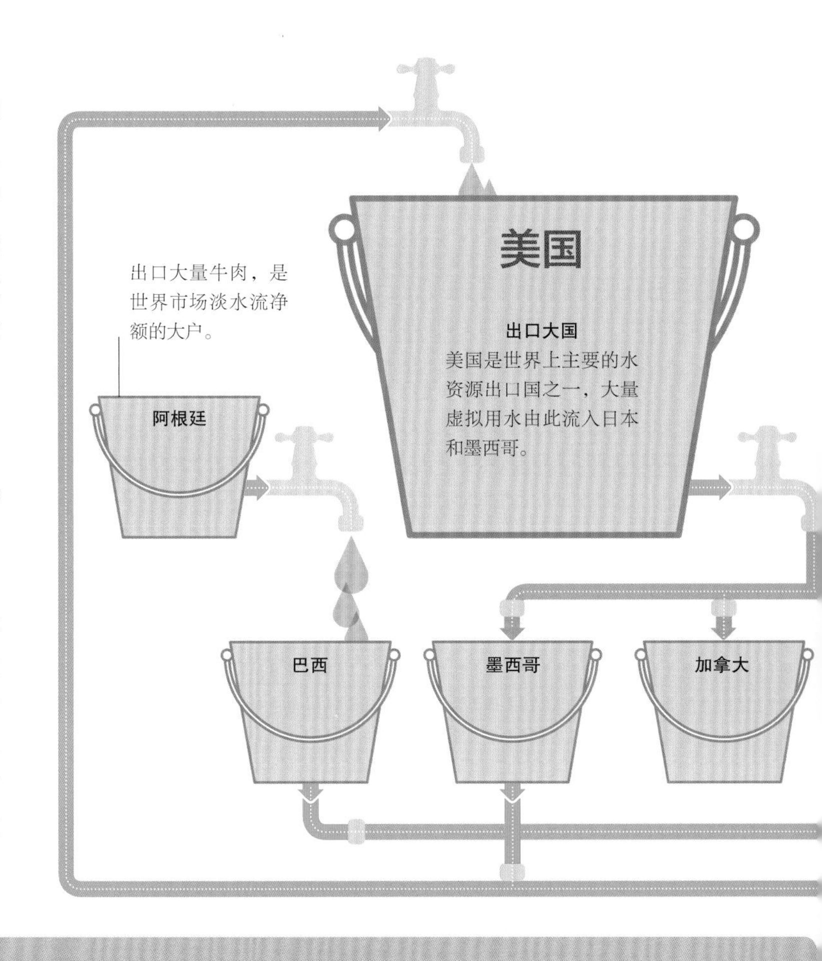

耗水多少？

英国家庭每天的用水量为人均145升，主要用于烹饪、打扫和洗衣服等。然而当计入虚拟用水后，这个数字可高达每天3400升。棉花和皮革商品制造过程中同样产生大量的水足迹。商品的使用寿命越长，造成的影响越小。

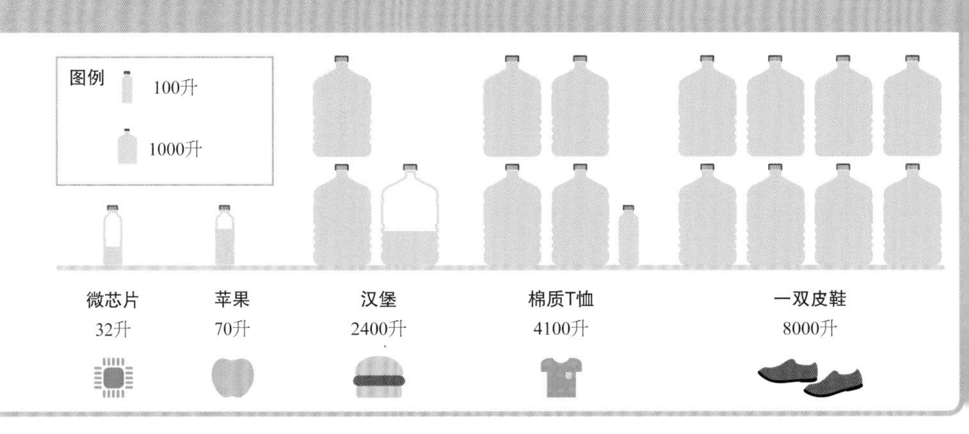

最大水足迹

最耗水的国家往往是那些人均收入相差较大的国家，因为在这些国家，淡水资源对各阶层的经济发展都至关重要。降雨量较少的国家比降水充沛的国家问题更严重。部分国家，如巴西，依赖降水才能满足粮食生产需求；印度则更多地使用河水灌溉其庞大的农业体系。中国大约2/3的水足迹来自农业，另外有1/4来自制造业。

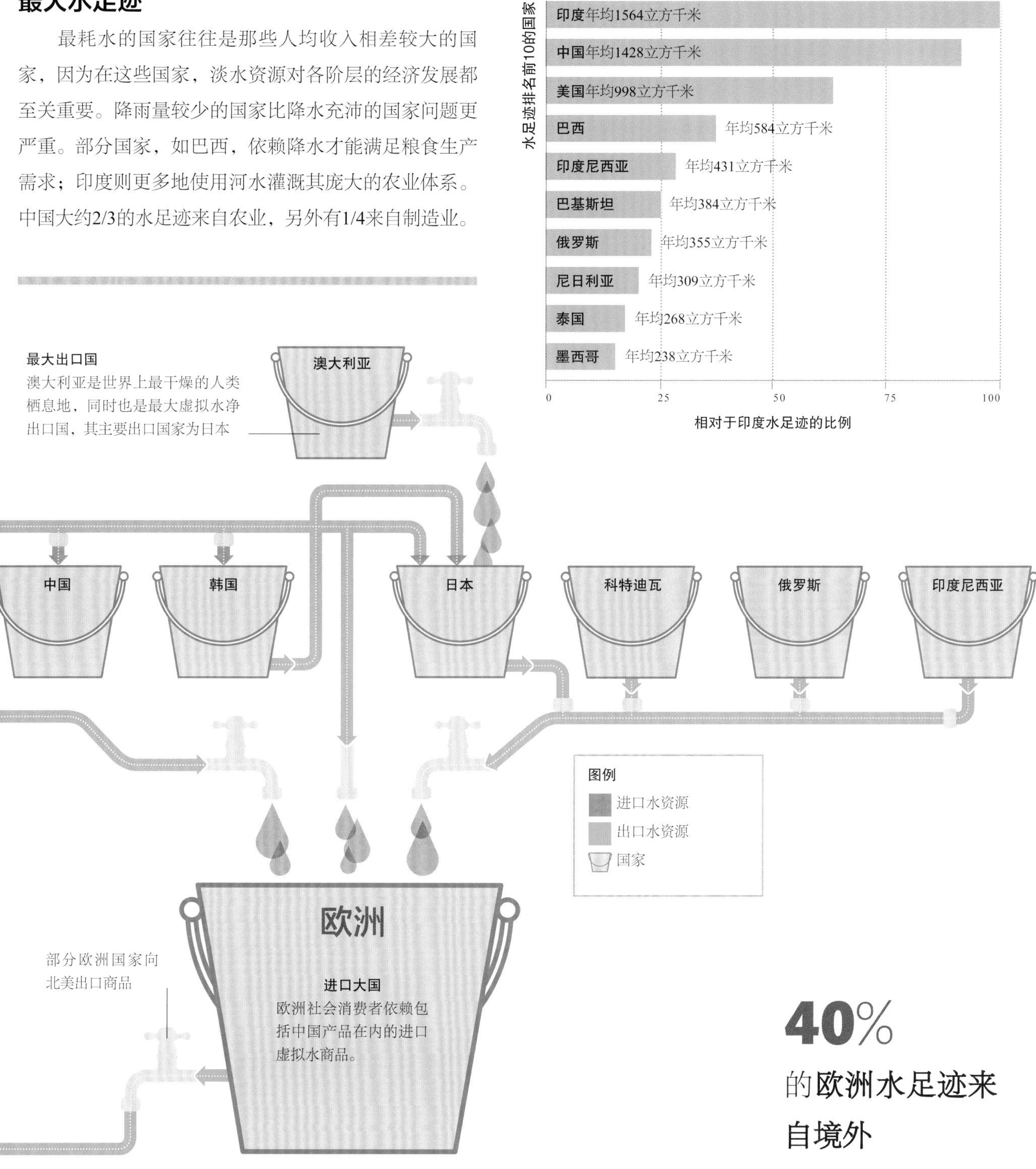

40%

的欧洲水足迹来自境外

消费热情

在过去的一个世纪中，人类对所有自然资源的需求量都在急剧增长。如今各类建筑材料、矿产资源、化石燃料和生物能的综合消耗量是1900年的10倍多。需求增长在拉动经济发展的同时，也对自然系统造成了巨大压力，带来许多环境问题。如果我们再不改变生产和消费模式，未来的人口增长和经济发展将进一步压榨自然资源，加剧环境压力。

飙升的资源消耗

我们使用和加工的每一样物品都来自自然。一些资源，如造纸的木材，是可再生的；而另一些资源，如矿石原料，是不可再生的。将原材料加工成产品的过程需要使用能源和水，并产生包括二氧化碳在内的多种废弃物。但人们却鲜少看到世界自然资源需求量的飙升对大气及生态系统的破坏等方面的报道。尽管这些破坏作用都已经得到阐明，但作为经济发展的重要因素，资源供应仍是当前各国政府优先考虑的问题。

“对自然资源的**持续破坏和毫无节制的消费主义**将对世界经济发展造成**严重后果**。”

教皇方济各（POPE FRANCIS）

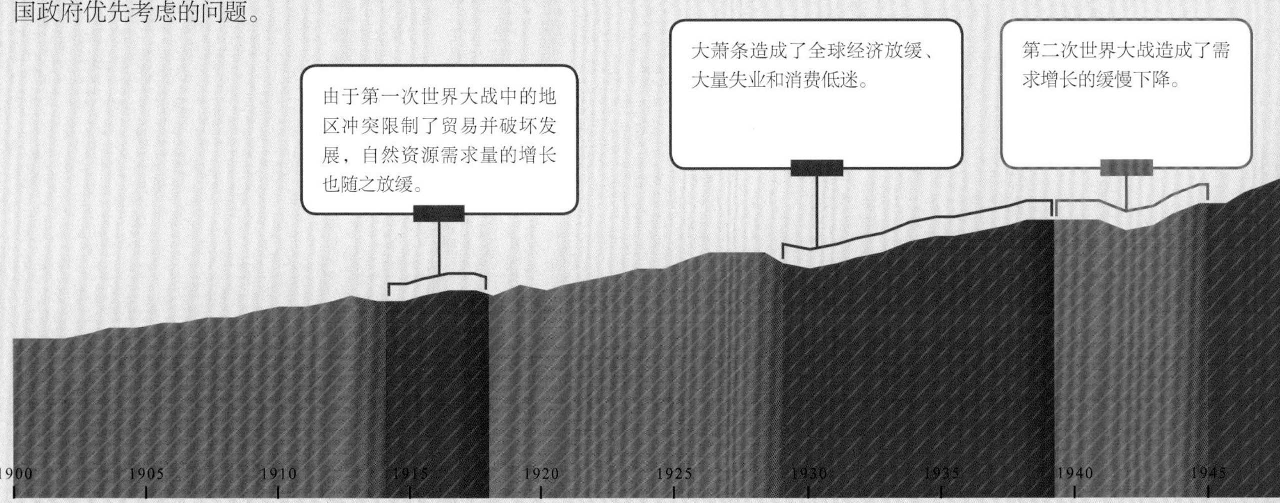

消费大户

各国的自然资源消费量并不是完全一样的。高收入国家，如法国、德国、日本、英国和美国，在高消费的生活方式下比低人均收入的国家使用更多的自然资源。然而，当贫困国家的经济发展取得一定的成就后，消费方式就随之向发达国家看齐。

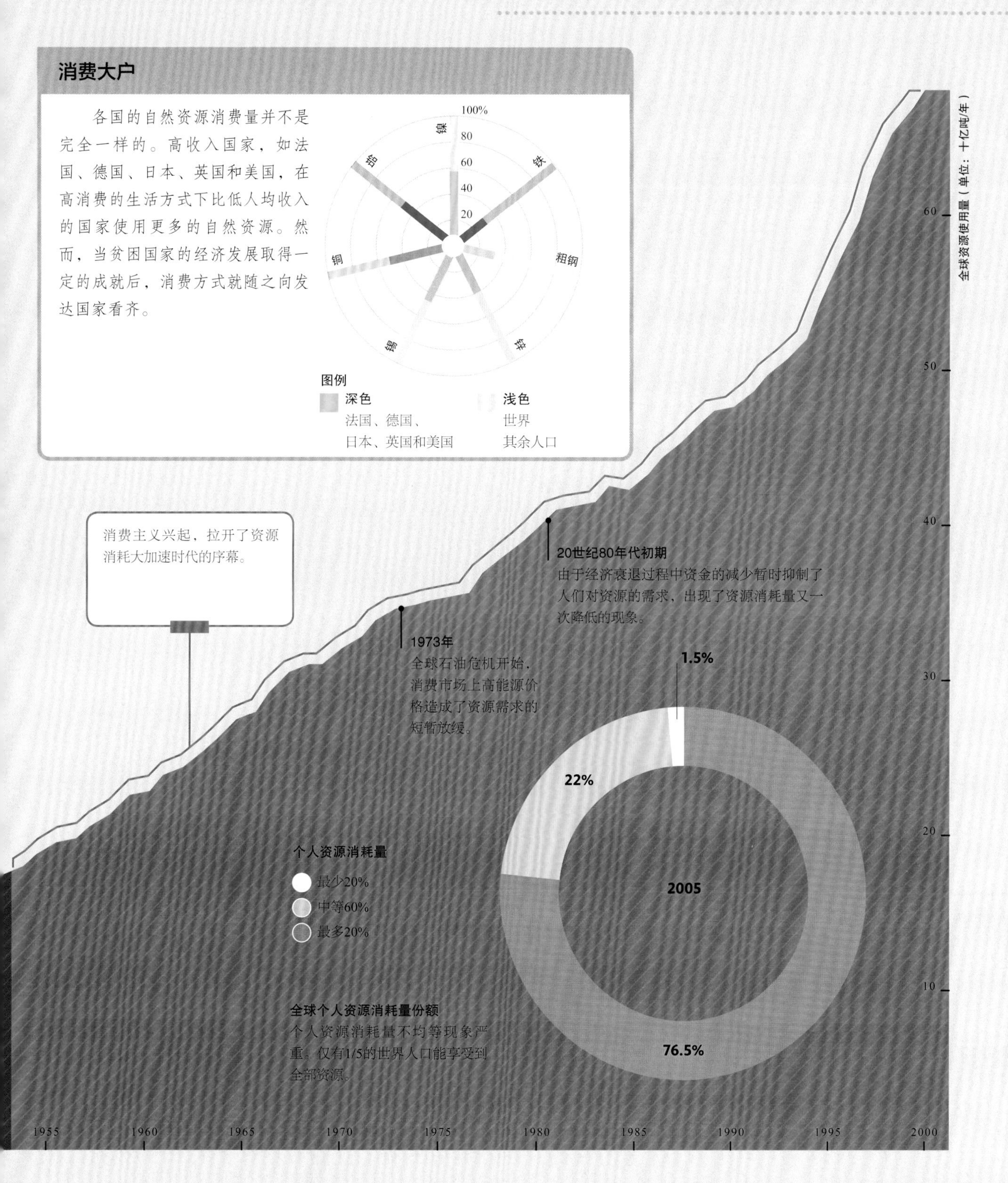

消费主义兴起

生活水平的提高带动了人们消费各类商品的热情，从一次性用品到汽车等复杂耐用品。所有的商品都消耗着自然资源，并最终成为废弃物。

中产阶级生活方式的普及带动了资源需求量的飙升。瓶装水和汽车是两种可以反映这种需求的典型商品。尽管这两种产品曾不是我们生活中的必需品，但如今它们无处不在，尤其是在富裕国家和快速发展的国家里。

对各类产品的需求增长造成了对有限自然资源的压力，如石油和矿石。商品生产消耗着越来越多的水和能源，并造成越来越严重的全球性废弃物问题。更清洁、更有效的生产和垃圾处理方式能够减少更富足的生活方式所带来的影响，且其节约的能源可以用来制造新产品。

瓶装水：真实代价

瓶装水的外包装通常是塑料或玻璃制品。开采水源本身就已经是一种掠夺资源的行为，对当地环境造成了严重影响。而其运输和包装生产过程中的能源使用更是一个最大的全球性问题。塑料瓶造成的废弃物同样也是一个严重的问题。

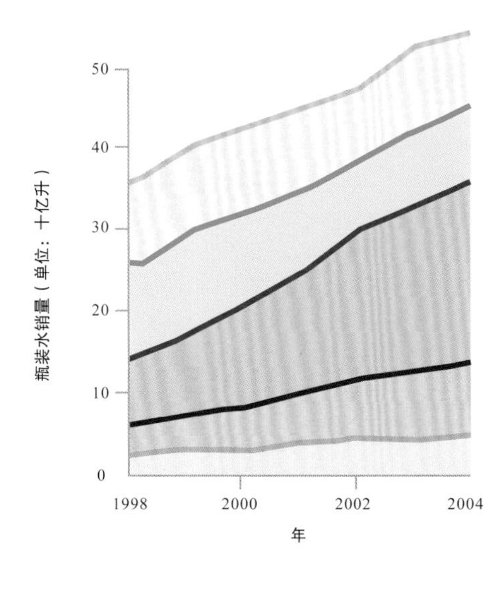

图例
欧洲
北美
亚洲
南美
非洲、中东、大洋洲

销量增长

自20世纪90年代以来，瓶装水的销量增长迅猛。截至2010年，世界范围内瓶装水销量已经达到惊人的2300亿升。

<1%
工厂处理

<1%
灌装、贴标、封装水瓶

4%
冷藏

瓶装水的能源利用

水源处理和瓶水灌装仅使用了少量能源。塑料瓶的制造和运输占能源总支出的95%。

45%
运输

50%
塑料瓶生产

每秒钟有

877

个瓶子被扔掉

汽车材料

汽车制造包括从金属矿石的开采到复杂电路的涂层和装配等多项过程。汽车制造同样也消耗大量的水和能源。制造商在探索降低汽车制造整体影响的方法，不仅是在驾驶过程中，更重要的是在汽车生产和汽车报废后的材料回收过程中如何降低影响。

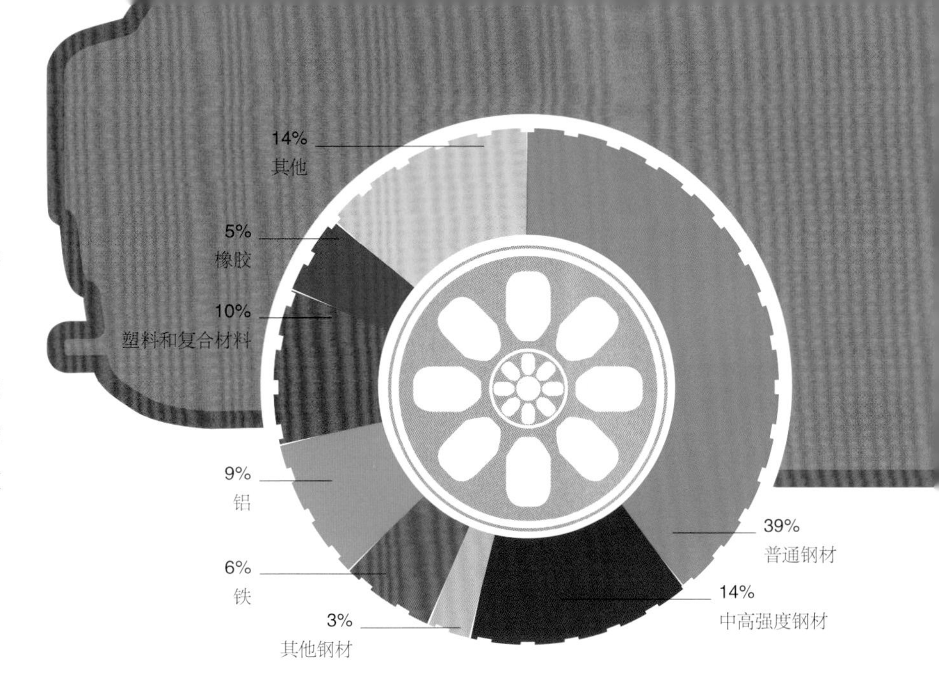

汽车持有量

私人汽车持有量与日益增长的家庭收入密切相关。以美国为例，美国有世界上最大的成熟汽车市场，人均汽车持有量趋于稳定；在2012年，美国每1000人中就有400多辆汽车。

> “消费者需要学会理性购物来构建一个稳定的社会。”
>
> 大卫·铃木（DAVID SUZUKI），加拿大科学家

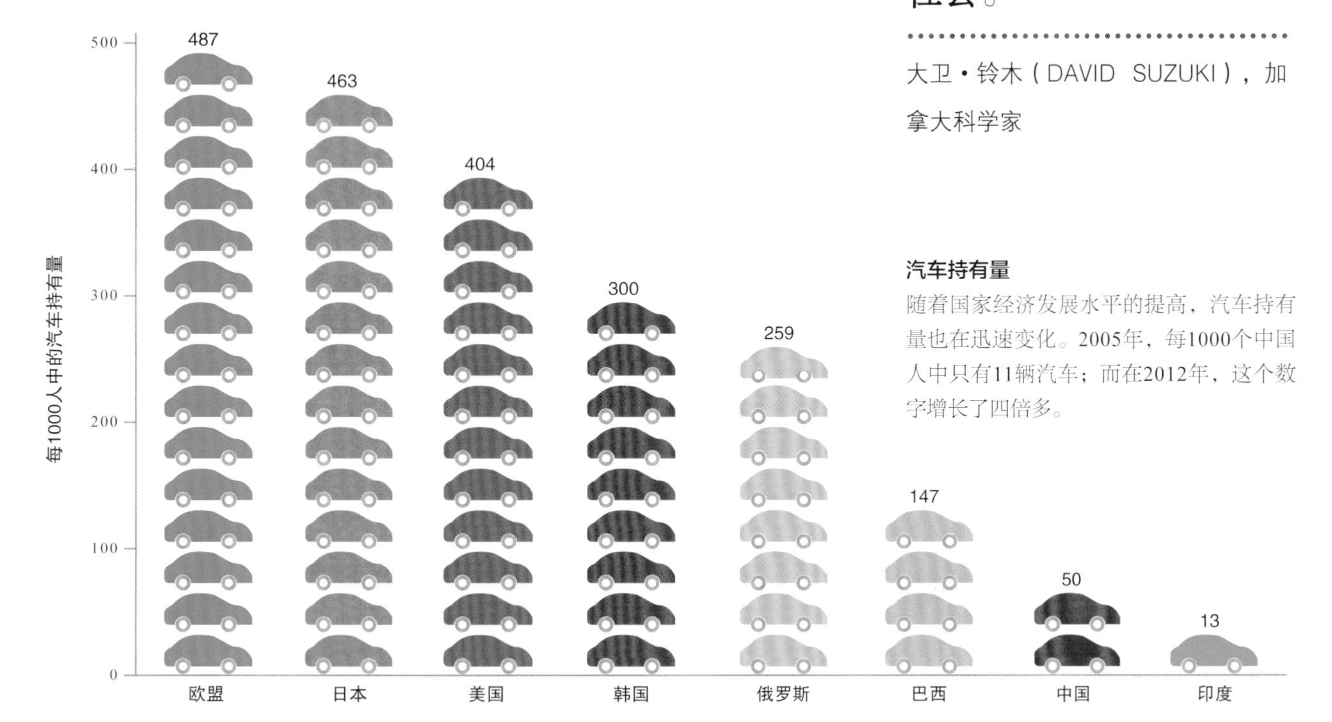

汽车持有量

随着国家经济发展水平的提高，汽车持有量也在迅速变化。2005年，每1000个中国人中只有11辆汽车；而在2012年，这个数字增长了四倍多。

挥霍的世界

人类以破坏环境的方式掠夺自然资源并制造垃圾。垃圾处理同样也会导致污染和气候变化等问题。

世界人口增长和经济发展导致了对资源需求的激增。随着消费水平的上升，垃圾总量也在急剧增长。日常垃圾包括食品、木材、金属、建筑材料、塑料制品和汽车、电脑等复杂的高科技产品。垃圾制造过程中会产生温室气体，而处理垃圾的过程则会制造更多的温室气体。比如，垃圾填埋场里腐烂食品会发酵产生甲烷，这是一种强有效的温室气体。

垃圾处理有三种基本方式：地下填埋、燃烧（有时加以能源回收技术）和再利用。然而从环境保护的角度来看，最佳方式是在一开始就避免制造垃圾。

增长的垃圾

1900年，世界固体垃圾制造能力大约为每天50万吨。2000年，这个数字增长了6倍。而按照人口、社会和经济发展的当前趋势，垃圾制造能力将在2100年达到每天1200万吨。但如果采取更环保的消费模式并提高循环利用比例，也许能在本世纪中叶将垃圾峰值控制在一个较低的水平，如每天950万吨。

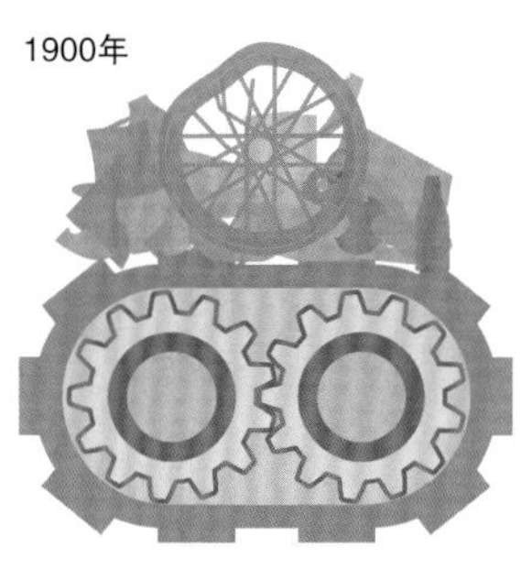

垃圾桶里有什么？

发达国家和发展中国家的垃圾组成是完全不同的。比如，尼日利亚拉各斯的有机垃圾比例远高于美国纽约，而纽约居民制造更多的塑料垃圾。总体来看，美国消费者的人均日垃圾产出量是拉各斯低收入居民的三倍。

降解**一个塑料瓶**需要

700年的时间

电子垃圾

电子垃圾的年产出量大约是5000万吨，包括电脑、手机和电视机等各类产品。

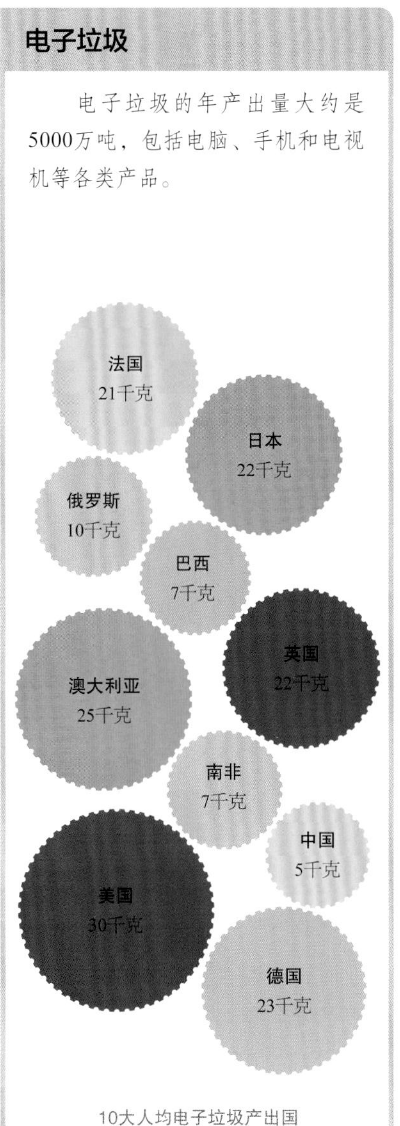

10大人均电子垃圾产出国

1200 万吨/天

垃圾处理

垃圾总量随着人类消费水平的增长而不断上升。固体废弃物处理也成为一个全新且愈加严重的问题。

目前主要有四种固体垃圾处理方式：填埋场填埋；分类燃烧，部分转化成热能或电力；回收再利用；有机物堆肥，或回收可能流失的养分的同时厌氧分解制造沼气。

前两种垃圾处理方式的环境可持续发展力最低，包括多种塑料在内的人工材料如此之多，以致分类处理很难实现，并加剧了回收利用问题的严重性。然而遗憾的是，这两种最便宜最简单的方法仍被当前很多国家作为处理不断增长的垃圾时的首要选择。

垃圾终点

图中展示了经济合作与发展组织成员国的垃圾处理方式和相应比例。每个轮形图代表着一种特定的垃圾处理方式，并给出了2003—2005年每个国家采取该种方式处理的垃圾比例。从2005年后，部分图中国家开始降低垃圾的填埋比例并提高其回收再利用比例。

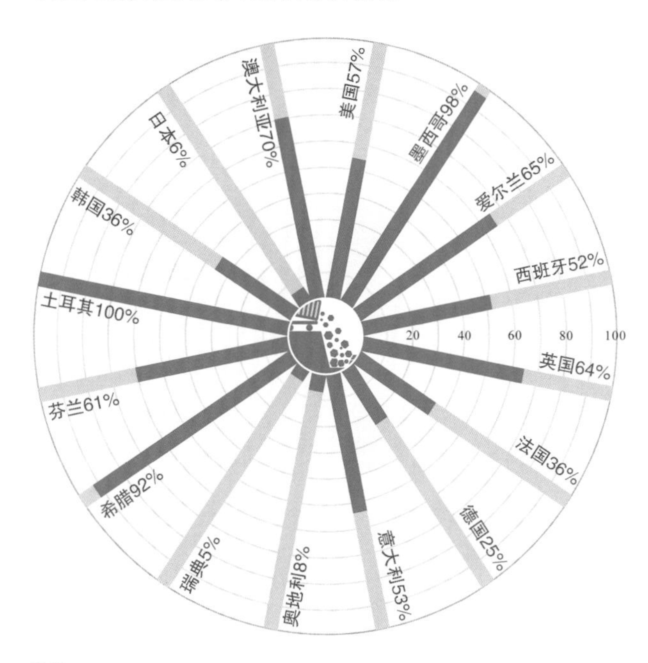

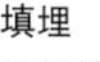

填埋

垃圾填埋在地下释放的有毒物质可能会造成地下水污染。腐烂的有机物产生的甲烷更是一种主要的温室气体。

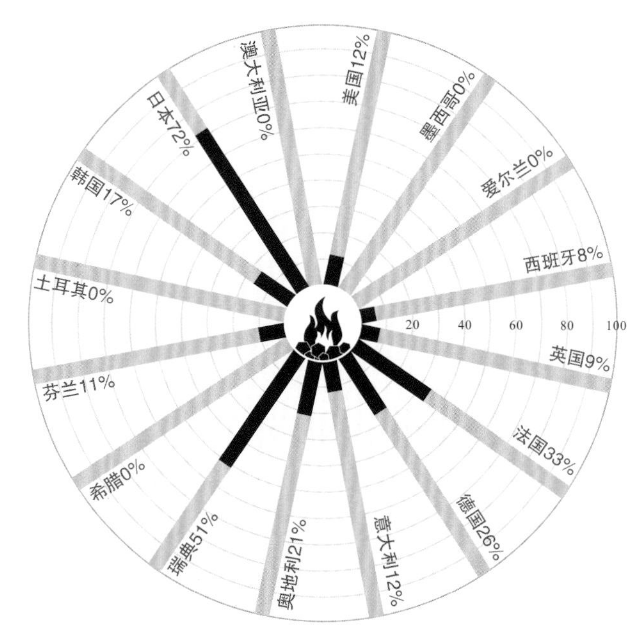

焚烧

任何种类的垃圾焚烧都会造成空气污染。并且，塑料和其他人造材料被焚烧后，残留的有毒物质往往会被埋入地下。

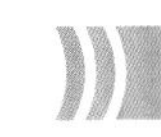

我们能做什么?

- **政府制定目标**。将更多的垃圾转换为肥料或回收再利用。
- **政府改变**。对垃圾处理的鼓励政策：比如对垃圾填埋收税。
- **企业使用**。可回收利用的包装和电子产品。

我能做什么?

- **了解垃圾分类**。无论是在家里还是垃圾回收处，都能辨认可回收利用垃圾并落实到行动上。
- **谨慎购买**。避免购买不必要的包装和一次性用品。
- **拒绝塑料袋**。购物时使用环保购物袋。

垃圾在土壤里逐渐降解过程中，水流渗出，形成有毒的渗滤液，渗入土壤和地下水中。

利用**可回收垃圾**制作一个铝罐比使用**矿石资源**节省了**90%**的能源

回收

玻璃、金属、报纸、明信片和一些塑料制品能被回收用以制造新产品。这个过程会比直接使用原材料制造同样的物品消耗更少的能源，并节约了资源。

发酵

食品残余、农业垃圾和植物原料等有机物质能被用来制作沼气，发热发电，同时发酵后的有机物垃圾中的养分也能用作土壤肥料。

化学鸡尾酒

暴露在环境中的人造化学物质总量大幅上升，但我们至今仍不清楚它们可能造成的环境影响，以及不同化学物质结合后引发的“混合效应”。

持久性有机污染物（Persistent Organic Pollutants, POPs）是环境中一种最常见的不易降解或分解的人造化合物。因此它们可以长久存在并在食物链中富集，从而导致严重的生物效应，尤其是在较大的生物机体之间。POPs中包括许多原本有用的化学物质，如杀虫剂DDT和曾在电气设备中使用的PCBs。还有部分POPs来自焚化炉内的垃圾燃烧等过程，如二噁英。

新化学物质的增长

自20世纪40年代以来，已经有数百万种人工合成物被发明、确认、生产并进入环境中。但无论是从合成物本身还是从与其他物质结合的角度来讲，很多合成物的生物学影响并没有得到有效的评估。

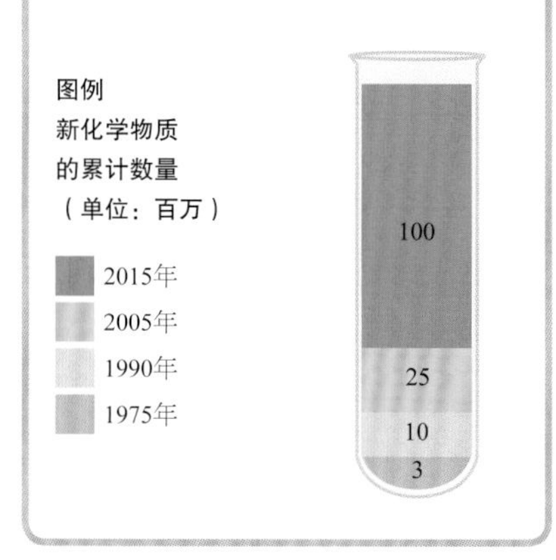

什么是生物放大作用?

由于自然界中的捕食关系，POPs在食物网中的移动并逐渐富集。比如，杀虫剂DDT（现已禁止使用）进入湖水或其他水体后，在鱼鹰等顶层捕食者体内累积，导致鱼鹰产下易在孵化过程中破裂的薄壳蛋。

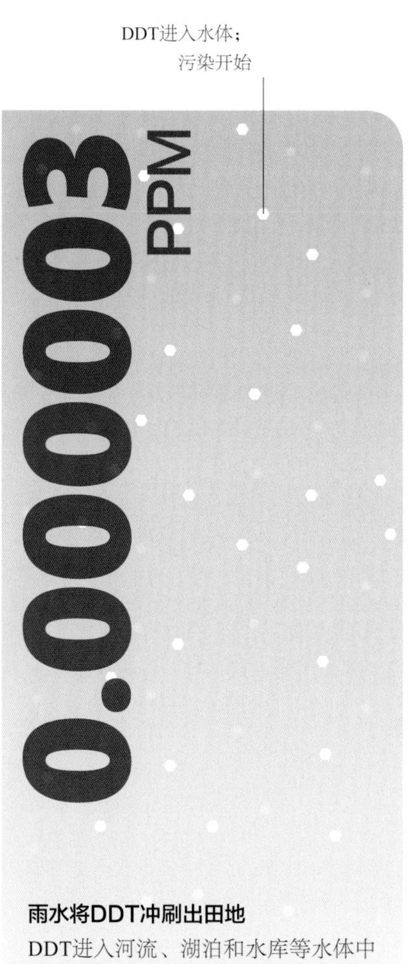

雨水将DDT冲刷出田地

DDT进入河流、湖泊和水库等水体中的初始浓度约为0.000 003PPM（百万分之）。

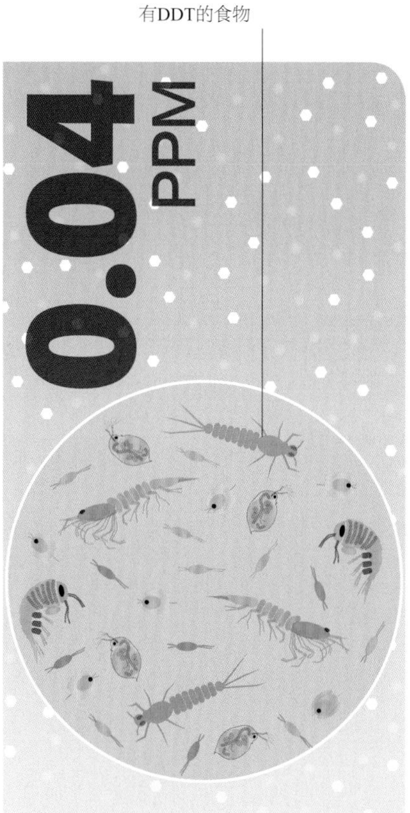

微小生物吞食DDT

浮游生物是一种居住在水体中的微小生物，可以吞食含有DDT的食物。由于DDT在生物体内不可降解，浮游生物体内的DDT富集浓度约有0.04PPM。

我们能做什么？

- 政府间合作控制化学物质的影响扩散，比如通过了管理持久性有机污染物的斯德哥尔摩公约。
- 政府采用严格的方法检测已有和新出现的化学物质的潜在生物影响。

我能做什么？

- 减少对可能有害物质的接触。学会看懂商品的成分标签。
- 加入管控化学物质进入环境的行动中，提倡对新化合物进行更有效的监管。

小鱼捕食浮游生物

小鱼捕食含有DDT的浮游生物后，其体内DDT的富集浓度可达0.5PPM。DDT只是在小鱼体内寄存而不会降解，并将持续累积到更大的数量。

肉食性鱼类

鲑鱼等大型鱼类吃下小鱼后其体内的DDT富集浓度可达2PPM。大鱼又是顶层捕食者的食物，如熊、食鱼鸟类和食物链中最顶层的人类。

DDT到达食物链顶层

25PPM大约是DDT第一次进入水体中时浓度的1000万倍。这个浓度足以威胁很多物种的生存，比如当北美使用DDT时，秃鹰种群几乎灭绝。

“尽管与过去相比，更多的人类居住在城市中，很少接触自然世界，但我们仍100%地依赖自然资源。”

大卫·艾登堡爵士（SIR DAVID ATTENBOROUGH），英国自然学家和主播

 全球化时代

 生活改善

 大气变化

 土地变化

 海洋变化

 大衰落

2 现实局面

人类活动带来了一些积极的改变，但同时也为人类和自然世界带来了消极影响，如气候变化、污染和土地退化等。

全球化时代

世界各地的联系比以往任何时候都更加紧密。全世界的人们通过计算机等设备分享信息、思想和图像。飞机每天运送数百万的乘客去千里之外的城市。曾经属于少部分精英群体的飞机出行、高速网络和移动通信正在发展中国家迅速普及。这种互联紧密性加速了经济发展，并塑造出形形色色的商业活动。

互联网的崛起

1989年，英国发明家蒂姆·伯纳斯-李（Tim Berners-Lee）发明了万维网，由此开启了一场信息革命。通过互联网，人们可以实时关注任何地点所发生的事情，并通过廉价的电子邮件进行联系。进入20世纪90年代后，家用互联网投入使用，全球因此每年新增数百万网民。2005年，网民数量达到了10亿人。而这个数字仅在五年后就翻了一番，并在2015年接近了30亿。目前超过40%的全球人口通过家用电脑或移动设备访问互联网，图中展示了互联网惊人的普及速度。

> “我们需要做的是，**利用全球化带领人们摆脱苦难和痛苦**，而不是将人们打倒在地。”
>
> 科菲·安南（KOFI ANNAN），联合国前秘书长

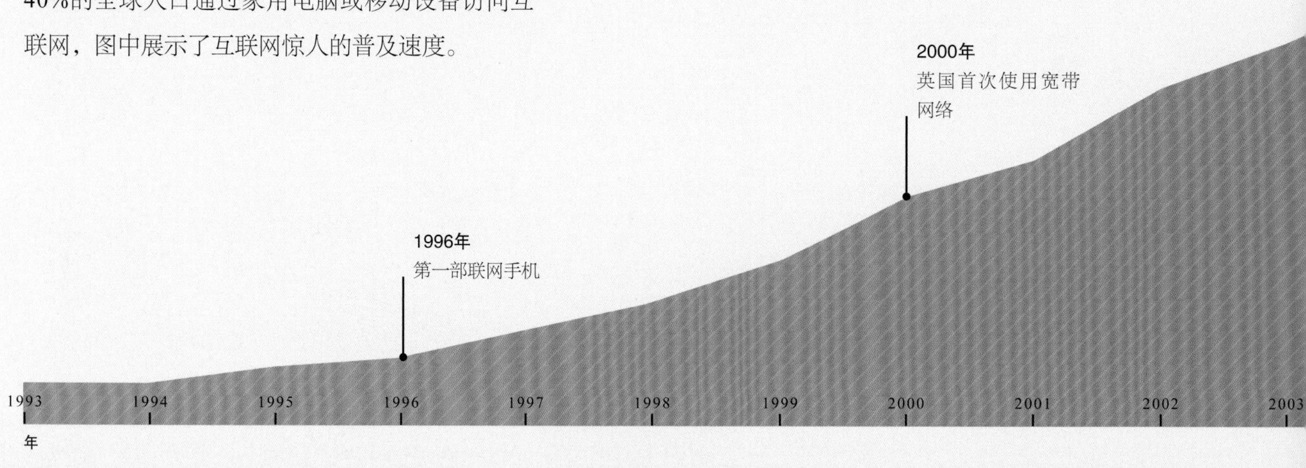

经济增强

互联网的使用对全世界的经济发展都有着积极的作用。快捷、广泛且廉价的信息传输方式促进了企业信息共享、灵活化办工、创新思维发展和高效的金融管理等。互联网同样也削弱了已有媒体的影响力、提高了社会行动的传播能力，并促进了研究团队之间的数据共享。

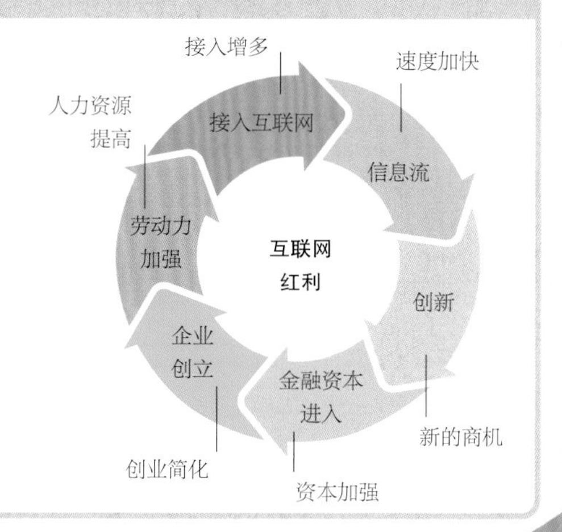

全球网络使用量

随着人口和经济的快速发展，如今超过一半的网民来自亚洲。

9.8%
1%
19%
48.4%
21.8%

图例（2013年）

大洋洲
欧洲
亚洲
非洲
北美和南美

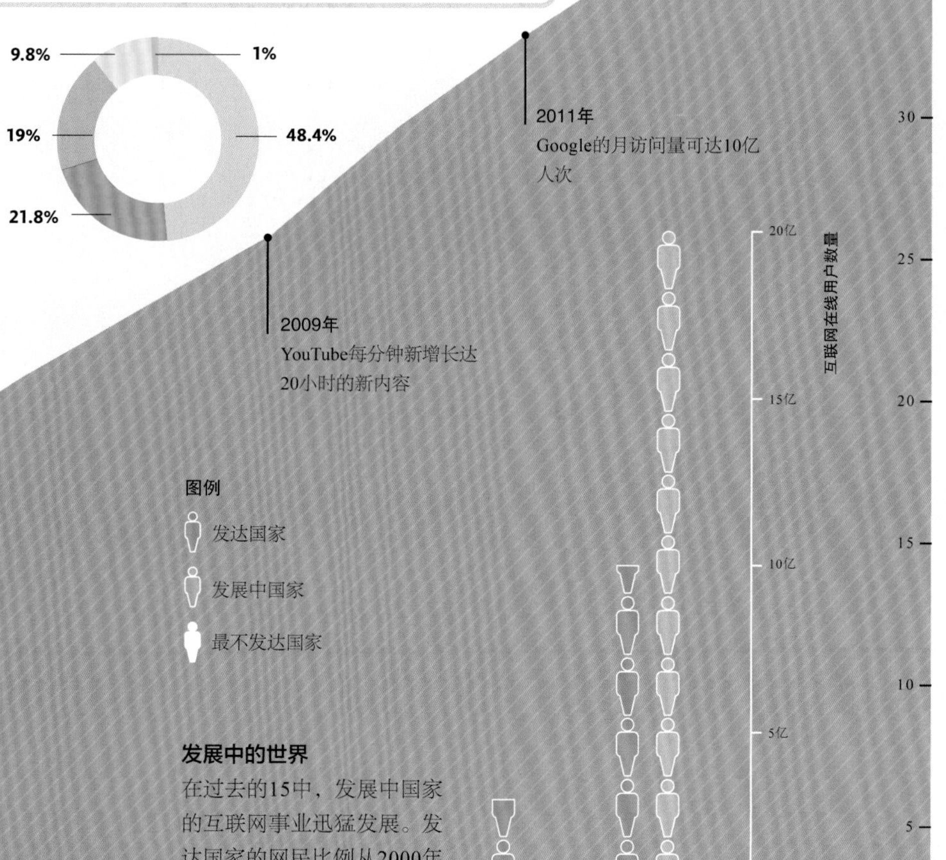

发展中的世界

在过去的15中，发展中国家的互联网事业迅猛发展。发达国家的网民比例从2000年的75%跌至现在的33%。

移动通信技术

从最大的城市到最偏远的乡村，随着越来越多的人打电话、发短信和使用网络，移动电话现已无处不在。

移动电话已经从一个笨重的奢侈品变成一种日常用品。世界上第一台移动电话发明于1973年，但直到10年后它才得到商业化发展，当时一台移动电话的售价高达4000美元，相当于2015年的10000美元。因此许多人认为它不过是一种昂贵的噱头。

20世纪末，移动电话的使用者主要集中在欧洲和北美洲，但当技术变得更成熟、价格变得更便宜后，移动电话迅速普及至全世界。这种即时联络的移动通信技术正逐渐改变人们的生活方式。移动电话不再仅是一种声音交流的工具，更能向人们提供银行理财、健康检查和新闻浏览等服务。

移动的便利性

如图中肯尼亚平原的马赛人一样，游牧民族的人们现在也熟练掌握了移动通信技术。

增长的移动电话数量

在过去的20年中，移动电话的使用在所有地区都实现了大规模的扩张。其中变化最大的是拉丁美洲和中东地区。2003年，拉丁美洲的移动电话普及率只有23%，远远低于它的北部邻居；但在10年后，其普及率就达到了115%（普及率：移动电话接入量与市场总量的比值），移动电话的数量比这里的居住人口还要多。

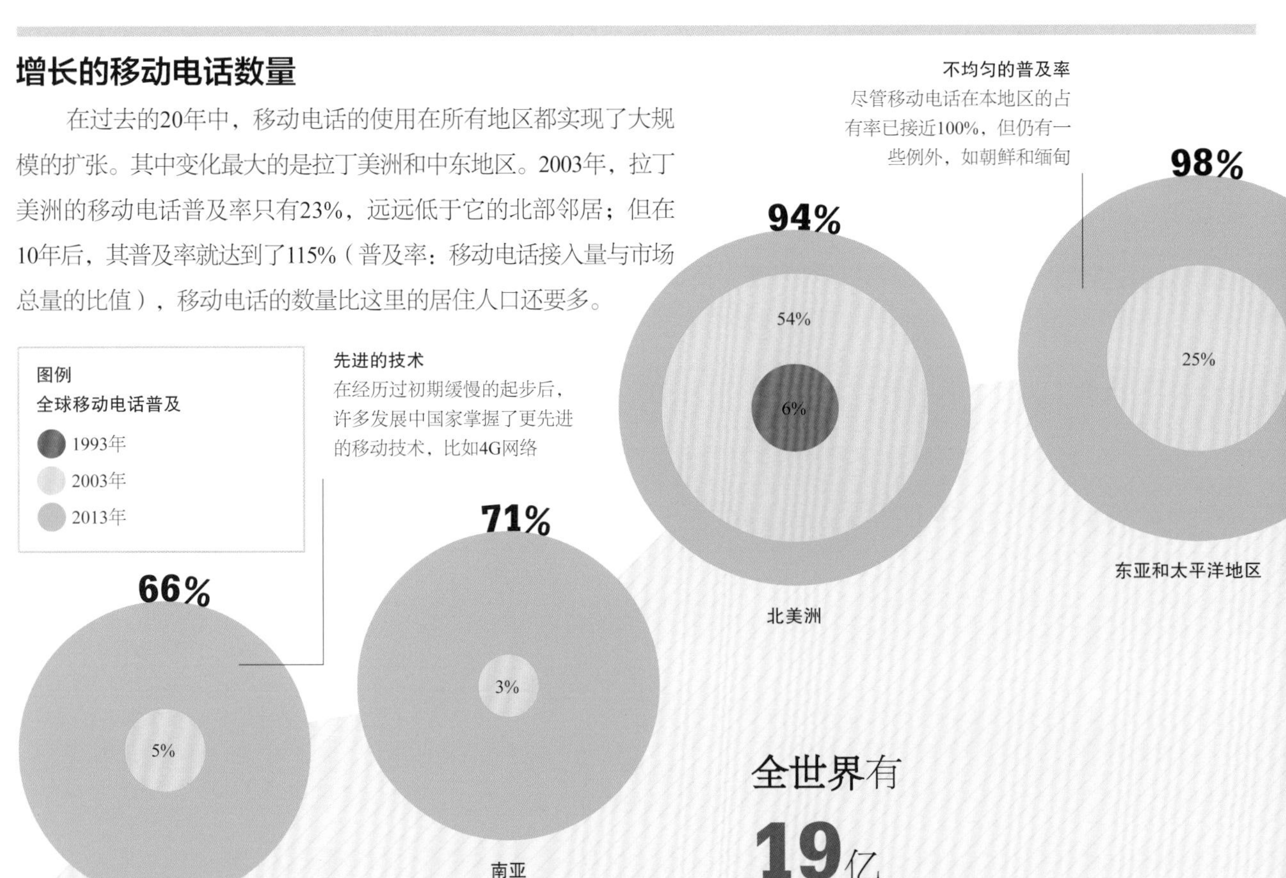

便宜的技术

在一开始，只有少数非常富裕的人用得起世界上第一批移动电话，但随着需求的增多，价格开始下降。并在价格下降的过程中，手机功能增加，逐渐形成了目前我们所使用的智能手机。信号覆盖范围、电池续航能力和硬件尺寸的持续改进也提高了手机的普及率。在欧洲，智能手机的售价大约是200美元；在发展中国家这个价位可以更低，具有上网功能的手机仅需50美元。

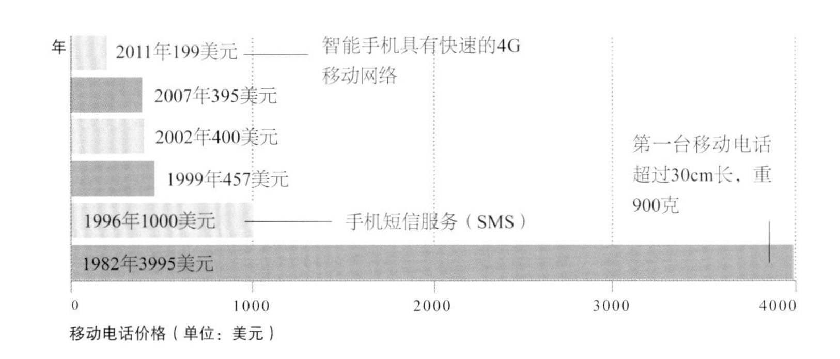

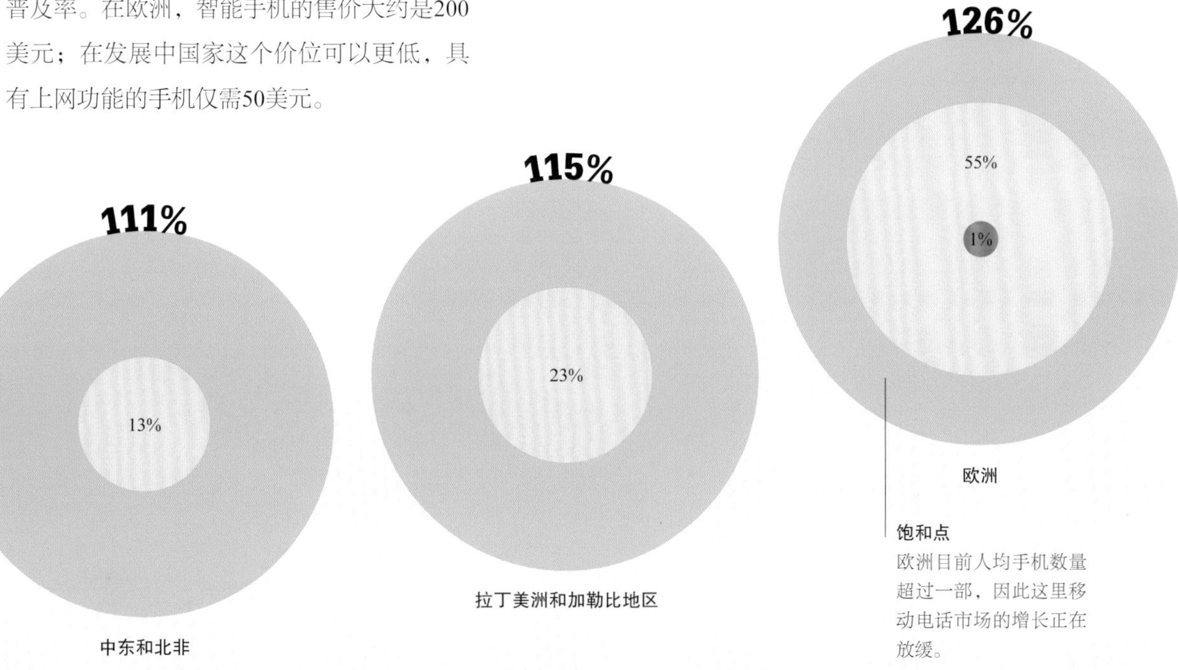

移动互联网接入普及

移动互联网在全球都广受欢迎。2011年，3G网络的人口覆盖率只有45%；然而在2015年，这个数字就达到了70%。移动互联网对缺乏固定连接所需基础设施的欠发达国家尤为重要。当只需要50美元就能到买一台智能手机后，非洲撒哈拉以南地区的移动电话预计将在2013—2019年增长20倍。

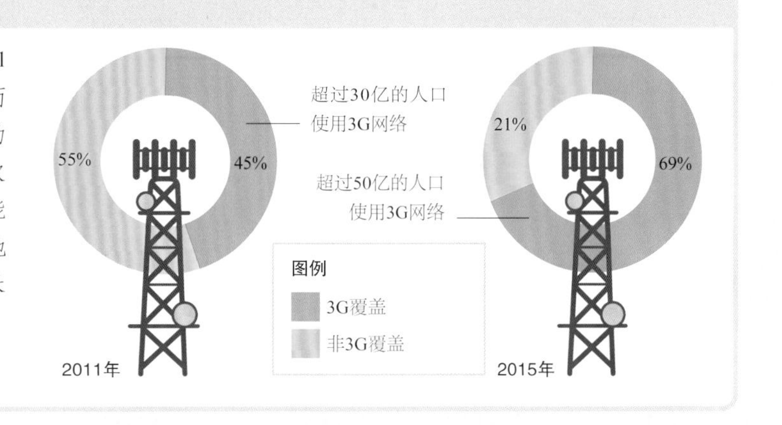

飞向天空

航空旅行令人瞩目的发展将世界前所未有地紧密连接起来。现代飞机提供的廉价、长距离的交通方式为数百万人的出行提供可能，并促进了经济发展。

世界上第一架专用客机于20世纪20年代投入使用，第一架商用喷气客机出现在20世纪50年代。从此更多航线得到开辟，机票价格变得更加便宜，飞机技术工艺持续改善，飞机乘客数量开始逐年增长。如今的现代飞机能装载数百人。2014年，总计3000万个航班投入使用，相当于每时每刻有近50万人“在空中飞行”。全球主流机场开通的航线互联成网。2014年，世界上最繁忙的机场是美国佐治亚州的亚特兰大机场，年客流量高达9600万。

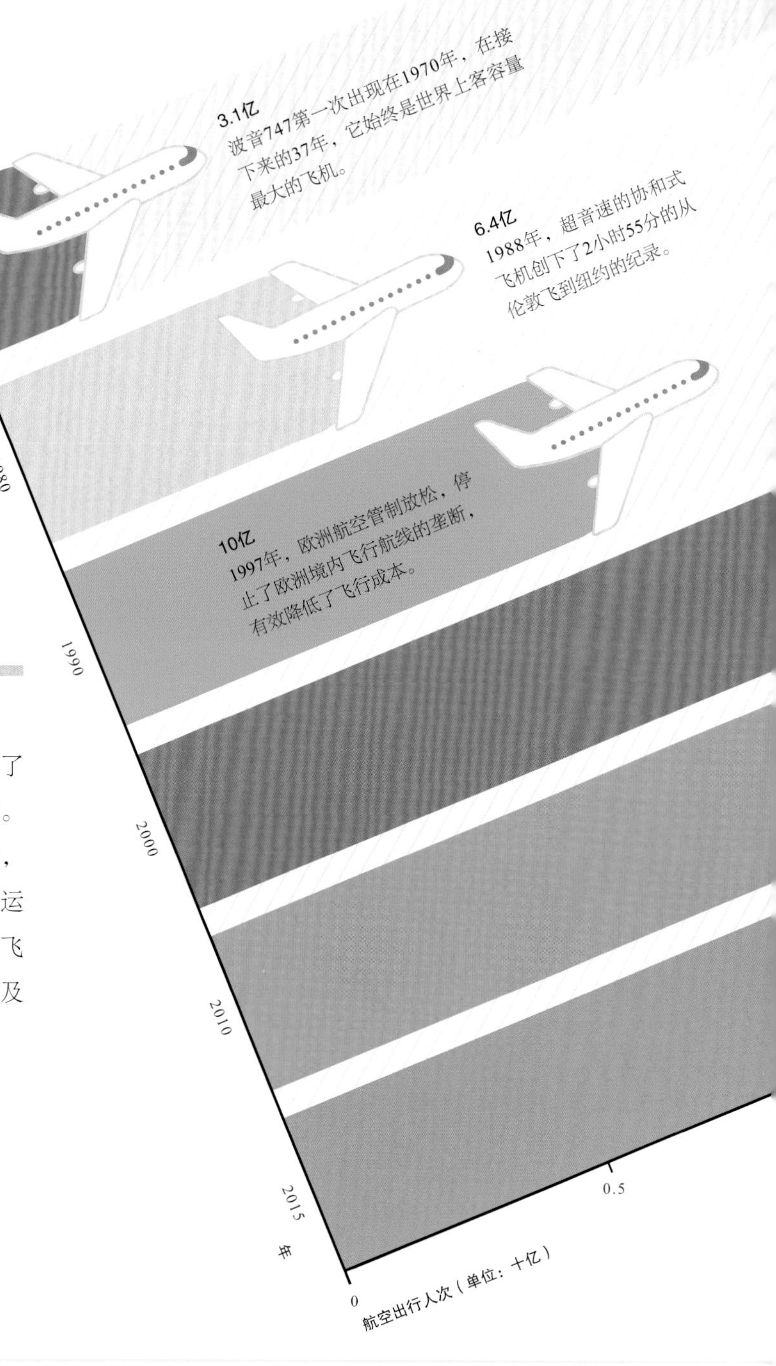

航空旅行的增长

1970年，航空出行量客流量为3亿人次，到了2015年，这个数字增长了10倍多，达到了32亿人次。快速下降的飞行成本是这种爆炸性增长的主要原因，更多的人因此选择去国外度假，同时也带来了商业运作的改变，长途飞行后的面对面交流越来越普遍。飞行成本下降的主要驱动力来自航线垄断的消除，以及更安全和高效的技术。

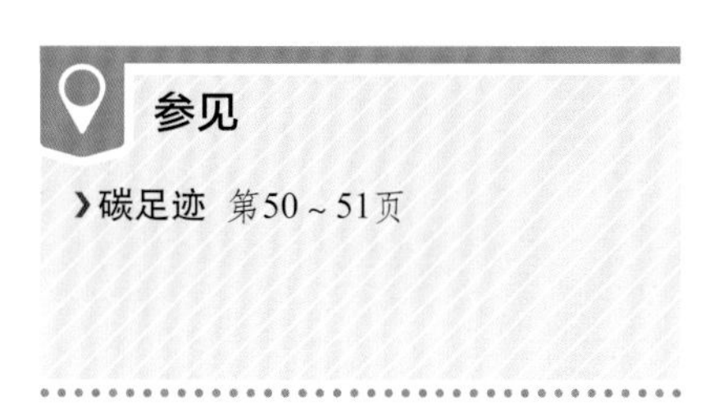

参见

›碳足迹 第50～51页

最受欢迎的航线

2014年，最受欢迎的航线均为境内航线，排名前五的航线中有四条来自韩国、日本和中国。这主要是由于亚洲相对富裕的中产阶级日益庞大，从而带来了对包括舒适短途旅行在内的需求增长。最受欢迎的是从韩国的首都首尔到其南部旅游小岛济州的航线。

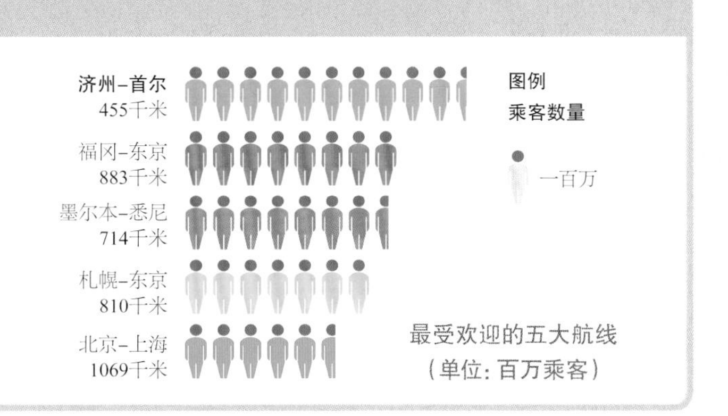

最受欢迎的五大航线
（单位：百万乘客）

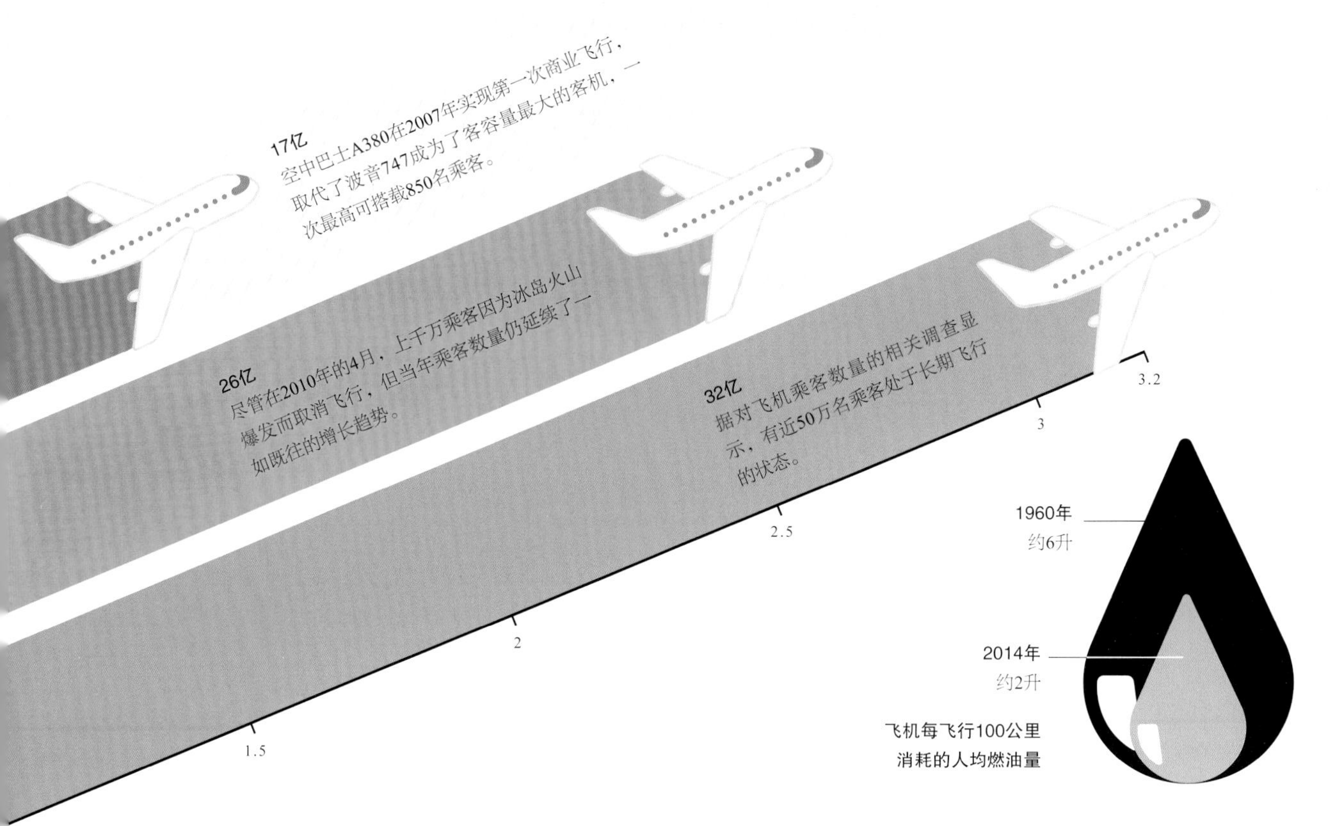

飞机每飞行100公里消耗的人均燃油量

与20世纪60年代的技术相比，现在**飞机每公里载客**的燃油使用量和二氧化碳排放量的下降幅度均**超过70%。**

燃油效率提高

燃料成本的上升和日益严重的环境压力，尤其是空气污染、噪声和温室气体等，促使制造商努力改进生产更高效的飞机。飞机每飞行100公里（60英里）消耗的人均燃油量自20世纪60年代以来下降的幅度已超过2/3，同时温室气体排放量也下降了类似的幅度。

生活改善

近数十年，我们在减少极端贫困方面取得了重大进展，这些进展部分归功于经济的发展。同时，教育普及、电力输送、医疗、可饮用水和卫生设施的提高均有效改善了贫困状况。通过帮助人们摆脱贫困和发展经济，这些因素在整个社会形成一个有益的循环。然而，尽管全球性贫困现象的改善是目前的主流发展趋势，但世界上还有部分地区仍然在战争、冲突和不平等的阴影笼罩之下。为保障全人类的幸福生活，我们还有很多工作要做。

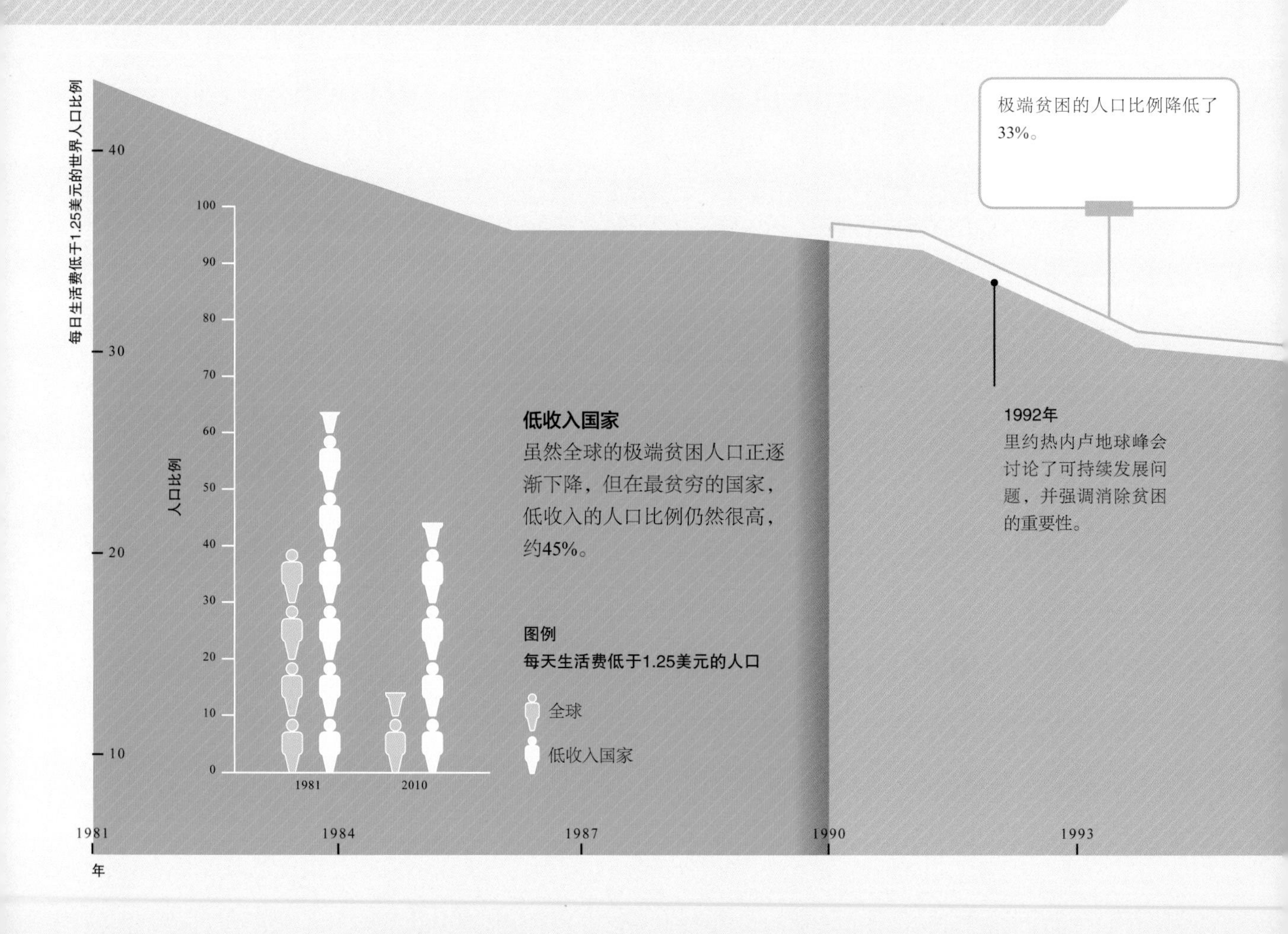

消灭贫困

在过去30年中，极端贫困人口显著下降。如果一个人每天的生活费低于1.25美元，那他就被归为极端贫困人口。每天1.25美元被认为是最基本的生存保障，是一条贫困线标准，这个标准在2015年涨至1.9美元。

在人口大量增长的情况下极端贫困人口仍在持续减少，这主要是由于发达国家和发展中国家平稳的经济发展带来了人均收入的提高。其最大幅度的下滑始于1997年亚洲（尤其是中国）的经济开始腾飞后。而亚洲极端贫困人口的快速减少也掩盖了另外两个地区贫困人口的增长态势，即东欧和中亚。

世界上最穷的人在哪里?

2015年，一项基于收入和生活成本的排行榜显示，10个最贫困的国家均位于非洲。但数量最多的极端贫困人口是在亚洲，那里有世界上人口最多的国家。数百万的人居住在贫民窟里，大量的乡村人口主要靠种地而生活，他们的收入都十分微薄。

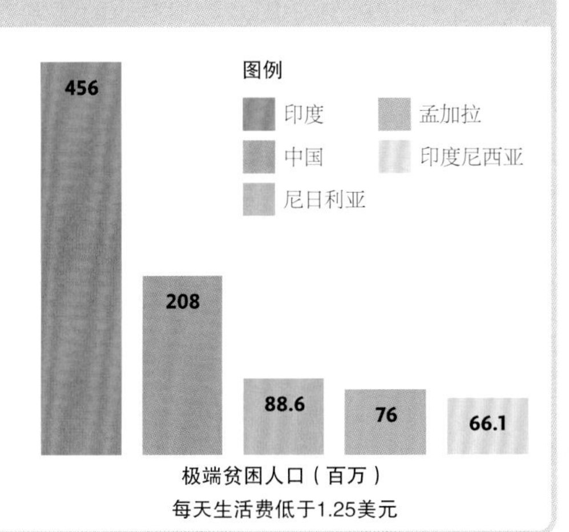

"**保护我们的地球，帮助人们摆脱贫困**，促进经济发展……所有的事情其实是**同一场战争**。"

潘基文（BAN KI-MOON），联合国前秘书长

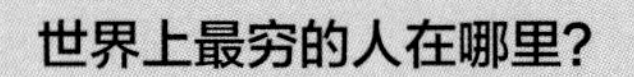

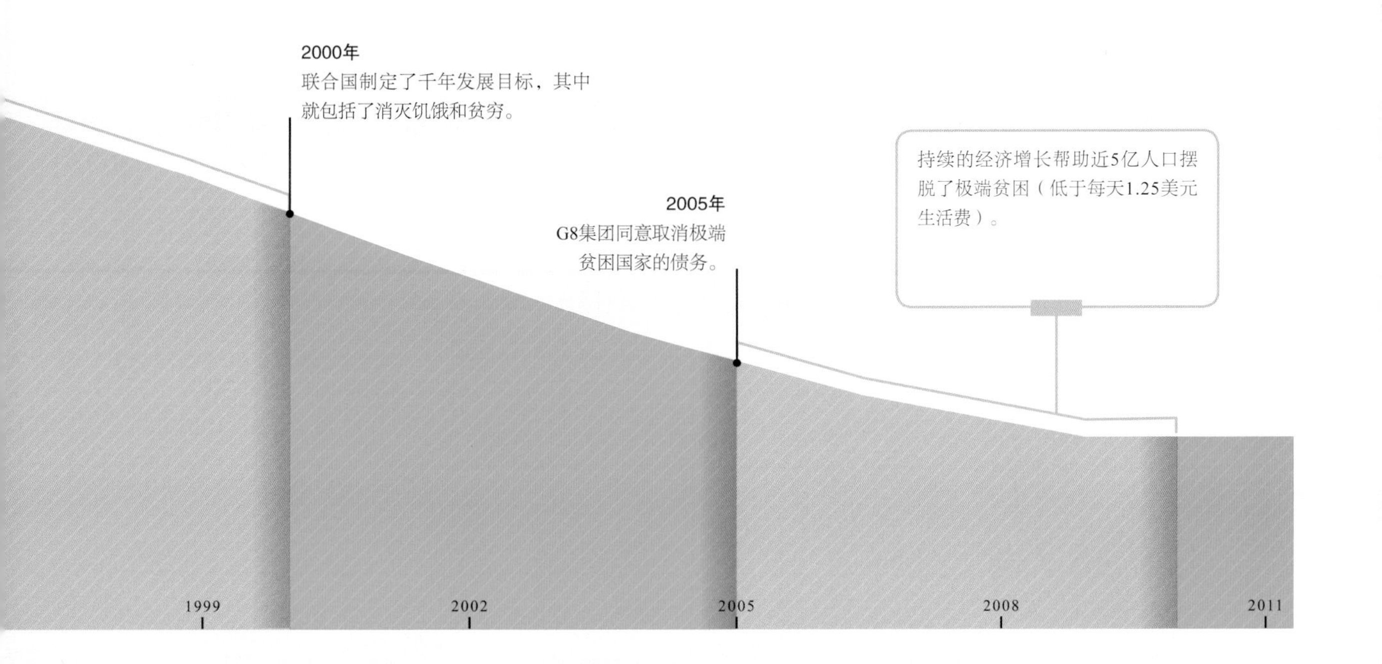

清洁用水和基础卫生

清洁用水和污水处理设施是影响公共健康、发展和贫穷状况的关键因素。在这方面，我们已取得了向数十亿人口提供这些基本卫生服务的显著进步。

清洁用水的普及

根据世界卫生组织（World Health Organization）收集的近22年的数据，下列国家付出了巨大努力让更多的国民用上了安全干净的饮用水。然而城乡之间仍存在不均衡的现象，无法使用可靠水源的农村居民数量要高于城市居民。尽管近些年来政府采取了一些积极措施，但每年仍有数百万人死于饮用污水带来的疾病。其中，亚洲和非洲是人们死于水源性疾病的高风险区。

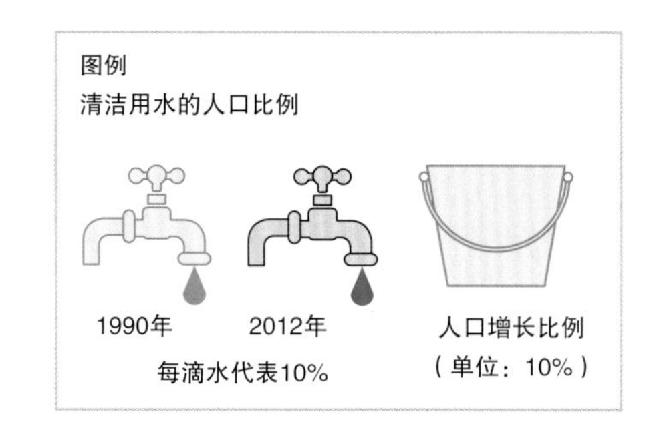

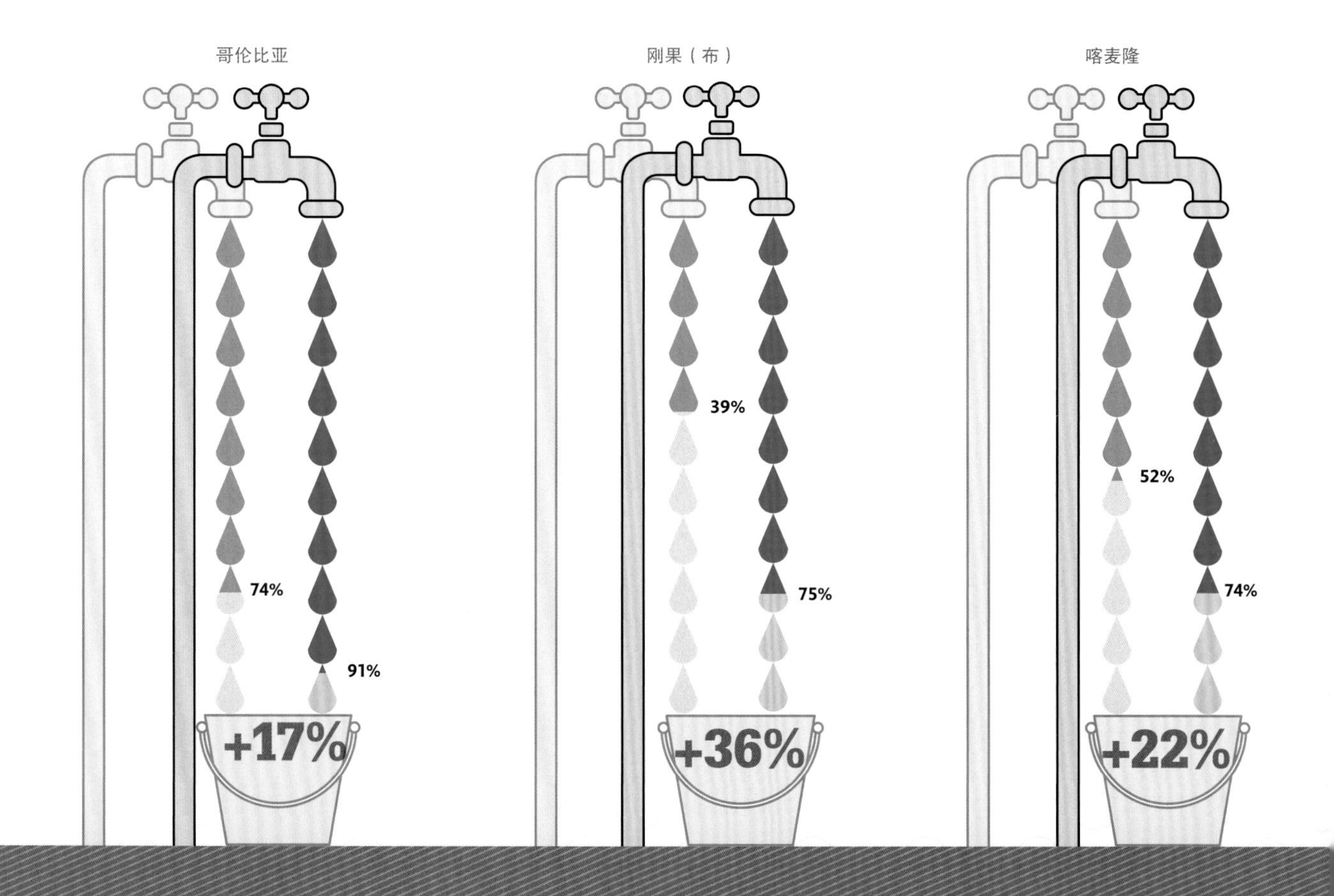

清洁用水是提高公共健康水平最快和最划算的方式。在全球共同努力之下，约91%的世界人口现在已经用上了安全水源，与1990年相比新增了26亿人口。得益于卫生设施的改善，68%的世界人口已经使用了污水处理服务，与1990年相比新增了21亿人口。然而在2015年，仍有24亿人口无法得到基础卫生的保障；近10亿人口不得不露天排便，从而造成霍乱、腹泻和甲型肝炎的传播。

世界上每9个人中就有1个人缺少安全用水

安全用水

2012年，70%的印度人口有干净的用水来源，但还有30%的人口一直在使用未经处理的水源。

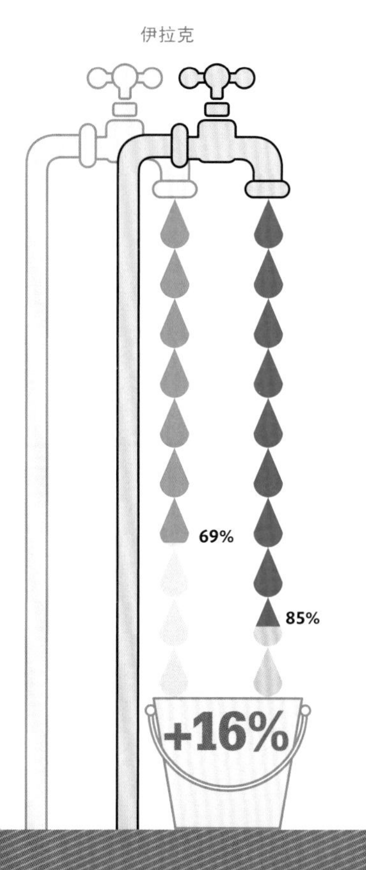

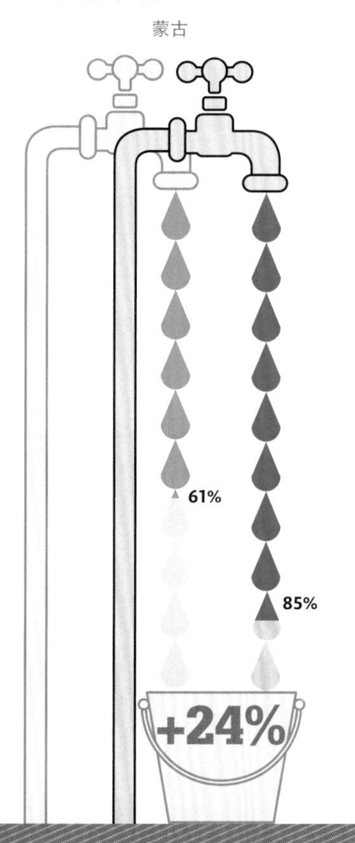

卫生设施的普及

下列国家污水处理设施之间鲜明的差异反映了截然不同的国家环境，包括发展水平、经济增长速度和腐败程度。

图例

卫生设施普及率

1990年

2012年

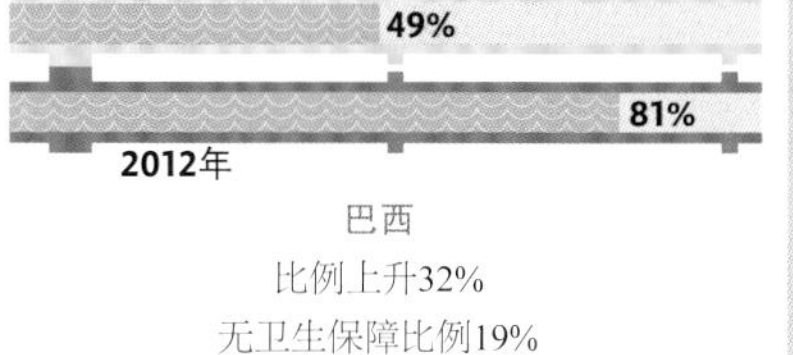

巴西

比例上升32%

无卫生保障比例19%

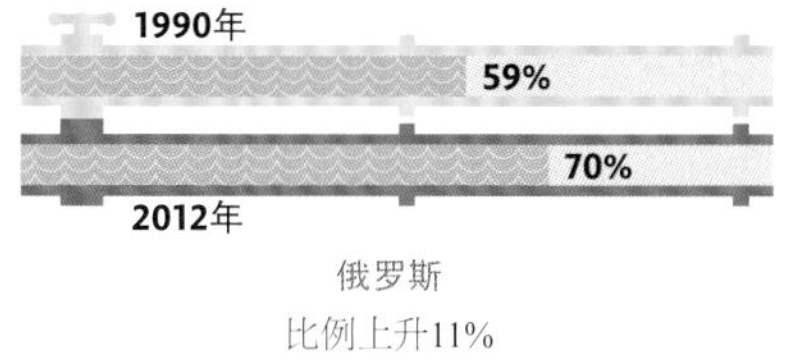

俄罗斯

比例上升11%

无卫生保障比例30%

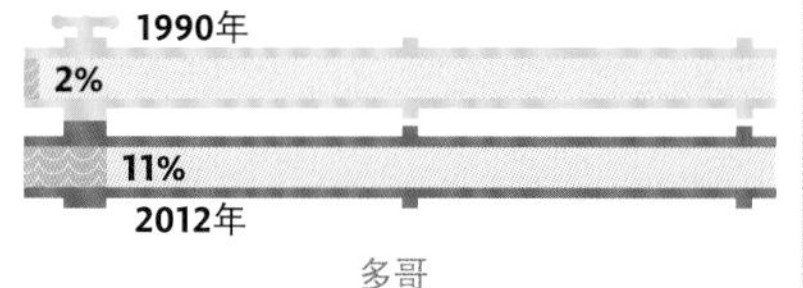

多哥

比例上升9%

无卫生保障比例89%

教育普及

提高文化水平对消灭贫困至关重要。尽管教育普及工作已经取得了积极的进展，但目前我们仍然面临着许多挑战，尤其是在非洲。

2011年，全球成人文盲数量为7.74亿，其中有3/4居住在南亚、中东和非洲撒哈拉以南地区，且女性比例高达2/3。

在过去30年中，经过政府、慈善组织和个人的不断努力，世界上最贫困地区的受教育程度也得到了提高。教育程度的提高为人们提供了更多就业、加薪和升职的机会。

教育普及的挑战从儿童学习基本技能并接触初等教育就已经开始，这也是千年发展目标（2000年联合国提出的八个发展目标）中的一个重点关注问题。现在，91%的儿童都能接受到基础教育。

世界教育普及率

北美洲、欧洲和中亚都已经实现了全面的教育普及，教育普及率在90%～100%。南美洲通过数十年的努力也将教育普及率提高到92%，然而加勒比地区的成人受教育比例落后于该地区的其他国家，仅有69%。教育普及率最低的地区是非洲撒哈拉以南、中东和南亚教育普及率在50%～89%，非洲一些国家和阿富汗甚至低于50%。

读书的益处

图中的妇女和儿童是索马里地区少数能够读书写字的幸运儿。在这里，仅有25%的妇女接受过教育，而受教育的男性比例为50%左右。

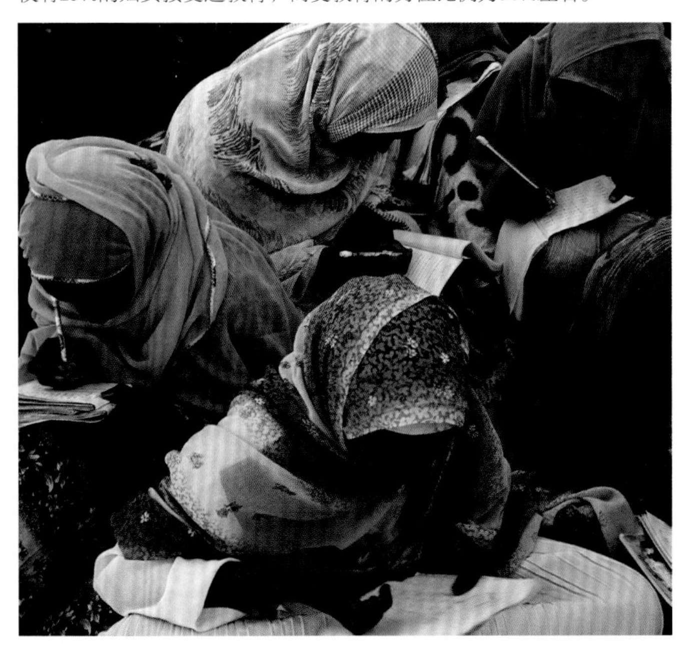

妇女识字率

在四个教育普及比例最低的国家中，女性的识字率比男性还要低一半。在尼日尔，只有1/9的妇女接受过基础教育，而男性受教育比例是其三倍多。这种差距进而带来了其他方面的挑战：比如，造成消灭贫困和抑制人口增长的根本障碍（见第22页）。

非洲的故事

目前世界上仅有13个国家的成人教育普及率低于50%，除阿富汗以外其余12个国家均位于非洲撒哈拉以南地区。阻碍这些国家提高教育普及率的因素有贫困、动荡的政府、内战、童工和剥夺女孩受教育权利的文化及宗教因素。

图例
从2000年到2012年教育普及率的变化
上升（%）
下降（%）

2000—2012年非洲部分国家教育普及率变化

教育普及率	国　　家	情　　况
+103%	马里	在过去的15年中，马里的成人教育普及率增长了1倍，但数量仍低于国家人口的一半
+33%	尼日尔	尼日尔的教育普及率仍位于世界末端，仅有19%，但其比15年前已增加了1/3
+15%	刚果（金）（DRC）	尽管自2000年以来，刚果（金）就深陷数次武装冲突之中，但现在其成人教育普及率已经达到了75%
+2%	毛里塔尼亚	毛里塔尼亚教育普及率比其周边国家都要高，达到50%，但自2000年以来进展较小
−12%	科特迪瓦	科特迪瓦曾是一个相对安稳的国家，但2002年的一场叛乱分裂了整个国家，破坏了正在进行的教育普及工作
−27%	中非	由于数次军事政变及民族和宗教之间的持续冲突，教育普及率从50%下滑到36%

更健康的世界

21世纪，致命性传染疾病的发病率已大幅下降，人均寿命因此得到了提高。目前人口死亡的主要原因是心血管疾病和癌症。

从2000年到2012年，非洲死亡率下降了33%，这主要归功于（人与人之间）传染性疾病致死率的下降，如艾滋病（HIV/AIDS）等。同时，非洲的疟疾致死率也降低了近一半。这些成果都是由一些简单的措施带来的，比如使用更多驱虫蚊帐和更容易获得的救命药。

虽然现在每天仍有830名妇女死于妊娠和分娩并发症，但自1990年以来，世界孕妇死亡率已下降了44%。通过更好的公共健康服务取得了预防和治疗传染性疾病并降低死亡率的成果，因此发病和死亡原因更集中向与年龄或生活方式有关的问题上，尤其是心血管疾病和癌症。

死亡主因

世界各地死亡率的下降使得年死亡人数逐年减少，并且人们的平均寿命也在延长。在非洲，因伤死亡的比例远高于世界上其他地区。但总体而言，全球非传染性疾病的死亡率保持相对稳定。

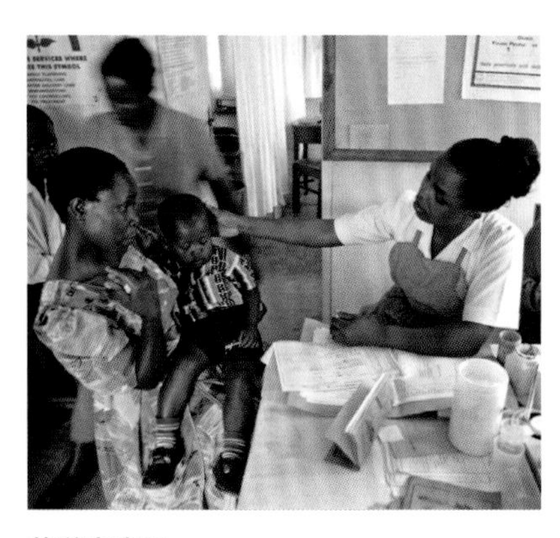

艾滋病诊所

在乌干达坎帕拉的诊所里，护士正在安慰一位被诊断为艾滋病阳性的男孩。药物治疗已经降低了传染性疾病的死亡率。

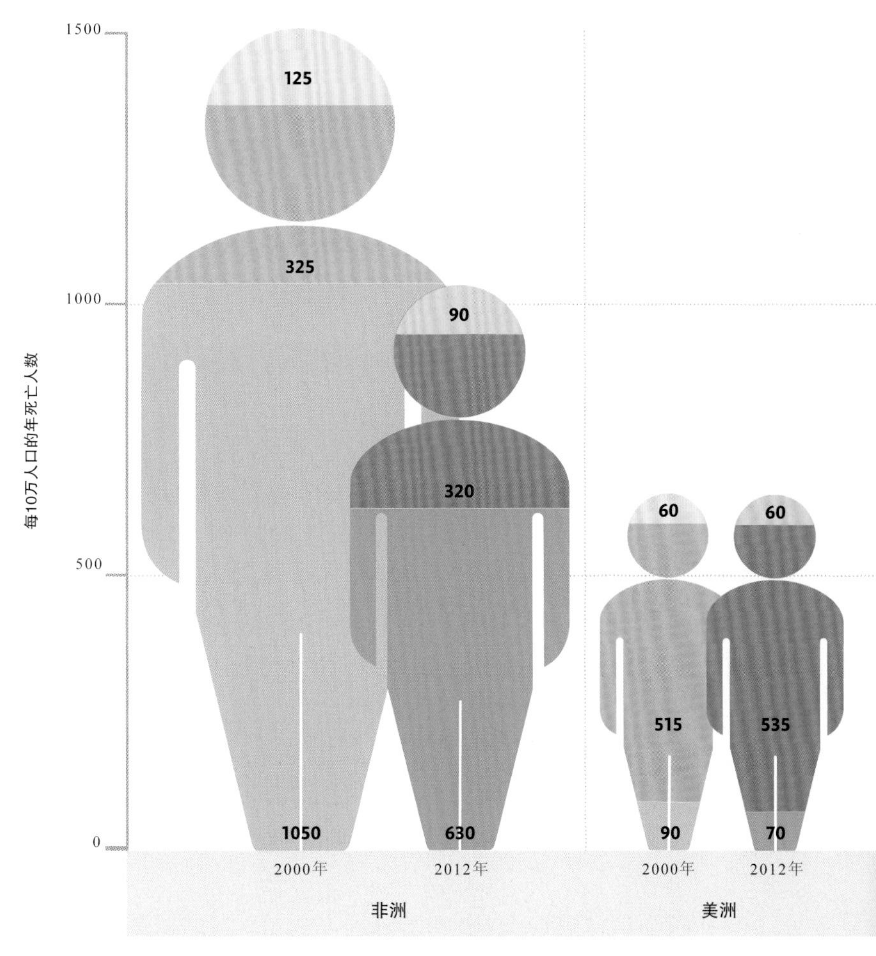

疾病与收入

尽管对大量传染性疾病的预防和治疗手段已经得到了提高，但世界上最贫困国家的死亡主因仍是下呼吸道感染，包括肺炎、支气管炎和肺结核等。而在最富裕的国家中，由阿尔兹海默氏症和痴呆导致的死亡率正快速增长，影响了发达国家的人均寿命，并对已经处于紧张状态的健康服务造成了长期巨大的压力。

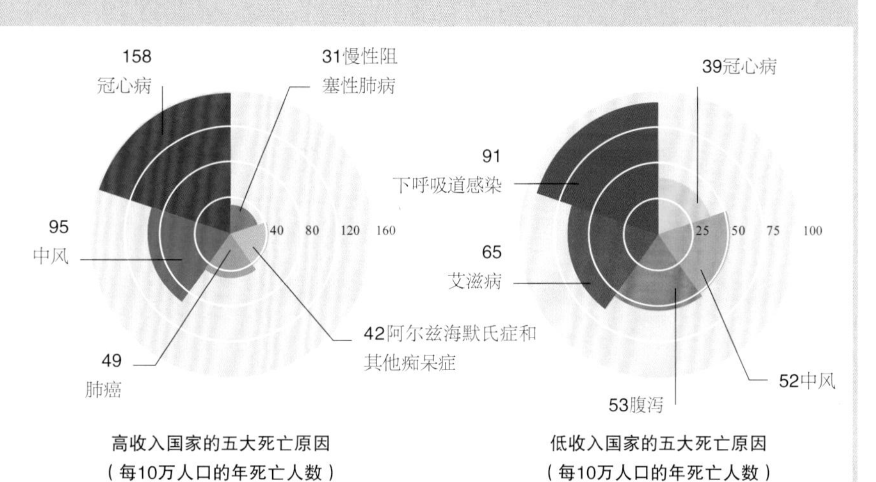

2012年，**5岁以下的**儿童死亡率比1990年下降了

47%

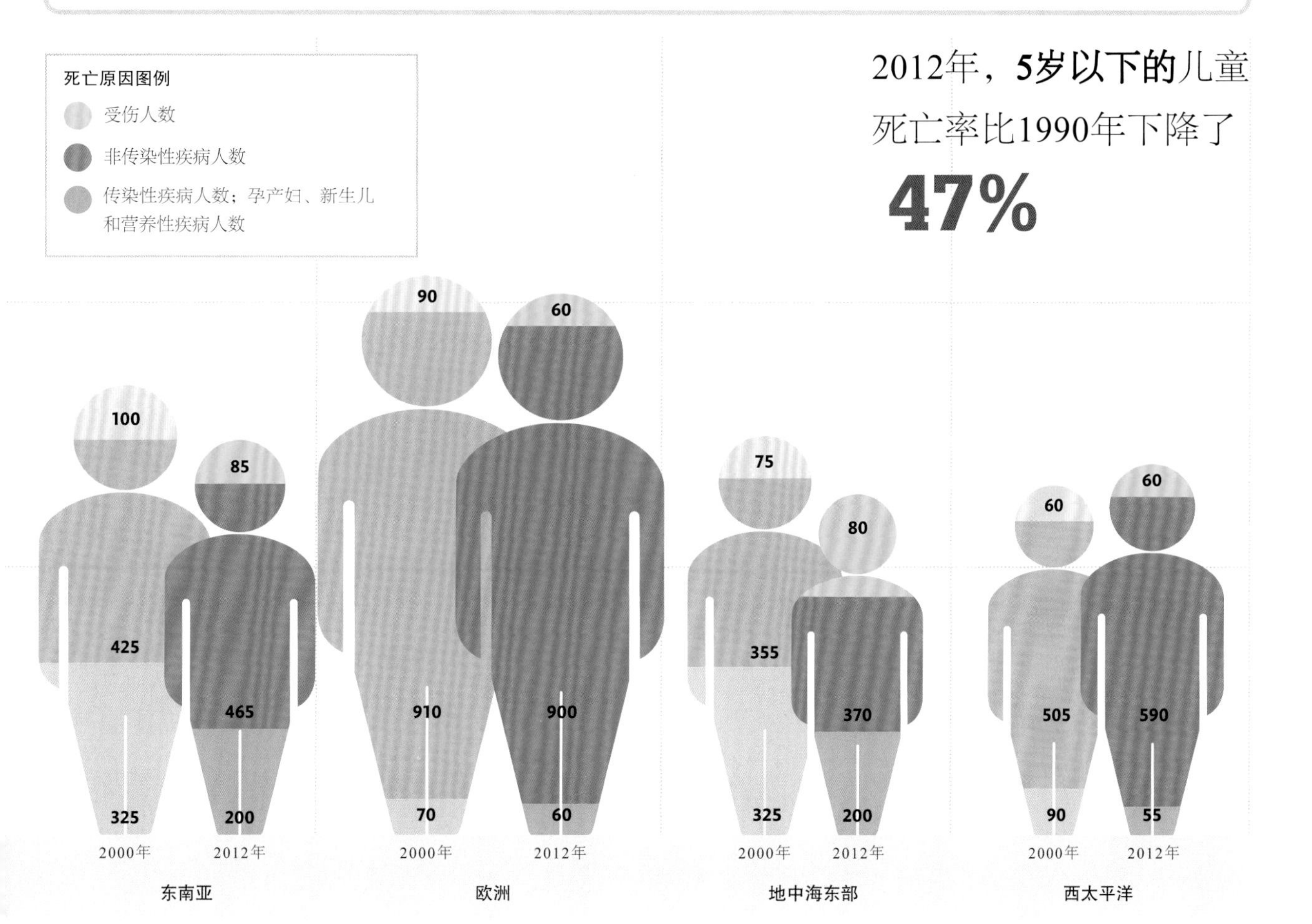

不平等的世界

世界上的大多数人都在享受着更好的生活，但不平等现象依然存在并加剧。财富和收入的差距无论在国际范围还是在一些国家内部都十分普遍。

国家之间的财富不平等可以通过人均国内生产总值（GDP）来体现，这是一种衡量收入和生活标准的粗略方法。如瑞典等富裕国家的人均国民生产总值远远高于莱索托或博茨瓦纳等欠发达国家。

国家内部的不平等同样存在，这可以用表达收入差异的基尼系数来量化这种不平等。上层社会是发达国家中近些年来的经济增长主要获利者，从而拉大了其国内的贫富差距，造成对社会整体不利的情况。相关研究表明社会不平等现象越严重，它所面临的社会问题越多。暴力犯罪、精神疾病、毒品泛滥和青少年怀孕等问题在平等社会中发生率则显著较低。

全球不平等

结合基尼系数和人均GDP可以发现最富裕的社会也就是最平等的社会。世界上最平等的国家是瑞典，其人均GDP是莱索托的6倍，而后者的人均GDP仅有996美元。

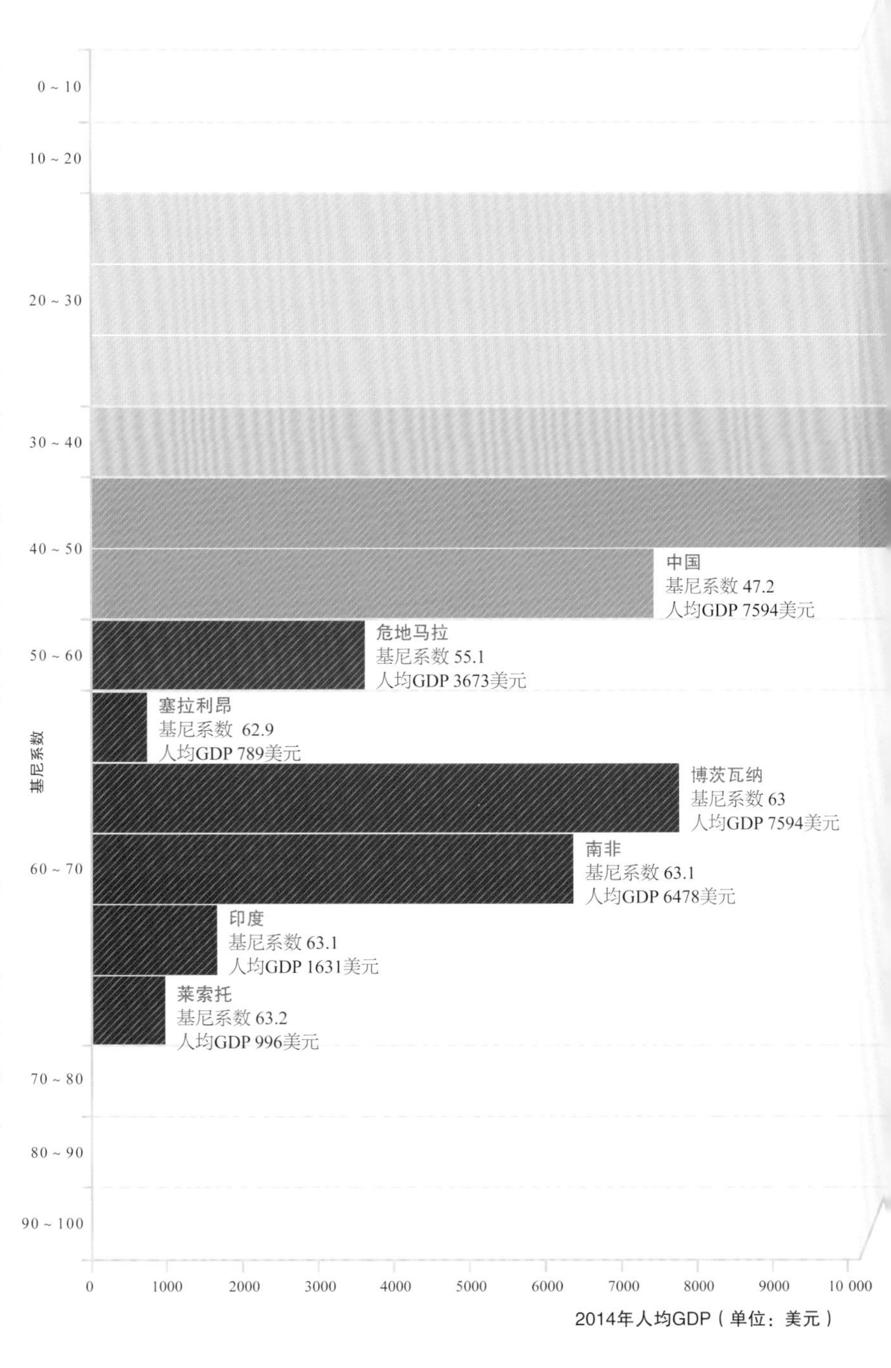

2016年，1%的世界人口总财富值远超过剩余99%的世界人口

瑞典
基尼系数 23
人均GDP 58 887美元

斯洛文尼亚
基尼系数 23.7
人均GDP 23 963美元

丹麦
基尼系数 24.8
人均GDP 60 634美元

英国
基尼系数 32.3
人均GDP 45 603美元

美国
基尼系数 45
人均GDP 54 630美元

20 000　30 000　40 000　50 000　60 000

财富价值

亿万富翁掌握了10%左右的世界财富，但他们中的很多人却来自贫困国家。比如，1/3的印度人在贫困中挣扎，但印度却是亿万富翁最多的五个国家之一。

图例
国民生产总值（GDP）
亿万富翁净财富值占GDP的百分比

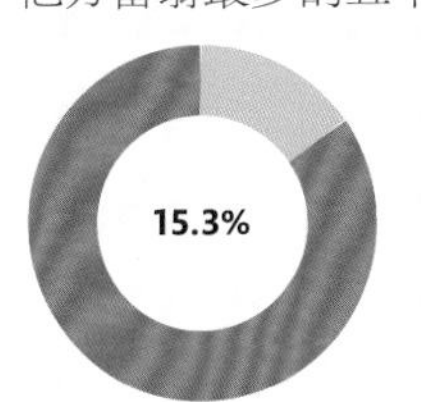

美国
536位亿万富翁

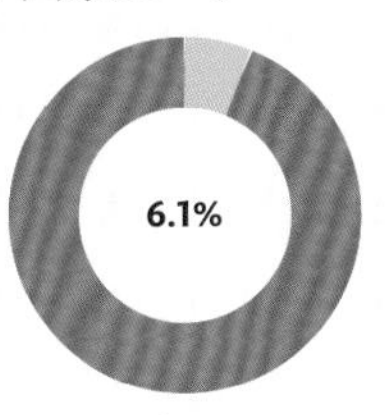

中国
213位亿万富翁

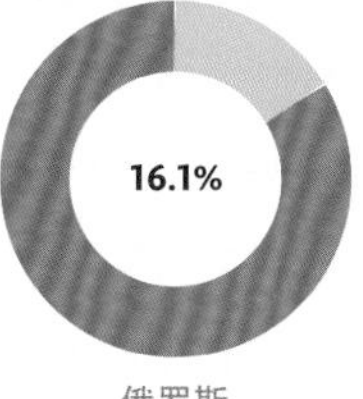

俄罗斯
88位亿万富翁

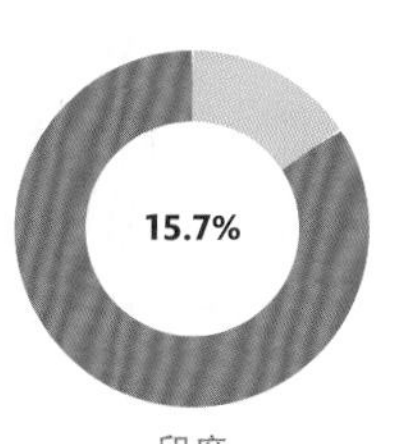

印度
90位亿万富翁

基尼系数是什么？

意大利统计学家和社会学家克拉多·基尼（Corrado Gini，1884—1965）于1912年提出的基尼系数，是衡量一个国家平等性的指标，通过计算国家内部的居民收入均匀性得到。一个收入完全平等的国家基尼系数为0，而收入彻底不平等的国家基尼系数的100。

高基尼系数值意味着什么

完全不公意味着少数人占据所有财富而其他人什么都没有。在不平等的国家，极少数人非常富裕而大量的人收入微薄。

低基尼系数意味着什么

财富完全平等意味着所有的人财富总量是一样的，所以低基尼系数的国家财富分配更均匀。

贪污腐败

在很多国家，消除贫困和治理环境的努力都会受到贪污腐败的阻碍。而腐败行为对贫困人口打击最大。

贪污腐败行为包括转移穷人的资金，放松对森林和珍稀动物等环境资源的管控等。其手段多样，包括受贿、挪用公款、阻碍司法、隐瞒贪污受贿行为和洗钱等。

所有贪污腐败行为都会对经济发展造成极坏的影响，当收入不平等加剧时，社会政策遭到破坏，经济发展停滞。在很多受到贪污腐败影响的国家中，自然资源的开发本应是有利于社会整体发展却让少数群体中饱私囊。这样的情况最终将导致国家内战，如1991年的塞拉利昂。

哪里有腐败？

据世界银行调查，每年被贪污腐败所侵占的资产金额高达10万亿美元。本应投入教育、医疗和其他公共服务中的资金大量流失，使人们陷入困境之中。

各行各业都会受到贪污腐败的侵蚀，其中由于供应链上大量政府和商业组织的参与，水利和电力行业更是贪污腐败的高发区。贪污腐败行为同时也是对保护自然资源和生态系统的法律的轻视，造成大范围的环境破坏。海关官员受贿后，受保护的野生物种和非法砍伐的木材在虚假文件的包庇下进入国际市场。

行贿者

行贿者通过在市场上交易非法捕获的受保护的森林和鱼类等自然资源来获取商业利益。商人行贿获取政府合同；海关官员受贿对走私行为睁一只眼闭一只眼，坦桑尼亚和中国的象牙交易即是一例。

水资源

行贿者可以拿到在开放水域排放污染的许可，但与此同时，大型农场通过向官员行贿获取灌溉许可。

› 贪污腐败造成干净水源的使用成本上涨30%～45%。

医疗救助

穷人用药被改为由私人药房出售。同时，公共资金的流失阻碍了一些重大疾病的研究进程，如疟疾和艾滋病。

› 世界银行估计在部分国家，高达80%的非薪酬性健康资金从未落到实处。

我们能做什么？

› 政府禁止企业在政府合同的竞标过程中进行行贿活动。

› 公众应对受贿行贿行为采取零容忍态度。

› 政府实施联合国的反腐败政策。

非法野生动物贸易

非法野生生物交易的空前增长威胁了数十年的野生动植物保护工作的成果，继毒品、武器和人口贩卖后成为第四大赚钱的跨国犯罪活动，年获利在100亿至200亿美元。

› 在非洲，每年至少有20 000头大象死于非法象牙交易。

非法采伐

国际木材贸易中的30%来自非法采伐。黑市的木材切割和运输过程复杂，只有在贪污腐败的掩护下才能进行。

› 世界银行估计每年的非法采伐行业总产值可达230亿美元，税收收入流失100亿。

受贿者

在世界各地，不同级别的官员和政客都有可能受贿。比如在广大的非洲撒哈拉以南地区，低薪公务员接受贿赂是一个公开且被默许的行为。这种腐败往往对许多守法的企业造成巨大损失。

恐怖主义抬头

恐怖分子通过制造暴力和恐惧来宣扬其政治或宗教野心，其中最常见的恐怖手段就是制造爆炸。恐怖分子的行为对我们的日常生活、公民自由和社会进程都造成了越来越严重的影响。

美国经济与和平研究所提出的全球恐怖主义指数（Global Terrorism Index，GTI）将恐怖主义定义为“非政府人员通过采用非法武力和暴力行为制造恐惧、胁迫或恐吓来实现政治、经济、宗教或社会目标的行为”。虽然这个定义将内战排除在恐怖主义之外，仅叙利亚在2011年中死于恐怖主义暴力事件的人数就接近30万。

经济与和平研究所发现恐怖主义与政治动荡、不同团体之间的紧张关系（包括不同宗教派系之间）和合法政权的缺失之间存在着强烈的相关性。而贫困、疾病、教育缺失和恐怖活动却没有直接关系。恐怖主义是可持续发展的阻碍，并减少了消灭贫困的资源比例，降低了投资吸引力。动荡的国家往往不能选出负责、民主的政府，从而影响其环境与社会的发展。

参见

› **贪污腐败** 第112～133页
› **流离失所的人们** 第116～117页
› **极端世界** 第130～131页

恐怖的数字

2013年，约10 000件恐怖主义事件造成18 000左右的人员死亡。除5个恐怖主义事件最频发的国家以外，大约有4000起袭击发生在其他国家，造成3236人死亡。发生在中东、非洲和南亚的恐怖主义事件的主要原因是宗教冲突；在其他地区，恐怖主义事件则更多的与政治、民族主义和独立运动相关。

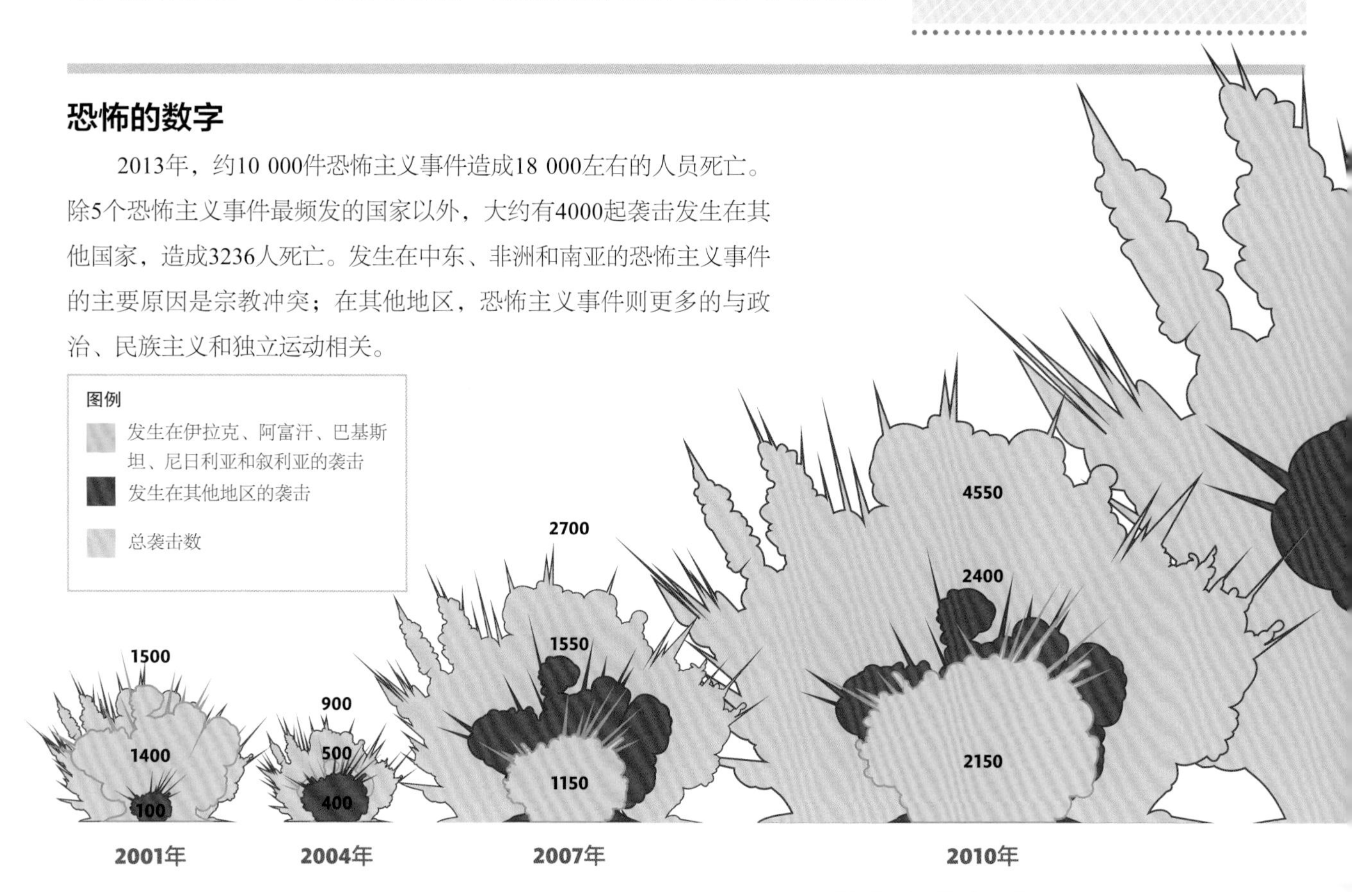

仅从2012年到2013年，**恐怖主义造成**的死亡人数就上升了**61%**

9600

6000

3600

2013年

恐怖主义的滋生地区

恐怖主义是一个全球性现象，但近些年来80%以上的袭击都集中发生在五个国家：伊拉克、阿富汗、巴基斯坦、尼日利亚和叙利亚。其中伊拉克为高发区。自2003年美国和英国入侵后，伊拉克境内出现了多个恐怖主义组织，并实施了多次针对平民的大屠杀行动。

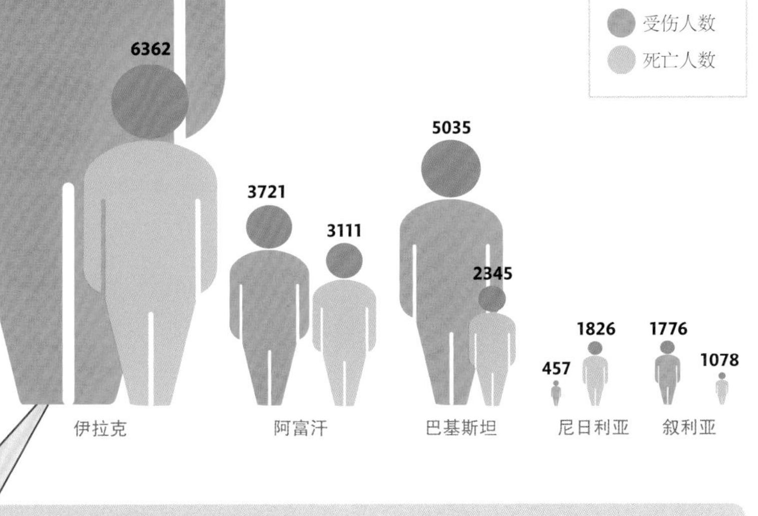

恐怖主义隐藏的代价

惊人的死亡人数仅是恐怖主义对社会造成的破坏中的一部分，除此之外还带来额外的安全成本，降低了本可用于社会和环境发展领域的投入。当商业活动面临的不确定性和成本都上升时，经济发展也受到了恐怖活动的影响。比如保险业中的从业者都倾向于对更稳定的地区进行投资。在恐怖主义笼罩下的国家，接受过教育的精英人才移民数量增加，这进一步影响到他们本国的长远发展。

恐惧的高昂代价

发生在2015年9月的巴黎恐怖袭击事件激起了全球性愤怒，促使一些西方国家和俄罗斯战机在叙利亚和伊拉克的轰炸升级。

流离失所的人们

因为战争、迫害和环境变化等原因，难民、寻求庇护者和境内流离失所人群的数量骤增，目前流离失所群体数量已接近于英国的人口总数。

2014年是自有记录以来流离失所人口增长最高的一年，联合国难民高级专员办事处估计该年全球流离失所人口总数已达到5950万，在近三年中增长了近40%。受迫迁移的人们制造了一个规模空前的“流离失所者的国度”。这个国度有包括难民、寻求庇护者和仍在本国生活的境内流离失所者。形成这个国度的原因有包括军事冲突、人权侵犯、政治迫害和干旱等。越境出逃的人们的主要目的地有土耳其、巴基斯坦、黎巴嫩、伊朗和埃塞俄比亚。这些目标国接收了超过40%的逃离本国以寻求安全庇护的人，这对目标国本就不充裕的公共服务造成了严重的压力。

一个日益严重的问题

2000年，快速全球化和冷战的结束带来了迫使人们迁移的新压力，包括有组织犯罪网络等。2007年，境内流离失所者数量最多的国家有厄立特里亚、哥伦比亚、伊拉克和刚果民主共和国等，在上述国家中造成这种局面的原因都是内战。在最近几年，流离失所者人口数量增长的主要原因是叙利亚冲突和伊拉克境内持续的恐怖主义活动。

索马里难民营

离开家乡的流离失所者不得不在难民营中生活，对当地资源造成巨大压力。

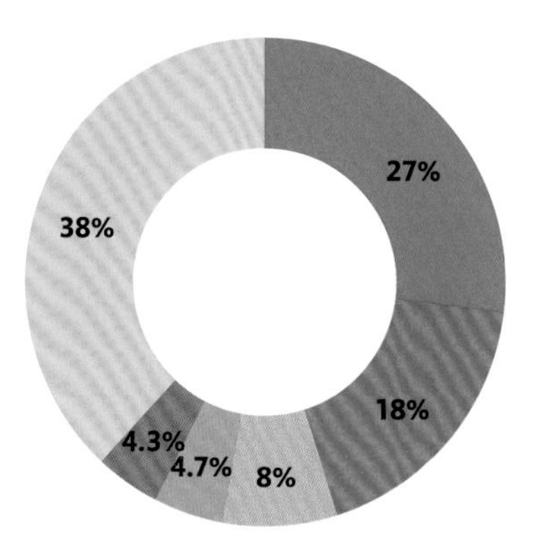

他们来自哪里

2014年，数百万的国际难民中的半数以上来自三个国家：叙利亚、阿富汗和索马里。

2014年，由**冲突或迫害**新造成的流离失所者人数达**1390**万

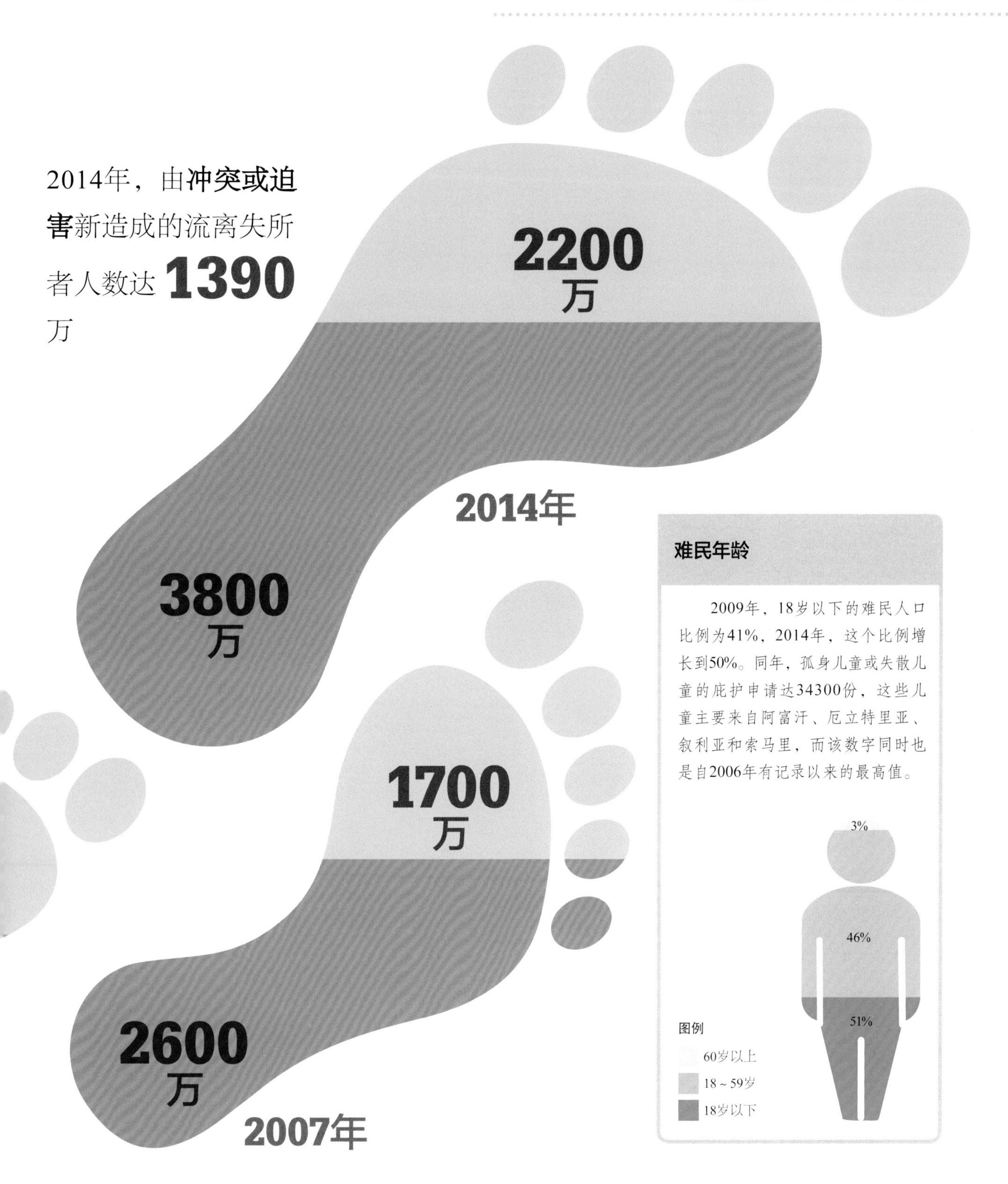

难民年龄

2009年，18岁以下的难民人口比例为41%，2014年，这个比例增长到50%。同年，孤身儿童或失散儿童的庇护申请达34300份，这些儿童主要来自阿富汗、厄立特里亚、叙利亚和索马里，而该数字同时也是自2006年有记录以来的最高值。

大气变化

如果没有大气层，地球上将没有任何生命。包围着我们星球的浅层气体保障了人类的呼吸，形成了我们所适应的气候环境。地球在漫长的历史岁月中经历过数次气候变化。其中，自然因素是气候变化的主因，但最近的气候变化主因却是人类活动产生温室气体所导致的蓄热累积性增加（见第120～121页）。大气层因此吸收更多的太阳能，造成地球平均温度升高，又反过来加速了气候变化进程。

碳加速

导致最近大气升温的罪魁祸首就是温室气体中的二氧化碳（CO_2）。这种微量气体源自自然，维持了地球温度，为生物提供了适宜的生存条件。二氧化碳浓度一直以来都在平稳波动着，但近些来年却加速上升，达到了80万年以来的最高水平。产生这种现象的主要原因是化石燃料的燃烧，同时森林退化和土壤二氧化碳排放也造成一部分影响。

历史二氧化碳浓度

数千年以来，大气中的二氧化碳浓度始终低于百万分之280（PPM）

400
350
300
250
百万分之（PPM）
10000
7500
5000
2500
0
距今年份

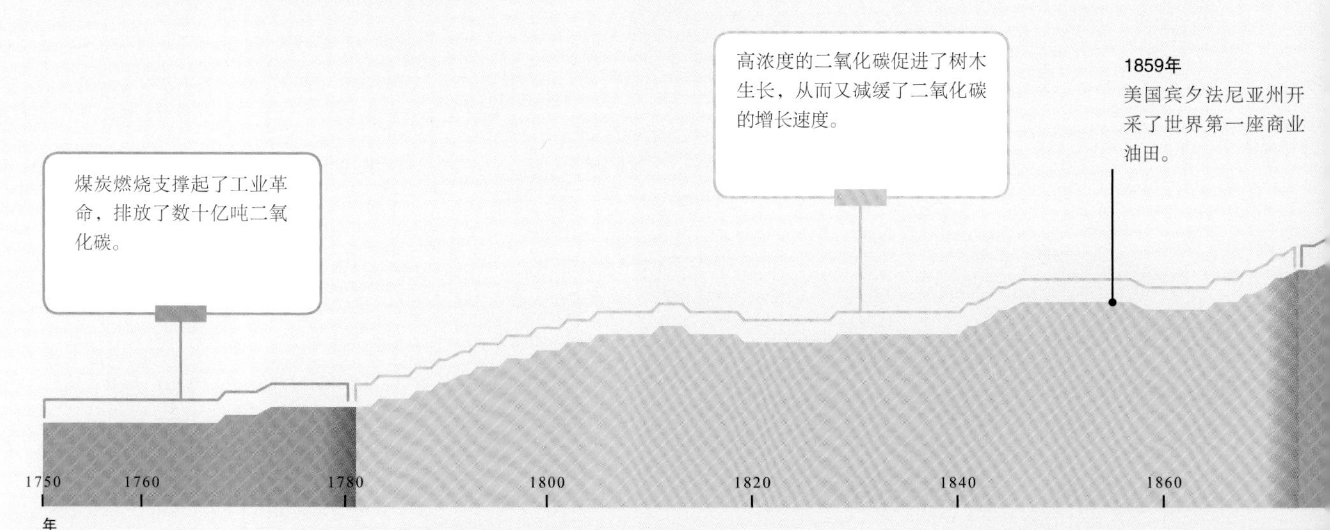

大气组成

贴近地球表面的这层薄薄的气体主要是由氮气和氧气组成，微量气体仅占1%。大气层中含有吸热储能的温室气体，保护了地球表面，避免大气温度降低。此外，大气中还含有维持我们呼吸的气体，保护人类免受太阳辐射危害的气体等，这些气体在水循环和气候模式中扮演着重要角色。

“干净的空气和水，以及**宜居的气候**是**不可剥夺的人权。**”

莱昂纳多·迪卡普里奥（LEONARDO DI CAPRIO），美国演员和环保活动家

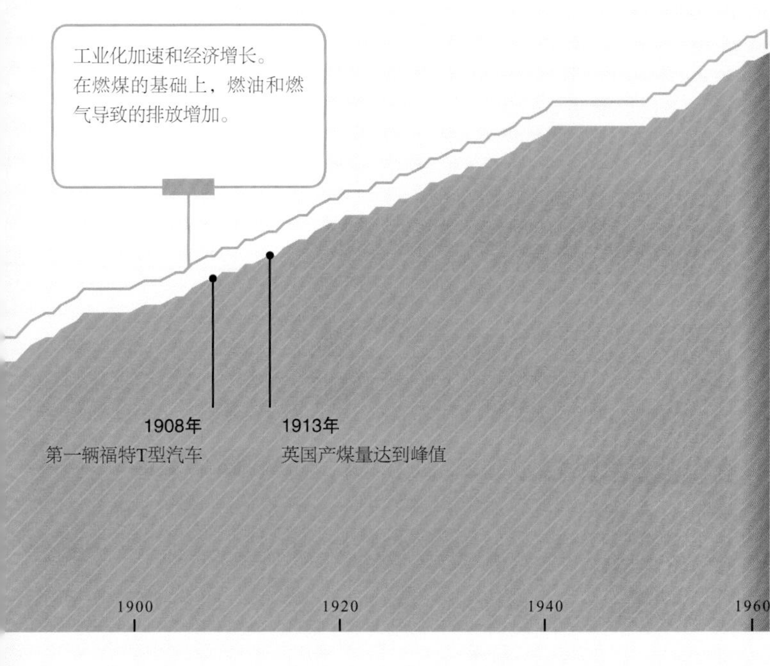

海量化石燃料燃烧驱动下的全球经济增长加速，达到了继工业革命之后的最大增幅。

大气的二氧化碳含量（单位：PPM）

390 360 330 300 270

1980 2000

甲烷增长

大气中的甲烷浓度不断升高，而该气体对全球变暖的贡献率为17%。

一氧化二氮增长

尽管目前的一氧化二氮总量相对较低，但其对全球变暖的影响是等量二氧化碳的300倍。

温室效应

地球表面吸收太阳光能后温度上升；随后，大部分陆地和海洋发射的热能以红外辐射的形式散入大气中。然而，大气中的温室气体使地球比其本应有的温度更高。这些气体制造了“温室效应”，在地球表面大气层下方形成一个吸热层。人类活动产生的高浓度温室气体干扰了地球微妙的能量平衡，从而造成大气升温。

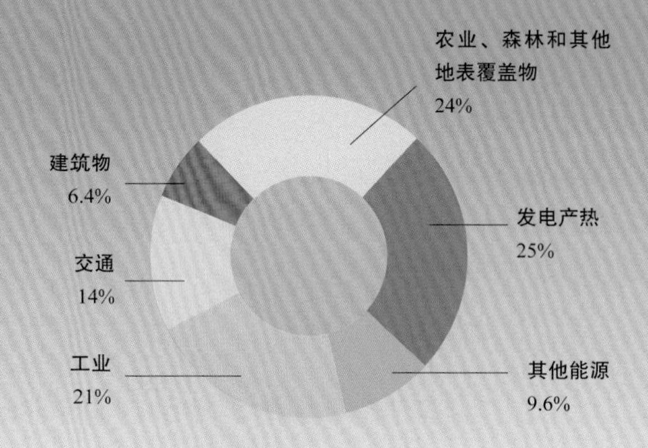

温室气体来源

人类活动通过多种方式制造温室气体，其中以工业活动和能源生产尤为突出。

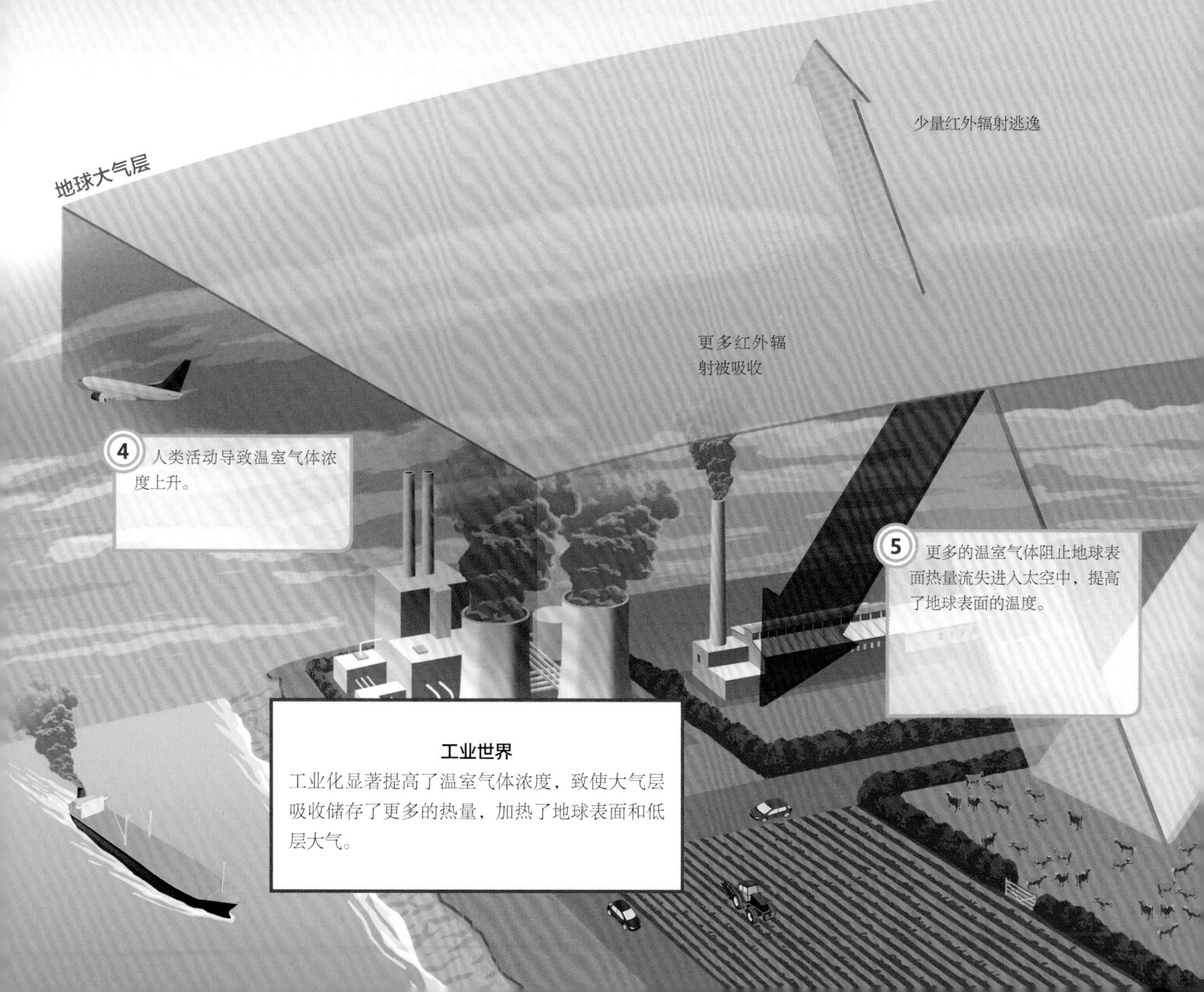

工业世界

工业化显著提高了温室气体浓度，致使大气层吸收储存了更多的热量，加热了地球表面和低层大气。

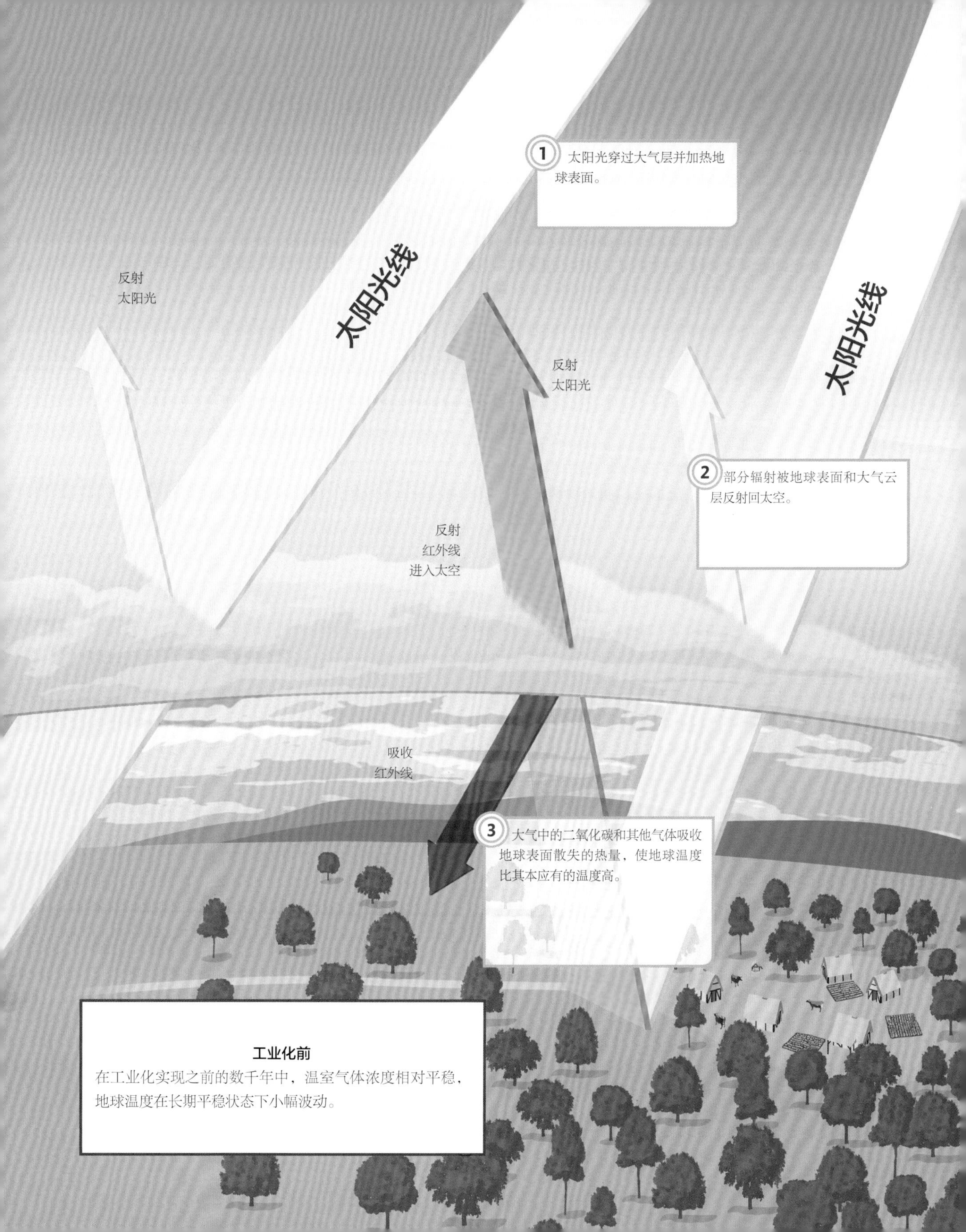

工业化前

在工业化实现之前的数千年中，温室气体浓度相对平稳，地球温度在长期平稳状态下小幅波动。

臭氧空洞

在距离地球表面数十英里的大气层上方是臭氧扩散层。它的存在保护了地球上的生命，对维护地球功能至关重要。

臭氧的形成离不开大气层中的氧气。当太阳光的紫外线（UV）辐射分解平流层中的氧分子后，臭氧形成并吸收会破坏植物和动物DNA（遗传物质）的紫外辐射。在23亿年以前，氧气还是一种稀有气体，直到大氧化事件发生，蓝藻等有机微生物的光合作用的大幅增长才带来了氧气增多。

臭氧层

在地球表面上空20～30千米处的平流层是臭氧浓度最高的地方，这里的大气浓度比地表浓度要低1000倍左右。人类活动制造的合成物质侵蚀着臭氧层，带来了对更多可到达地球表面紫外辐射的担忧。紫外辐射的增强不仅会损害海洋微生物等生物关键种群，更提高了人类患皮肤癌的风险。

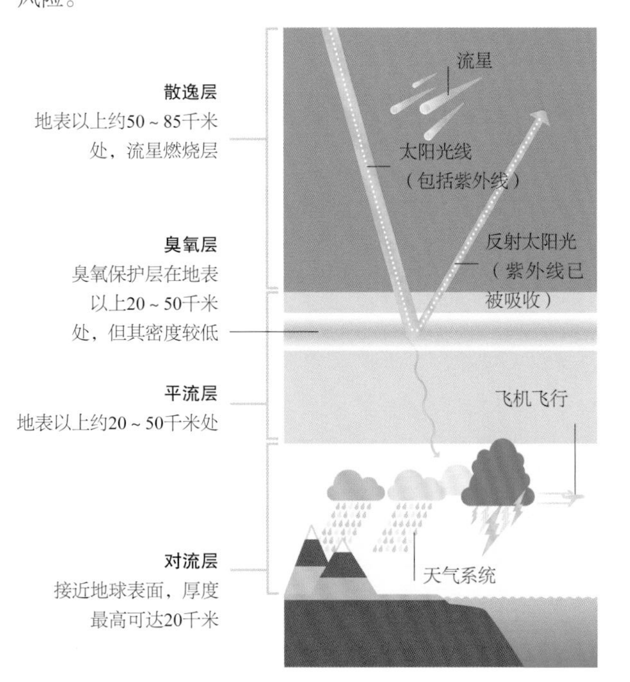

南极臭氧层

臭氧浓度以多布森单位（Dobson units，DUs）来衡量。1979年之前，臭氧浓度从未低于220多布森，但从1979年之后，围绕南极洲的这一层天然防晒霜开始变得越来越薄。臭氧消失的部分逐渐变成我们所说的臭氧空洞。1994年，臭氧浓度下降到73多布森。

1979年

自1956年起，人类在南极郝利湾进行地面臭氧测量，卫星监控则始于20世纪70年代初期，而第一次对全世界范围内的臭氧进行测量则是在1978年使用雨云7号卫星。这些监控的结果对推动全球采取治理行动起到了积极作用。

2011年，南极上空40%的臭氧消失

新西兰
有时，臭氧空洞会分离，在人类聚集区上空形成手指状的臭氧空洞，包括新西兰等地。

南美洲
2015年9月，臭氧空洞扩散到了智利彭塔阿雷纳斯，将人类居住区暴露在强烈的紫外辐射下。

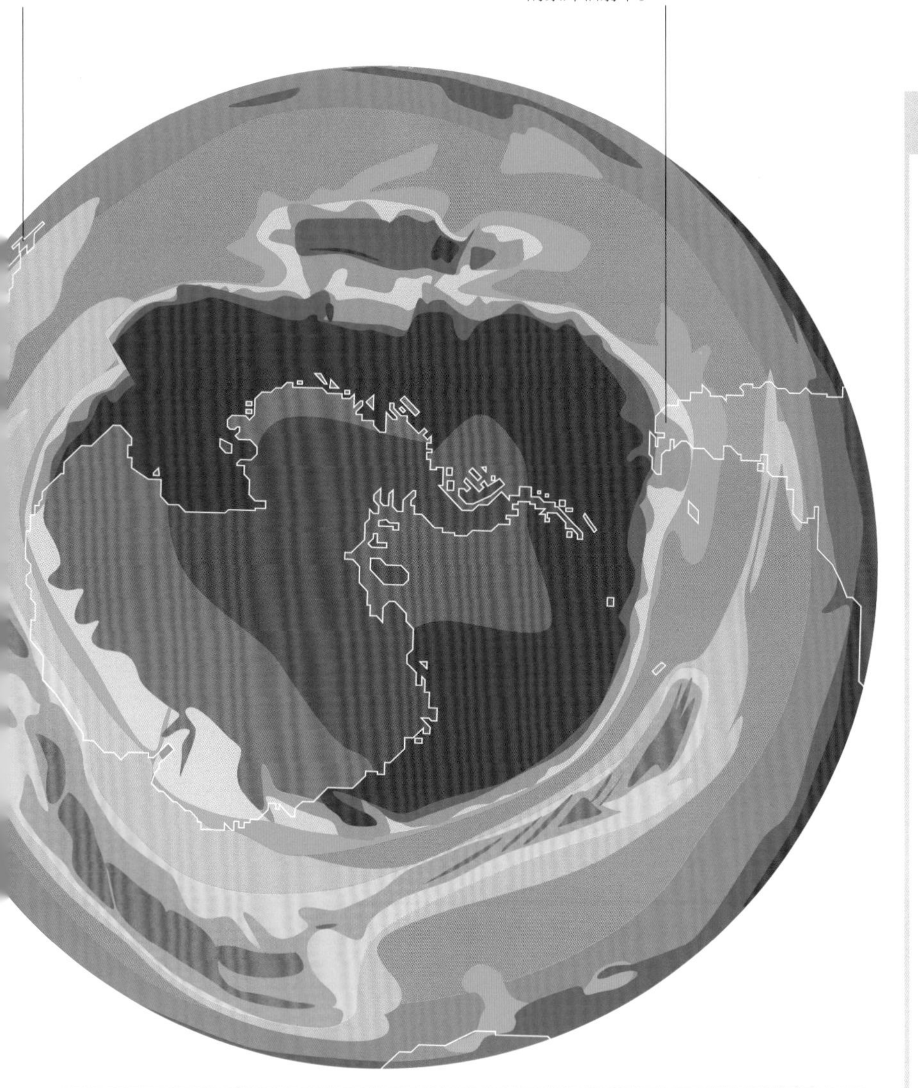

2013年
尽管人类在逐渐淘汰使用侵蚀臭氧层的化学品，但在2013年，臭氧空洞面积依然广阔且厚度可观。模型显示南极洲臭氧将在21世纪中期后得到大规模修复，但也有可能会因气候变化而推后。

臭氧杀手

当部分化学物质侵蚀臭氧层的机理被发现后，国际社会在1987年达成了蒙特利尔协议。该协议有效降低了臭氧侵蚀物质的生产和排放。但即便如此，臭氧浓度仍需较长时间才能修复。同时，臭氧监测实现了对危险地区的预警预报。尽管工业成本因此上涨，臭氧侵蚀物质的替代品仍然得到了发展和广泛应用。

氯氟碳和氢氟烃化合物

氯氟碳化合物（CFCs）曾被用于喷雾器、灭菌器和冰箱冷藏室等。氢氟烃（HFCs）曾被用做氯氟碳的替代品。

卤代烃

卤代烃类物质曾被应用于灭火器和航空国防的技术体系中。卤代烃的使用终止于1994年美国的清洁空气法案。

溴化甲烷

溴化甲烷曾被广泛应用于农业杀虫剂中，现在有了大量的化学和非化学替代品。

世界变暖

气温升高、海平面上升和极冰融化只是人类活动影响大气所带来的诸多变化中的一部分。这些变化和温室气体浓度升高共同造成了诸多经济、社会和环境恶果。

我们的世界正变得越来越热。从1850年到现在，地球表面平均温度已升高了0.8℃。毫无疑问，全球变暖的主要原因是温室气体浓度升高，比如二氧化碳等（见第120～121页）。温度升高引起了冰川冰架的融化，进而直接导致海平面的上涨。这些变化将会持续进行，但它们对温度升高的作用并不是线性的。比如，地球上格陵兰岛和南极冰盖的融化极有可能会达到关键“临界点”，从而加速地球总的融冰量。

温度升高

在北半球，1983—2012年也许是过去1400年中最热的30年。

每年沿海洪灾灾民人数可达

1000万

参见

› 季节紊乱 第126～127页
› 极端世界 第130～131页
› 反馈循环 第134～135页

洪水

上涨的海平面早已影响到孟加拉国人民的生活，并且这个问题日益严重。

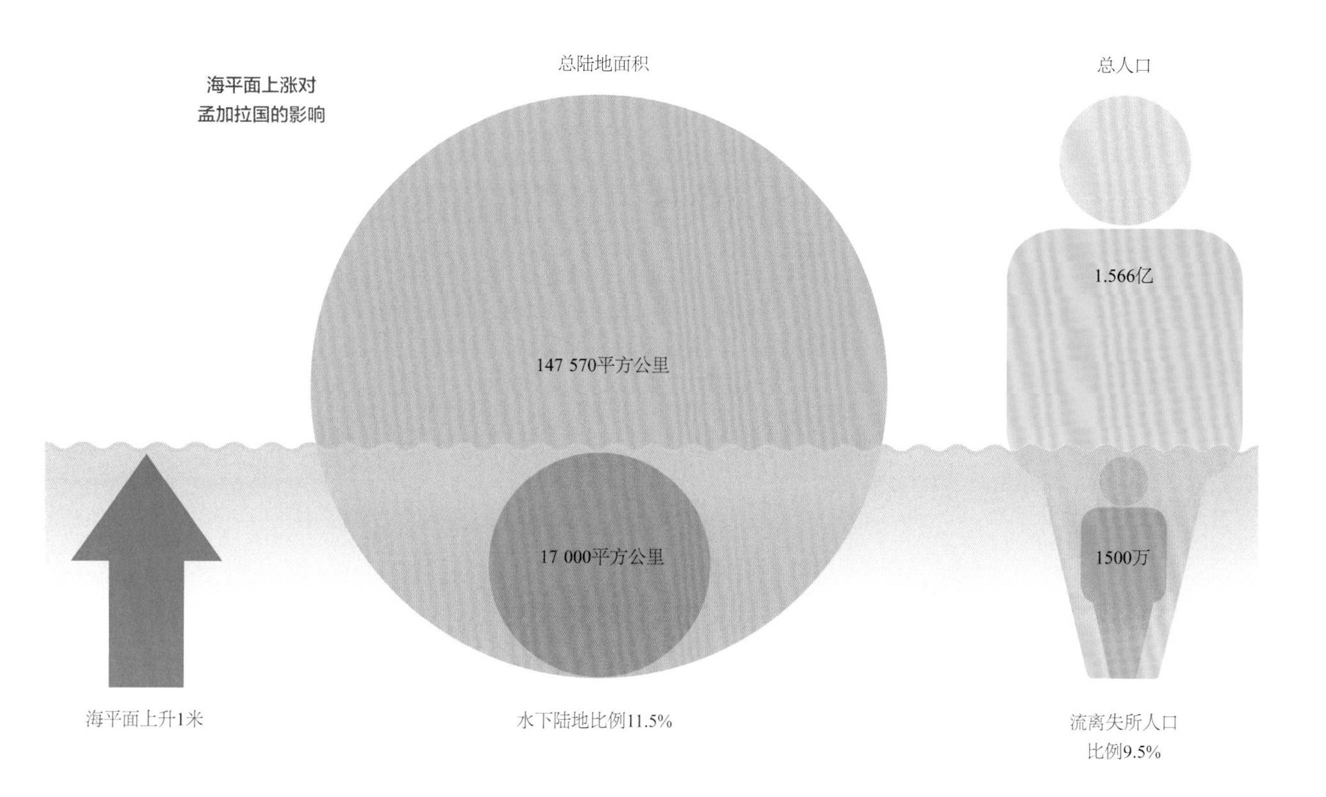

上涨的海平面

陆地上冰川融化和海洋水温升高共同导致了海平面的上涨。19世纪中期以来的海平面上涨速率远高于过去两千年的平均速率。从1880年到2013年，全球平均海平面上升了约23厘米，并将随着海温的增长和极地冰架冰川的融化持续上涨。海平面上升将对孟加拉等低海拔国家带来尤其严重的影响。

冰川融化

在过去的两个世纪，大量冰架和冰川融化。从2002年到2011年，格林兰冰架融化的平均速率稳定增长，而近期比较严重的冰川融化则发生在南极洲。下图展示了自1970年以来，北极冰盖的季节性萎缩。预计到2030年，北极海洋冰盖面积只有1970年冰盖总面积的一小部分。到2100年，北极可能将不再有夏季海冰存在。

1970年
1980年
1990年
2000年
2012年
2007年
2030年

1970—2030年北极冰川的季节性融化

季节紊乱

气候变化导致了全球性的季节更替混乱。尽管季节的混乱更替进程还比较缓慢，但毋庸置疑，长此以往，其将对人类和自然环境产生巨大影响。

分明的季节对世界上许多地区的农业、供水系统、能源需求和维持物种之间的复杂关系都十分重要。尽管人们目前已经可以对有规律的季节性变化进行预测，但长期气候变化导致的季节紊乱带来了失衡的模式和关系，比如植物由于早春而提前开花。

季节紊乱的有关记录可以追溯到数十年前，部分甚至可以追溯到数百年前，科学家据此进行了长期趋势研究。这些记录包括日本银杏树的第一片树叶出现和最后一片树叶落下的日期，蝴蝶在英国第一次出现的日期，澳大利亚的鸟类迁徙，当然还有揭示冬天变得越来越短和春天到得越来越早的温度记录。但比这些单独记录更重要的是，它们可能会对自然世界中各成分间多样且复杂的关系产生影响。

全球影响

自然界和依附其生存的人类文明均会受到季节循环的强烈影响。数千年来，这些循环已经变得相对稳定并得以预测。然而由于持续的气候变化，导致了温度变化与降雨的时长和强度的变化，最终影响了人类和野生物种的生活。

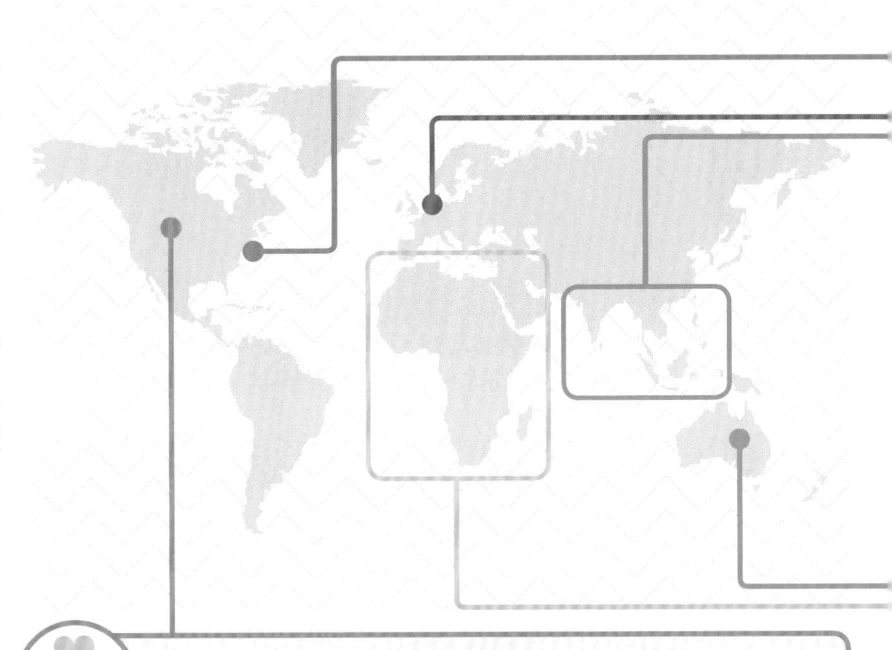

早春

近些年来，美国大部分地区的春天都提前到来。图中标出了1991－2000年美国各州树木发芽的平均日期与其在1961－1980年的平均日期的差值。树木发芽平均日期的变化可能对植物和动物的生命循环造成潜在影响，这同样也与季节相关。

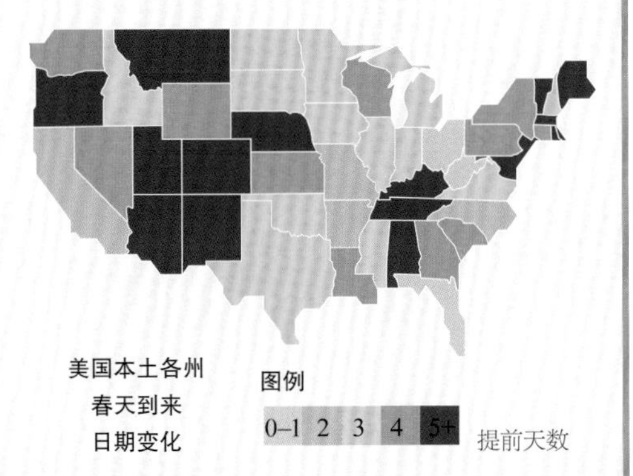

参见

❯农耕星球 第64～65页
❯极端世界 第130～131页
❯气候模式 第128～129页

水温升高

1982—2006年，北大西洋的温度以每10年0.23℃（0.4℉）的速率增长。从20世纪60年代开始的相关研究发现，商业价值极高的夏季比目鱼种群逐渐向北迁移，这给捕鱼业造成了影响。

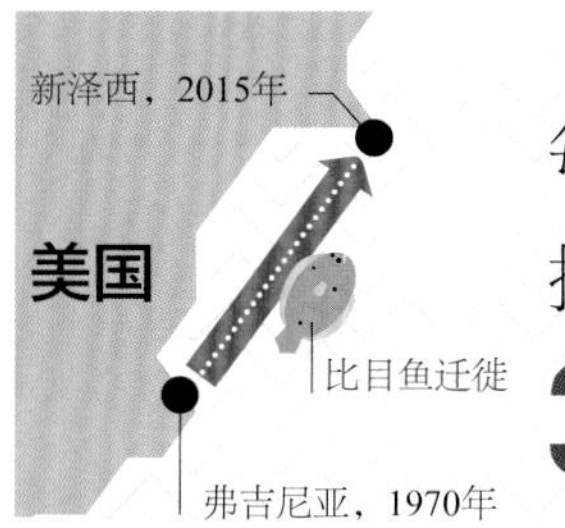

每年比目鱼的总捕捞量价值超过**3000**万美元

饥饿的鸟类

荷兰的一项研究证实了大山雀的繁殖周期随着被用来喂养幼鸟的毛毛虫的数量峰值变化而失控。昆虫为了适应早春现象而提前繁殖，但鸟类却没有，因此幼鸟的存活率大大降低。

图例

鸟类 食物需求量峰值

毛毛虫

1980年

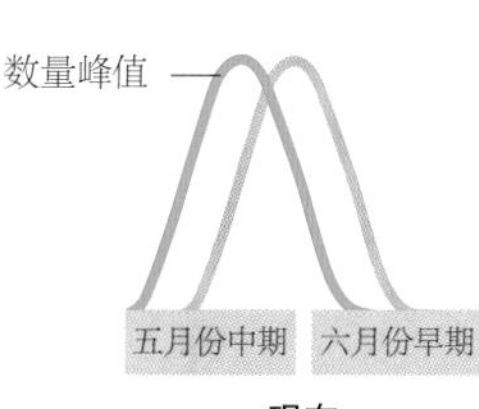

现在

从1950年到2002年，北半球的春天**每十年提前一天**到来。

印度季风

印度季风是一种稳定、合理且可预测的年际天气模式，但随着全球变暖，印度季风带来的年降雨量却不稳定了。同时暴雨和（季风之间的）干旱频率也在增长。即使是只有10%的变化幅度也会对农耕、粮食价格和经济造成巨大影响。

季风雨量

增长5%～10%

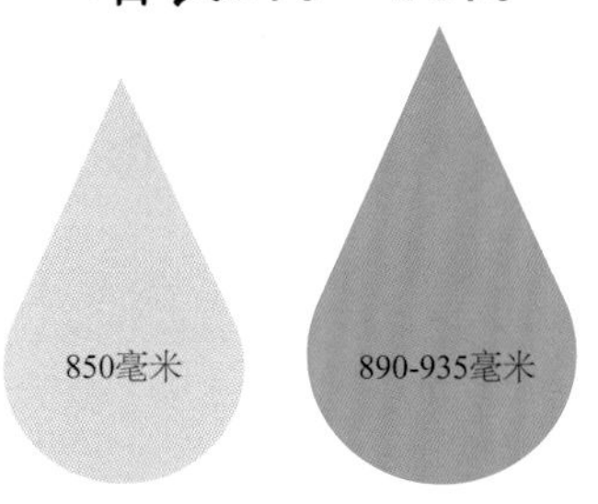

2015年季风降雨量（6至9月）

2050年的预测季风降雨量

农业

超过70%的非洲农民靠降雨（而不是灌溉）来种植作物。而季节性雨水时长和强度的变化导致产量和收入降低。

降雨

澳大利亚是世界上最干旱的一个地区，平均降雨量的变化对其农业造成了严重影响。科学家认为澳大利亚的气候已经发生改变，最近的几次干旱事件也揭示了雨水减少的代价。而部分地区却深受暴雨危害。

温度升高

澳大利亚的10大最温暖年份中有7年发生在2002年之后的13年之内。高温恶化了降水减少带来的影响。

林火

澳大利亚东南部的干旱气候增加了森林火灾的风险。从1973年到2007年，高火险天气现象频出。

气候模式

气候由一系列精细平衡的因素相互作用所决定。太阳能加热海洋和大气，大气压力差和温度差共同驱动空气和海流运动。同时气候也受到纬度、与海洋之间的距离和海拔高度等因素的影响。人们常常用数十年内的平均值来描述气候条件，而天气往往被用来描述每日变化的短期情况。太阳能的加热驱动大气形成三个巨大的环流圈（哈德里环流圈、费雷尔环流圈和极地环流）围绕着地球做循环运动，进而在地球自转的影响下形成了与南北方向呈一定夹角的风。

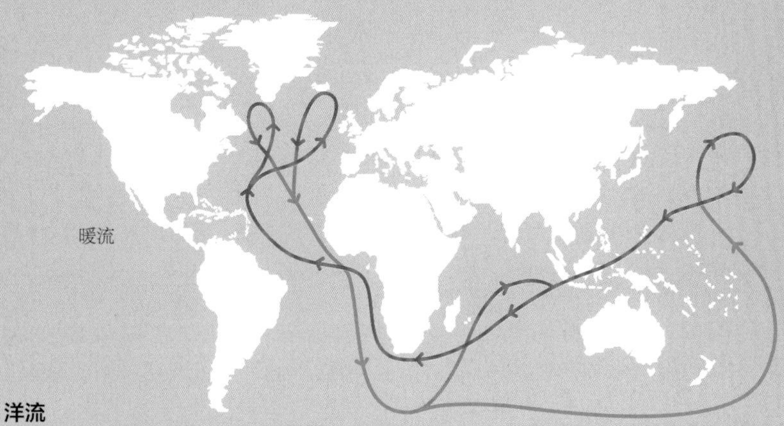

洋流

海洋吸收太阳能量，并通过表面海水的流动进行能量传递。洋流将温暖的热带海水传递到较寒冷的其他地区，进而影响当地的气候。

季节

地球在公转轨道上以一个固定倾斜角度围绕着太阳运行一圈的时间是一年。随着地球表面不同地区接近或远离太阳，地球上的日照时长和温度发生着变化。所以我们在地球上能感受到夏天白昼较长、夜晚较短，而冬天却恰好相反。地球两极是季节特征最为显著的地区。

接近赤道的热带地区季节变化不明显

北半球春天
南半球秋天

由于地球倾斜角，北半球冬天时南半球却是夏天

北半球秋天
南半球春天

寒冷的高空气流向南流动

冷空气在亚热带地区下沉

寒冷的高空气流向北流动

冷空气向北流动

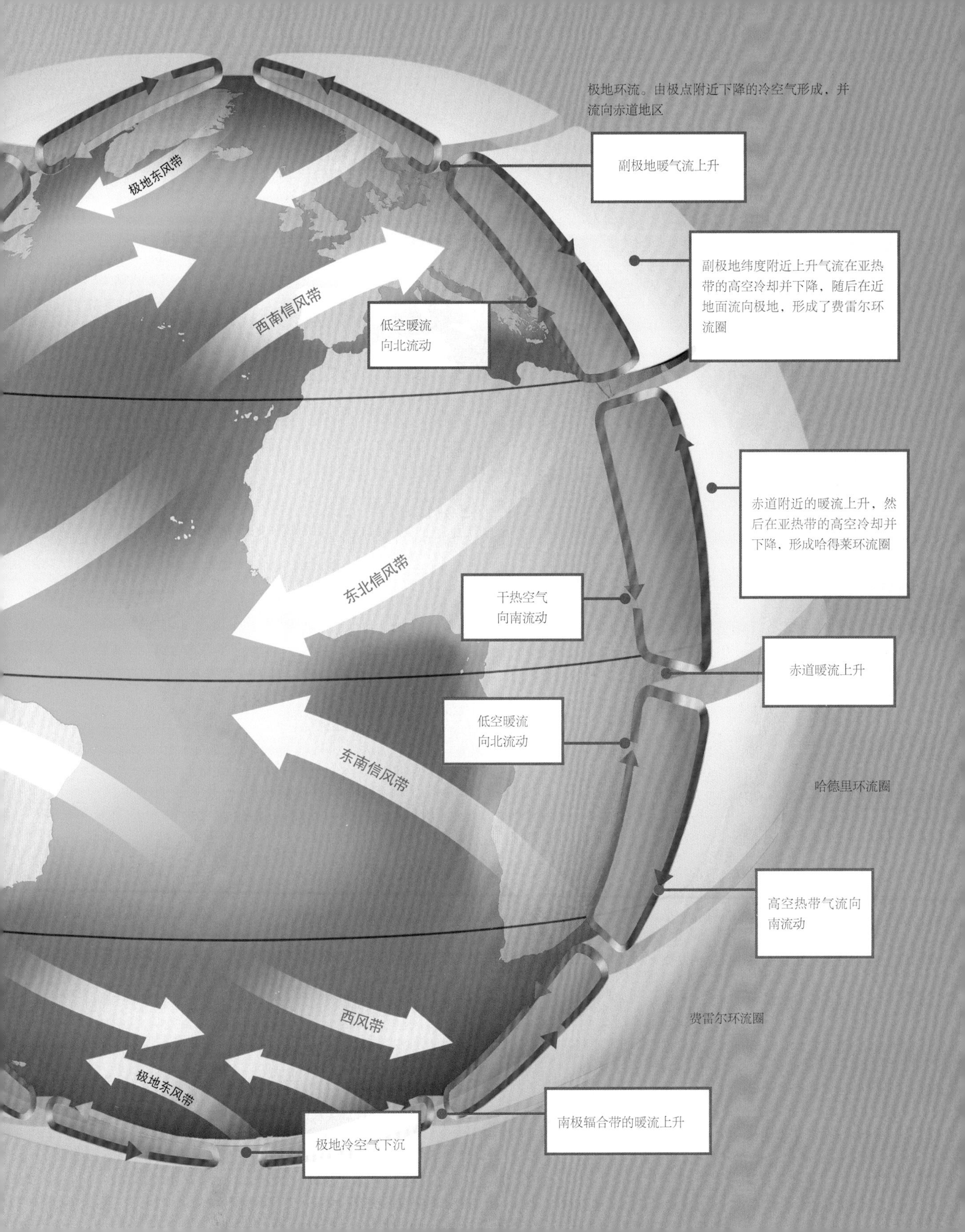

极地环流。由极点附近下降的冷空气形成，并流向赤道地区
副极地暖气流上升
副极地纬度附近上升气流在亚热带的高空冷却并下降，随后在近地面流向极地，形成了费雷尔环流圈
极地东风带
西南信风带
低空暖流向北流动
赤道附近的暖流上升，然后在亚热带的高空冷却并下降，形成哈得莱环流圈
东北信风带
干热空气向南流动
赤道暖流上升
低空暖流向北流动
东南信风带
哈德里环流圈
高空热带气流向南流动
费雷尔环流圈
西风带
极地东风带
南极辐合带的暖流上升
极地冷空气下沉

极端世界

世界各地的天气纪录不断被打破。随着全球变暖，极端天气事件愈发频繁并造成一系列毁灭性的连锁后果。

大气层中的热量积累改变了地表蒸发和大气循环，造成不同寻常的极端天气。虽然建立在数十年的平均基础上的气候相对稳定，但短期天气波动剧烈。更多极端天气事件发生的趋势与预计中的全球逐渐变暖保持一致。温度的持续升高将造成更多的极端天气，并进而导致更广泛的经济、社会和环境问题。这种后果现在已经被其他环境变化所证实，如森林退化。

天气预警

更多极端天气事件的发生将会降低粮食产量、加重急救服务的压力、提高对人道主义救援的需求、制造紧张局势并加剧社会冲突。政府未来的经济计划中也将会有一个重要的部分来处理可能出现的极端事件，用来降低事件影响并促进快速恢复。存储雨水、保护和恢复森林、采用新的基础建设标准、改善土地质量和发展多样化农业均为有效的防护手段。

飓风
自20世纪80年代以来，北大西洋飓风（如迪安）的强度和频率均处于上升态热。（左图为2007年飓风迪安在墨西哥海岸登陆时的情景）

干旱
近些年来，澳大利亚、加利福尼亚、东非部分地区和巴西南部都经历了严重的干旱事件。工业、农业、家庭、野生生物和能源产业的发展都因此受到水资源短缺的限制。

洪水
近些年来，西非部分地区、泰国、西欧和南美洲遭到了毁灭性的洪灾打击，造成了大量财产损失和主要商业活动的中止。而农业用地的破坏是洪灾最为严重的后果。

暴雨
随着海洋温度的升高，由海洋暖流产生的热空气风暴普遍变得更加激烈。在过去的10年里，曾发生过有记录以来最严重的热带气旋。随着全球变暖，极端风暴事件将变得更加频繁。

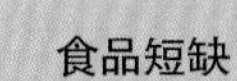

食品短缺

洪水、干旱和暴雨都有可能降低粮食产量，从而导致粮食短缺、价格上升和贫困人群中的饥荒事件。干旱和暴雨已经造成了美国和澳大利亚近些年的粮食产量下降。

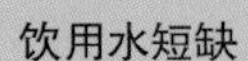

饮用水短缺

近来严重的干旱事件迫使世界各地不得不采取限水措施，如澳大利亚的部分地区、巴西和美国等。同时洪水和暴雨也造成了可饮用水的污染。

无家可归的人

发生在巴基斯坦等地的巨型洪水摧毁了数千计的房屋。在过去的几年中，飓风重创了数个小岛和沿岸地区，导致上万人无家可归。

基础设施受损

道路、港口、铁路和输电网都会受到极端天气的影响，从而导致与天气相关的保险赔偿的增长。

人群迁徙

近些年来，欧洲移民大多来自受到沙漠化影响的非洲地区，而更糟糕的是，这些地区的降雨由于沙漠化而减少或变得更不稳定。预计到未来会有更多的人由于上升的海平面离开原住地。同时还有大量移民是为了逃离冲突，这也和恶劣天气带来的影响有联系。

战乱冲突

恶劣天气所造成的影响也与战乱冲突相关。叙利亚内战源自一场严重的干旱。干旱迫使1500万农村人口涌入城市，加剧了叙利亚国内紧张的政治局面，最终导致内战爆发。此外，地中海东部地区持续的气候变化将延长极端干旱期，并逐渐减少当地降雨量。

人员伤亡

部分暴雨可能会造成大量人员的直接死亡，如1998年的飓风米奇。这场不同寻常的风暴大约导致18 000人死亡，同时摧毁了中美洲大片的基础设施。极端灾害事件带来的各种影响，如饥荒、缺少防护和冲突，同样会造成人员伤亡。

2℃的极限

2009年，各国政府达成了将自工业革命以来的全球温度上升幅度控制在2℃的目标。2015年，该目标被调整为更具有挑战性的1.5℃。

1992年，联合国气候变化框架公约认定2℃的温度上升幅度是人类可能对气候系统造成“危险”干扰的级别，并将此作为主要控制目标。尽管并没有单独的科学结论给出“危险”的详细内容，但2℃被广泛接受为制定相关政策的上限。这样做的原因包括可预见的水资源安全危机（见第78～79页）、粮食产量下降（见第74～75页）、海洋酸化（见第160～161页）和一旦超过这个温度上限后，可能引发的气候根本转变。为了达成控制温度增长幅度低于2℃的整体目标，“碳预算”是一种可行的方法。而如果我们能够将全球变暖控制在更安全的1.5℃内，则碳预算也必须更为减少。

参见

› 世界变暖 第124～125页

› 人类能烧多少 第136～137页

› 碳循环 第140～141页

› 未来目标 第142～143页

我们的碳预算

碳预算设定了人类二氧化碳（CO_2）排放量的上限。如果有66%的可能性把温度升高的幅度控制在2℃以下，将会带来8700亿吨（Gigatonnes of Carbon，GtC为10亿吨）的碳排放（从1870年开始计算）。如果把其他的温室气体（如甲烷和一氧化氮）也计算在内，碳预算将缩至790亿吨。下图列出了只考虑碳排放不考虑其他可能反馈效应时（如永久冻土的融化）的乐观情景（见第134～135页）。

英国设置了世界上第一个具有法律效应的碳预算，承诺在2050年将碳排放降至1990年水平的80%。

二氧化碳与温度的联系

如果我们继续以目前的速度向大气中排放二氧化碳，与19世纪中期相比全球平均温度将在2050年升高2℃。

+1℃

+0.51℃
温度升高

温度升高

大气中二氧化碳排放量

灰色区域
代表我们
剩余的碳预算

截至2014年
已排放545GtC

0℃ 0GtC 870GtC +2℃

1870年 2050年

2014年，我们的碳排放预算仅剩**3250亿吨**

2045年

500亿吨

2040年

1100亿吨

2030年

1100亿吨

2020年

2020年，碳预算仅剩270亿吨

550亿吨

2014年

是行动的时候了

以2014年的消耗速度计算，碳预算仅能再维持30年。人类消耗碳预算的速度越快，世界到达2℃极限的进程就越快

1870年，碳预算为**8700亿吨**

截至2014年，我们已经消耗了**5450亿吨**的份额

寻找正确的方法

为达成将温度增长控制到2℃以下的目标，我们需要多管齐下。下列排放管理策略有些与能源选择有关，有些与森林采伐、土地利用和经济政策有关。目前已经出台了一些鼓励政策，但当前形势仍迫切需要我们采取更多的行动。

电力效益。高效的能源利用方式可以有效地降低排放量：比如工厂配备现代化电机或在家里使用LED照明灯。

可再生电力。从化石燃料转向可再生替代品是我们达成控制排放和放缓温度增长目标的主要方式。

碳捕捉。尽管当前相关技术并不成熟，但捕捉并存储被浪费的二氧化碳（见第136～137页）可以有效降低发电站的排放量。

汽车效率。更高效的传统发电机、混合动力技术和电动汽车均能降低排放并使空气更清洁。

低碳燃料。使用生物燃料和汽油柴油等混合驱动汽车，在工业中使用来源可持续的生物能都可以减少对化石燃料的依赖。

智能发展。将住宅社区和可持续的交通方式与办公楼、学校和商店紧密相连；同时网上商城也能起到保护环境的作用，并可以支撑当地经济。

碳税收。向污染企业征收碳排放税，从而鼓励投资者采用更清洁的能源。

森林和土壤保护。停止砍伐森林和保护树木对达成控制温度增长目标至关重要，保护野生生物和水资源也具有同样的效果。

补偿转移。取消对化石燃料补偿可以削减13%的排放，此外这些宝贵的补贴费用也能更好地支持可再生能源的发展。

反馈循环

当减少化石燃料排放和限制土地利用变化在人类可控范围之内时，反馈循环在全球变暖的气候变化中扮演的角色就越发重要。

反馈循环是指气候变化加速（正反馈）或降低（负反馈）了全球变暖的影响。比如，某些类型的云层可能在高温下变得更加聚集，产生冷却效果并降低气候变化速率。当全球温度上升时，无论采取什么降低排放的手段，主要正反馈模式加速气候变化的风险都会上升。

2010年的**亚马孙干旱**造成大约**20亿吨**的碳排放

反馈循环及其影响

一些潜在严重的正循环可能加速全球变暖。这也是为什么在2009年的时候，各国政府同意限定全球平均气温增长低于2℃的原因。如果温度增长超过这个上限，气候变化反馈将会加速。气候变化反馈结果包括冰盖消失、热带雨林消亡、海床甲烷释放和永久冻土融化。

释放二氧化碳

北极融化

大多数照射到冰层表面的太阳能被反射回太空中。当北极及其他地区的冰层融化后，海洋隐藏表面和苔原就会暴露。它们将会吸收更多的太阳能量，加速全球变暖并使更多的冰层融化。

海床甲烷释放

海床中储存着大量甲烷。在低温下甲烷以固态存在，但全球变暖将会造成甲烷被释放到大气中。这种威力巨大的温室气体将会加速温度升高并导致海床和苔原释放更多甲烷。

永久冻土融化

在极地附近的高纬度地区，大面积的泥炭土在低温下形成永久冻土，有效固定了二氧化碳和甲烷。当气候变暖造成永久冻土融化，这些温室气体将会被释放。随着越来越多的气体被释放，永久冻土将进一步融化并造成更多的排放。

热带雨林消亡

降雨减少和高温给大面积的热带雨林带来干旱，并使其转变成热带稀树草原或草地。而这些生态系统的碳固定能力远低于茂密森林，因此造成大气中温室气体浓度升高。热带雨林的变化同样也会对野生生物造成影响。

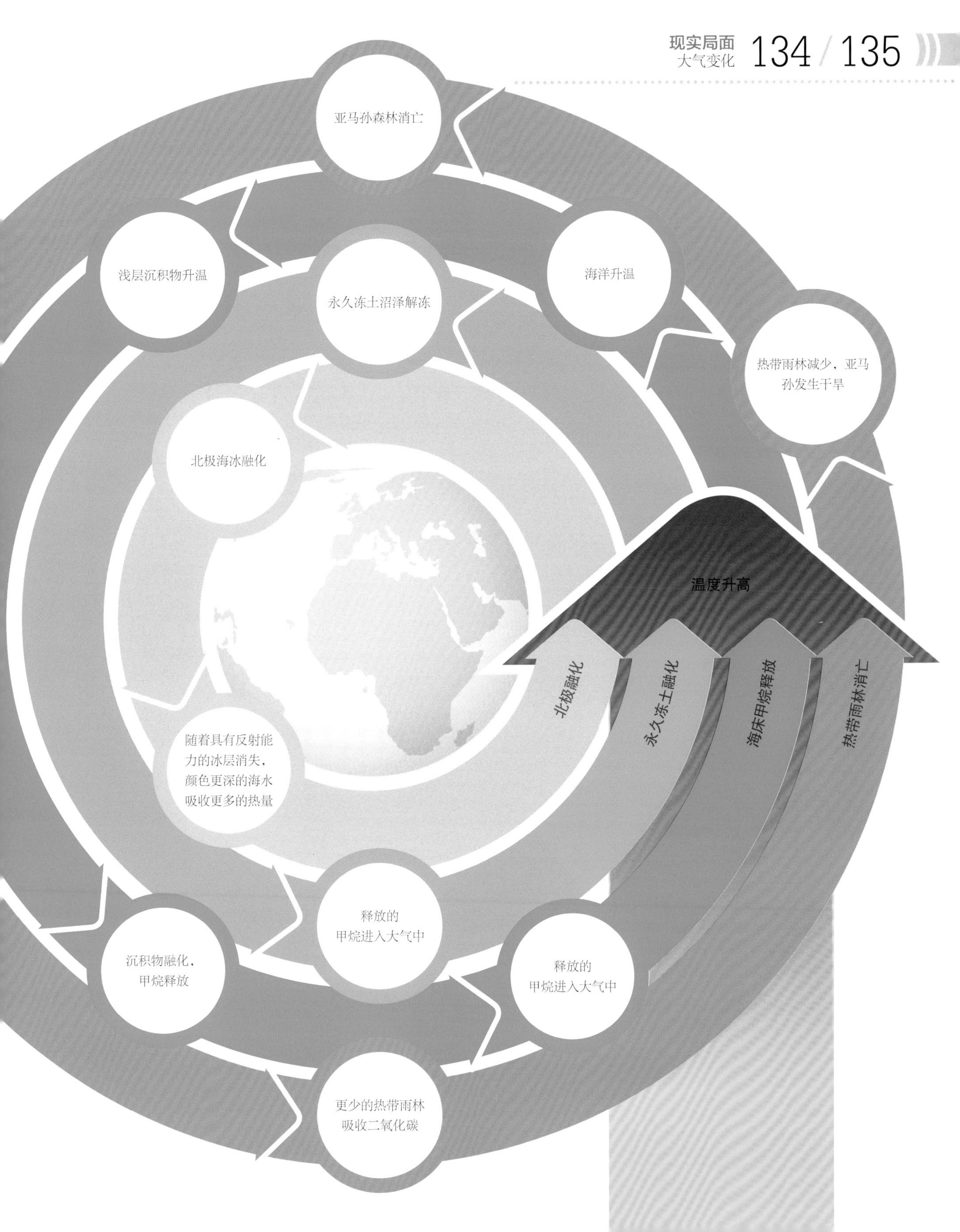
亚马孙森林消亡
浅层沉积物升温
永久冻土沼泽解冻
海洋升温
热带雨林减少，亚马孙发生干旱
北极海冰融化
随着具有反射能力的冰层消失，颜色更深的海水吸收更多的热量
温度升高
北极融化
永久冻土融化
海床甲烷释放
热带雨林消亡
释放的甲烷进入大气中
沉积物融化，甲烷释放
释放的甲烷进入大气中
更少的热带雨林吸收二氧化碳

人类能烧多少

我们已经能够计算从当前开始到打破温度上限前的温室气体的排放总量。基于这种认识，我们必须决定如何最有效地利用当前所有的化石燃料储量。

碳预算代表了国家之间约定的向大气中排放的温室气体总量，尤其是二氧化碳。将碳预算折合成已知的化石燃料储存量，即为在全球温度增长到危险级别前我们还能燃烧的煤、石油和天然气数量。在2009年达成的增温危险水平为全球平均温度在工业革命前的基础上增长2℃（见第132～133页）。据估计如果我们能控制燃烧少于当前燃料储量的1/3，则将有80%的可能性达成不超过2℃升温的目标。

量入为出

地下埋藏的化石燃料远比我们能够安全燃烧的多得多。经计算，已知燃料总储量的二氧化碳潜在排放量可达7620亿吨。这还不包括未被发现的新矿源。控制气候变化的有效行动将促使煤、石油和天然气公司将财富留存在地下。

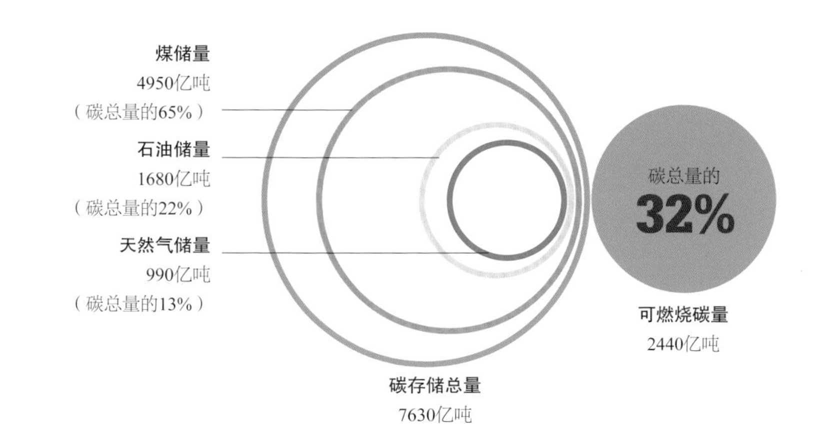

碳捕捉技术

碳捕捉技术可以在不超过2℃碳预算目标的前提下利用化石燃料。这个过程包括在源头吸收碳排放，将其压缩至液态形式，最后管道输送至地质结构中三个步骤。

不可开采的煤层

二氧化碳可被注入深层、不可开采或其他无经济价值的煤矿床中存储。在这个过程中甲烷（温室气体的一种）将被释放。甲烷可被回收并作为能源使用。

枯竭的油田

临近开采生命结束的油田和天然气田可被用来作为碳储存地。向枯竭油田中注入二氧化碳将会增加矿床压力，同时也利于在提高原油采收率的过程中开采出更多石油。

深盐水地质层

深层地质由能吸附咸水的砂岩和石灰岩构成，有时会受到另一种类型的结构影响而变得不可渗透。这就意味着它们能固定注入的二氧化碳。

燃料储量

在温度最高增长2℃的限制下，我们能安全燃烧的各种化石燃料总量各异。燃烧天然气产生的二氧化碳比燃烧等量的煤炭要少。如果我们停止燃烧煤炭，那么我们能消耗掉大部分的石油储量。如果我们使用部分煤炭，可能就无法达成目标。

2014年，中国的二氧化碳排放量占全球的

23.4%

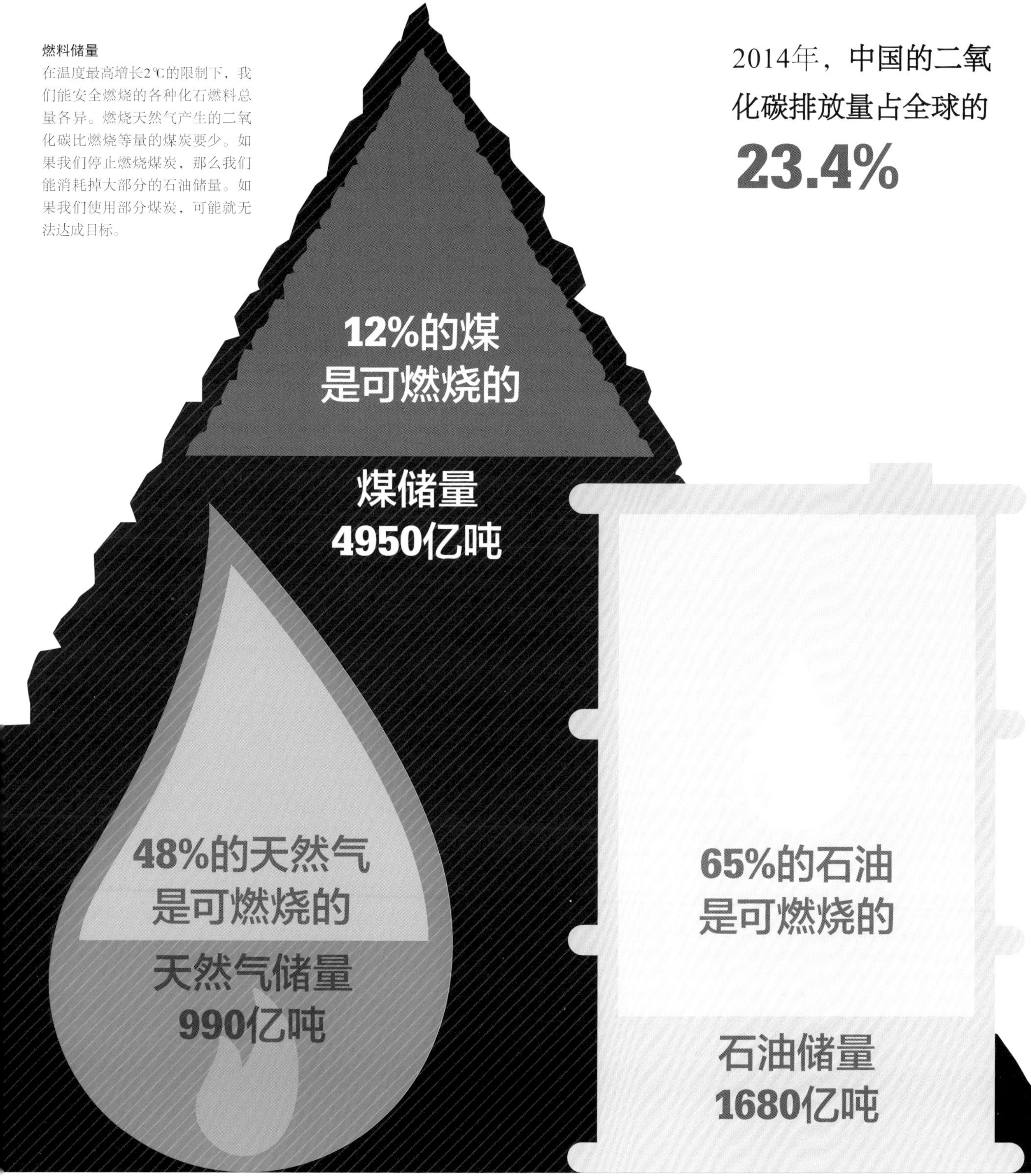

12%的煤
是可燃烧的

煤储量
4950亿吨

48%的天然气
是可燃烧的

天然气储量
990亿吨

65%的石油
是可燃烧的

石油储量
1680亿吨

碳的十字路口

世界目前正处于一个十字路口。为控制自工业革命以来的全球变暖幅度不超过2℃，我们必须立刻行动。

未来对二氧化碳和大气中其他温室气体的政策取决于大量因素，包括能源、人口变化和个人消费等。如果不采取紧急行动，在本世纪末期将全球变暖幅度控制在2℃以下几乎是不可能的。

参见

- 世界变暖 第124～125页
- 2℃的极限 第132～133页
- 人类能烧多少 第136～137页
- 未来目标 第142～143页
- 全球计划 第186～187页

过去、现在和未来

2014年的政府间气候变化专门委员会（Intergovernmental Panel on Climate Change，IPCC）的第五次评估报告是对气候变化的一个综合性评估。该报告的主要结论之一是人类活动，尤其是二氧化碳的排放，正在造成全球温度明确稳定的上升。尽管我们可以立即停止所有的排放，大气中的温室气体也会造成温度持续升高。减缓温度升高需要从现在开始持久且显著地减少温室气体排放。

RCP是什么？

IPCC的研究成果同样发现未来气候变化的四种典型情景。这四种情景代表着21世纪不同温室气体浓度及所带来的影响，所以也被称为典型浓度路径（Representative Concentration Pathways，RCP）。不同浓度路径匹配着不同的社会、经济和政治情景。

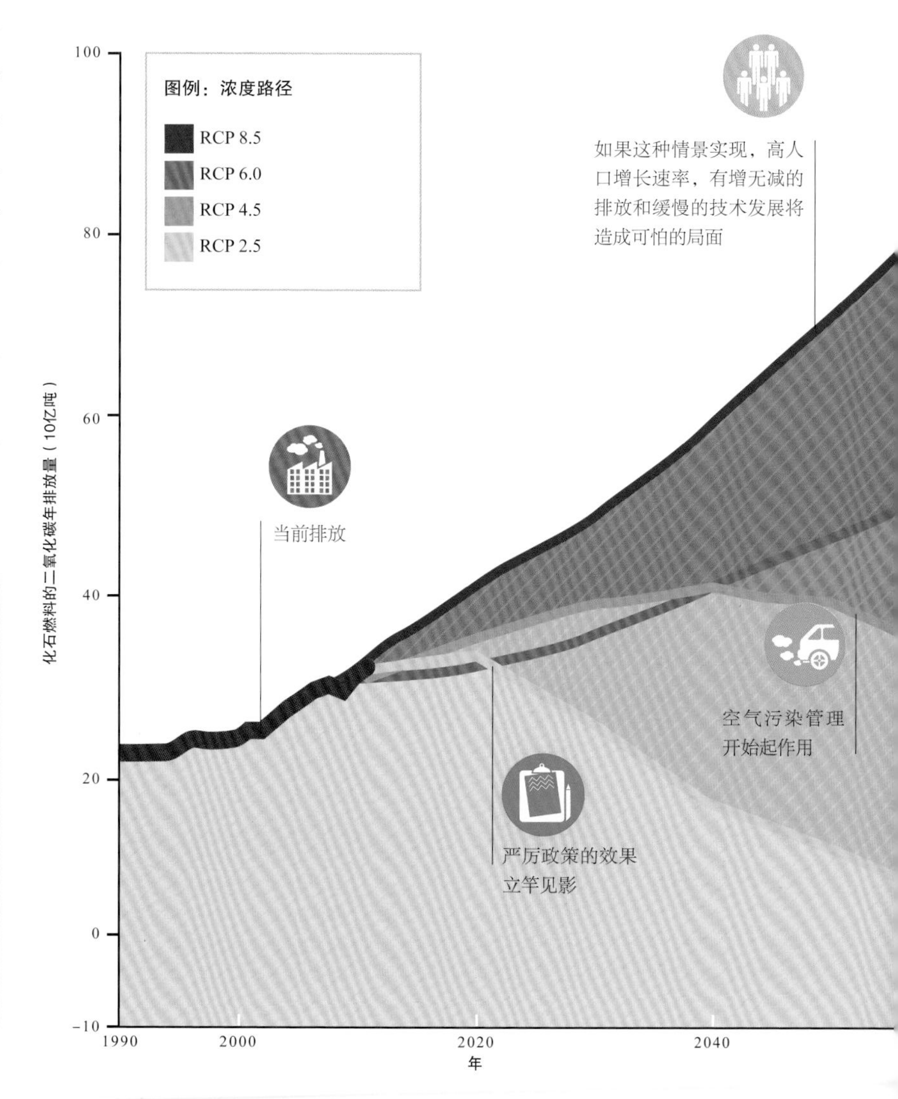

“我们挥霍了后代的世界，现在是不得不付出代价的时刻了！”

教皇弗朗西斯（POPE FRANCIS）

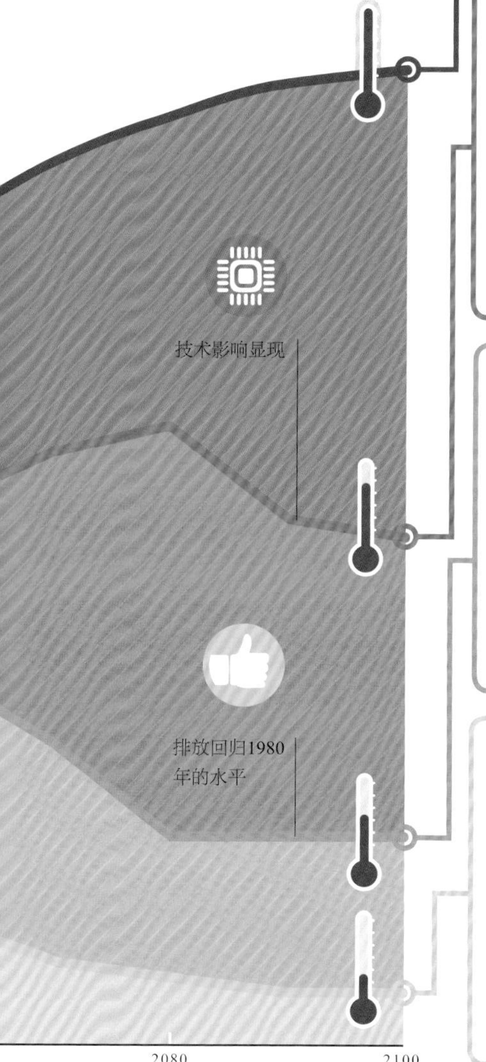

最高浓度排放路径

RCP8.5情景中包括最高的人口增长速率、发展中国家持续低收入、技术发展缓慢和化石燃料排放增长。最终温室气体排放将达到一个新的高度，全球平均温度将升高大约5℃。

生态系统的破坏。许多生态系统，如大面积的热带雨林，将会消亡并制造出更多的二氧化碳。

高浓度排放路径

在RCP6情景中，技术进步将在21世纪80年代发挥较大的作用。二氧化碳和其他温室气体的浓度将在21世纪末保持平稳。在该情景下，全球平均温度增长幅度大约是3℃。

粮食短缺。降水和温度的改变降低了粮食产量，尤其是在热带地区。

中等浓度排放路径

RCP4.5情景中包括对气候变化和空气污染采取适当的行动。森林保护与再生将在21世纪40年代至60年代发挥积极作用，排放量降至20世纪80年代的水平。温度增长幅度在2~3℃。

珊瑚礁退化。世界上约2/3的珊瑚礁遭受着严重的长期退化威胁。

低浓度排放路径

在RCP2.5情景中，即时生效的政策改变鼓励了可再生能源的利用、提高了能源利用效益并大规模地保护森林，温室气体的排放量在达到一个高峰后快速下降；全球总体平均气温增长幅度严格保持在2℃以下。

下降的牛奶产量。低质牧草和高温胁迫影响了主要牛奶出口国，如澳大利亚。

碳循环

碳元素是生命的必需品，存在于所有的生物体中。碳元素在地球系统中循环流动，包括二氧化碳（CO_2）等多种形式在岩石、植物和动物、大气层和海洋之间传递。碳元素通过呼吸作用和燃烧进入空气中，并主要通过光合作用（见第172页）和海水吸附（见第160～161页）脱离空气。在过去的两个世纪中，人类活动，尤其是化石燃料燃烧和森林退化，严重扰乱了碳循环，从而导致大气层中积累了更多的二氧化碳。图中展示地球系统不同组成部分的碳循环过程。

植物和土壤固碳量1230亿吨

海洋固碳量920亿吨

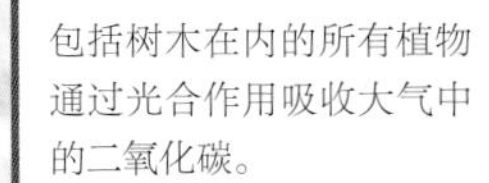

包括树木在内的所有植物通过光合作用吸收大气中的二氧化碳。

动物在排泄废物或死亡时增加了土壤中的无机物质（包括碳元素）。

海洋从大气中吸收二氧化碳。
海中浮游植物通过光合作用消耗了部分二氧化碳，同时海洋动物也以碳酸盐岩壳的形式固定部分二氧化碳。但过多的二氧化碳进入将导致海水酸化。

植物死亡后以落叶或其他无机物形式增加了土壤中的碳元素。

森林退化的代价

人类活动导致的森林退化释放了约1/5的温室气体，超过了全球排放量的负载能力。停止砍伐并恢复已消失的森林将会减轻气候变化影响的1/3。

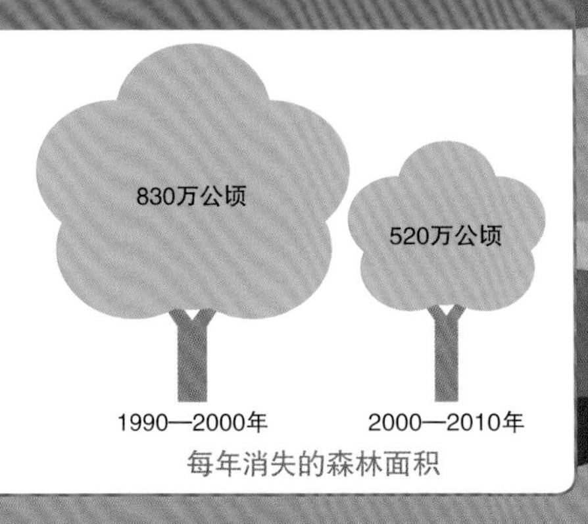

每年消失的森林面积

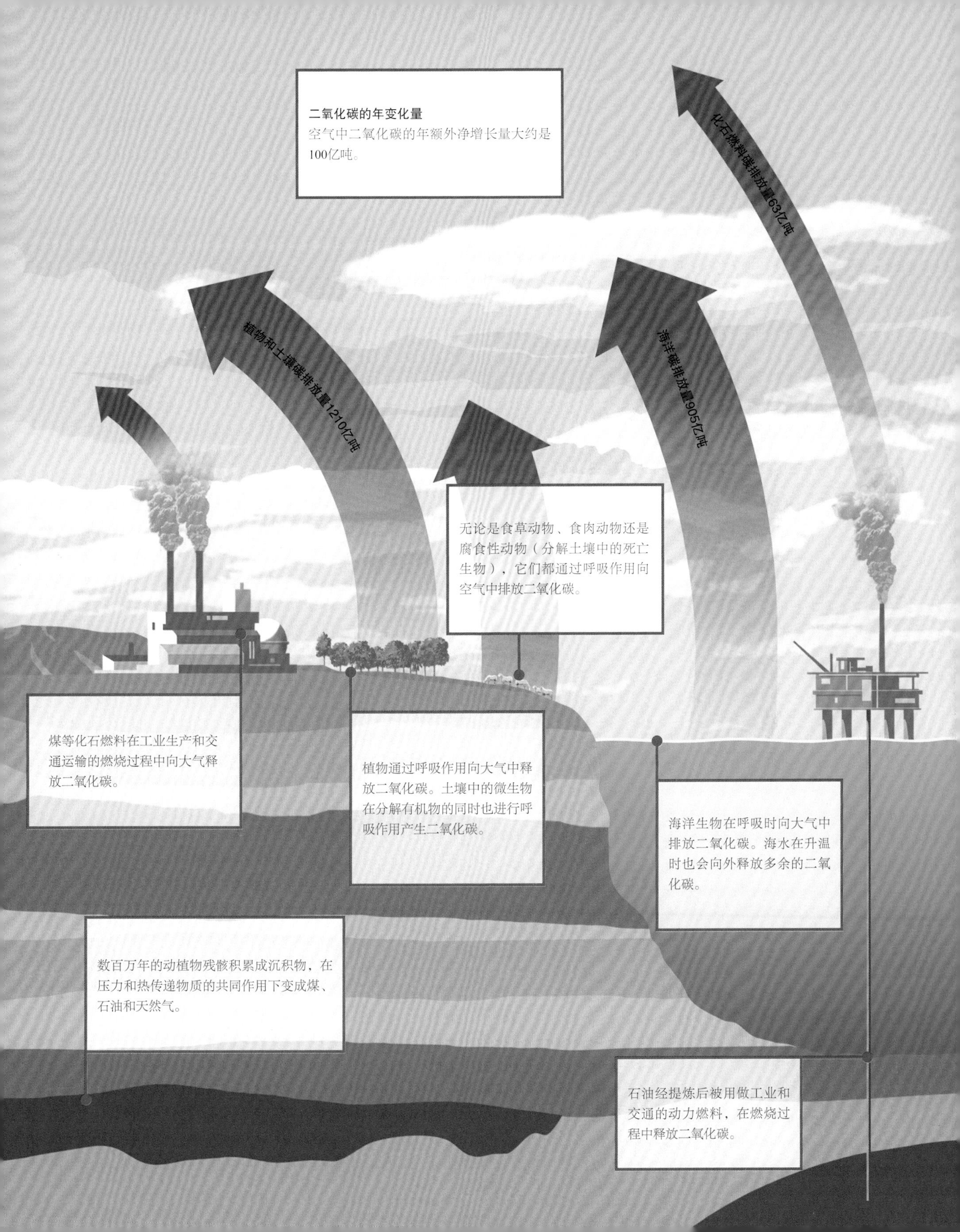
二氧化碳的年变化量
空气中二氧化碳的年额外净增长量大约是100亿吨。
化石燃料碳排放量63亿吨
植物和土壤碳排放量1210亿吨
海洋碳排放量905亿吨
无论是食草动物、食肉动物还是腐食性动物（分解土壤中的死亡生物），它们都通过呼吸作用向空气中排放二氧化碳。
煤等化石燃料在工业生产和交通运输的燃烧过程中向大气释放二氧化碳。
植物通过呼吸作用向大气中释放二氧化碳。土壤中的微生物在分解有机物的同时也进行呼吸作用产生二氧化碳。
海洋生物在呼吸时向大气中排放二氧化碳。海水在升温时也会向外释放多余的二氧化碳。
数百万年的动植物残骸积累成沉积物，在压力和热传递物质的共同作用下变成煤、石油和天然气。
石油经提炼后被用做工业和交通的动力燃料，在燃烧过程中释放二氧化碳。

未来目标

2015年，世界各国在巴黎举行的联合国气候变化会议上签订协议，同意将全球变暖幅度控制在2℃以下，甚至是更具有挑战性的1.5℃以下。

1992年，各国政府在巴西里约热内卢举行的地球峰会上通过了联合国气候变化框架公约。之后，各国政府在这项具有法律效力的条约下进行谈判，2015年在巴黎达成了一个新的协议。在新协议中，各国承诺采取自觉的国家行动计划来降低温室气体的排放量。尽管这标志着我们已经向前迈出了一大步，但还远未达到控制气候升温2℃以下的目标。同时一个长达五年的审查要求各国再审视他们正在进行的工作，并反思是否需要更进一步削减行动。

参见

›2℃的极限 第132～133页

›碳的十字路口 第138～139页

›自然空间 第190～191页

谈判时间线

自1992年以来，各国政府多次在重要的国际峰会上对什么是应对气候变化挑战的最佳方式展开过讨论。但至今没有取得成功。

污染大国

2011年的10大二氧化碳排放国制造了全球二氧化碳排放量的2/3。这些国家（和其他175个国家一起）签订了《巴黎气候变化协定》，承诺将降低排放量。下图展示了各国在2011年的二氧化碳排放量（单位：百万吨二氧化碳，$MtCO_2$）和在2020—2030年的削减目标。

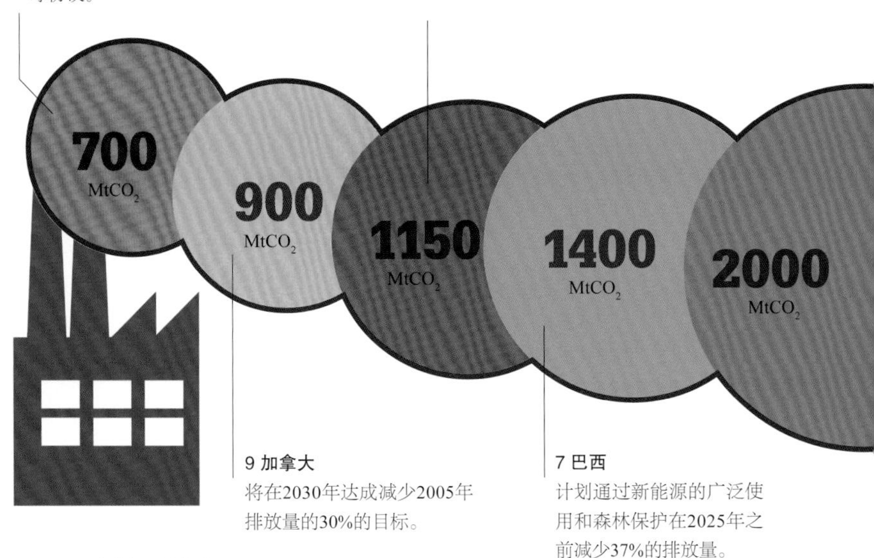

$MtCO_2$＝百万吨二氧化碳

1979年
瑞士日内瓦，第一次世界气候会议。

1988年
政府间气候变化研究专门委员会（IPCC）成立。

1992年
在地球峰会上达成了联合国气候变化框架公约（UN Framework Convention on Climate Change，UNFCCC）。

1997年
UNFCCC的延续，签署京都议定书。

2007年
在超过美国成为世界第一大污染排放国之后，中国宣布了其第一个国家应对气候变化项目。

“团结起来，竭尽全力，为人类后代**保护地球，**我们定能**取得成功。”**

巴拉克·奥巴马（BARACK OBAMA），美国第44任总统

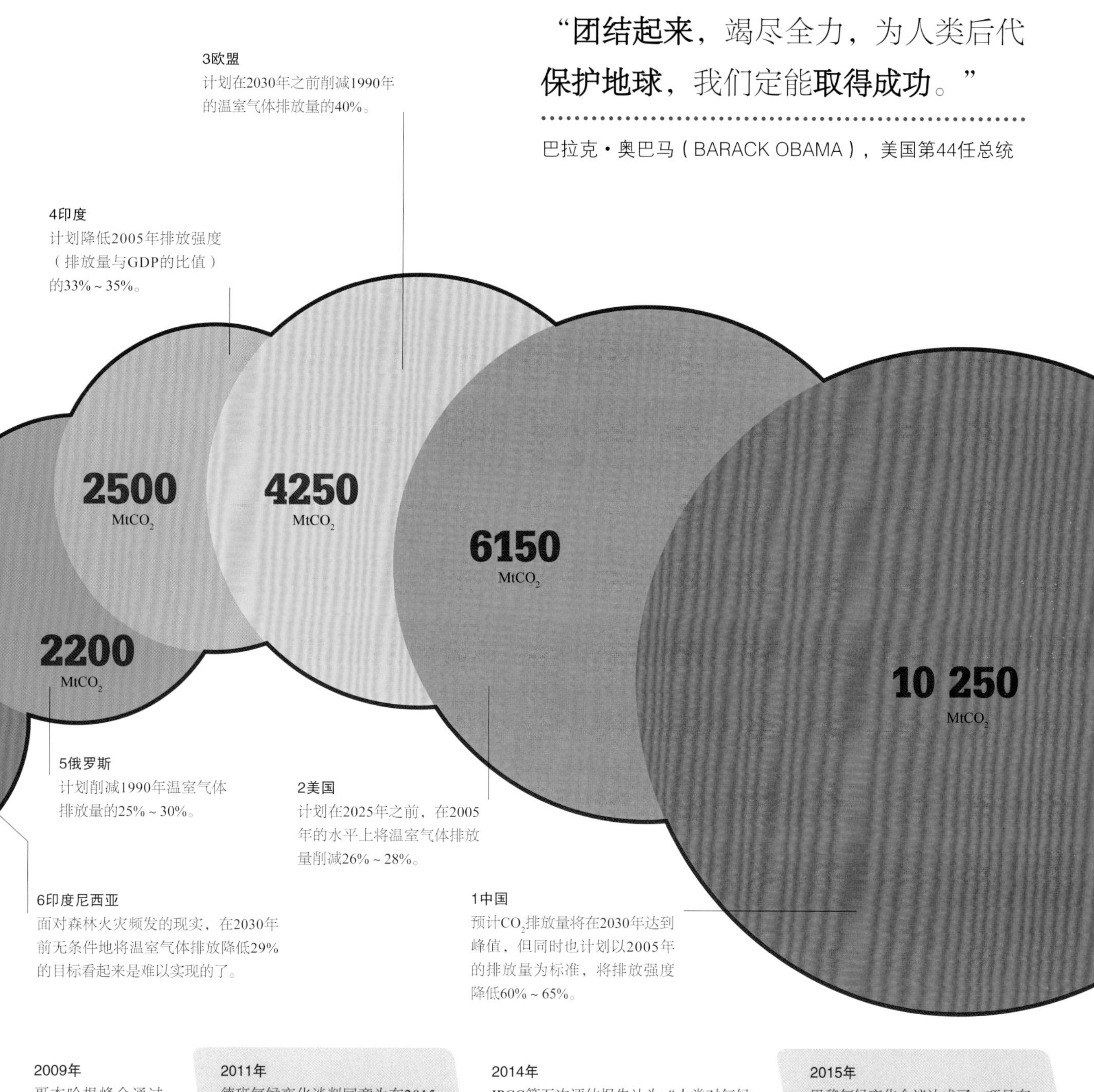

2009年
哥本哈根峰会通过了一项毫无约束力的协议。

2011年
德班气候变化谈判同意为在2015年的巴黎气候变化会议上达成一项新的具有法律约束的协议而开启新的谈判进程。

2014年
IPCC第五次评估报告认为“人类对气候系统的影响已经显而易见”，并且“人类的温室气体排放量已达到历史最高值”。

2015年
巴黎气候变化会议达成了一项具有全球法律约束力的承诺，将温度上升幅度控制在2℃以内，甚至是1.5℃以内。

有毒的空气

空气污染是人类过早死亡的主要原因。伴随着能源和汽车需求量的增长，巨型城市的崛起使这种状况变得更糟糕。

大量污染物进入到空气中，从而对人类健康造成危害。汽车尾气、发电站废气和林火是污染物的主要来源。常见的威胁健康的污染物包括微小颗粒、氮氧化物、一氧化碳和臭氧，这些污染物进入我们呼吸的空气中后将会形成有毒物质。小汽车和卡车的有毒气体排放问题尤其严重。柴油发动机产生的氮氧化物和微小颗粒，以及太阳和汽油废气共同作用产生的光化学烟雾已造成上百万人的死亡。

疾病死亡

空气污染造成了重大疾病死亡人数的上升。比如，燃烧过程中产生的颗粒污染物直径可能低于2.5微米，这就意味着它们足以穿越血管，到达肺部深处。世界卫生组织（World Health Organization，WHO）透露，2012年，相关疾病已造成3700万人死亡。

脑中风40%

空气污染能对脑内血管造成伤害，从而导致脑组织缺氧和死亡。

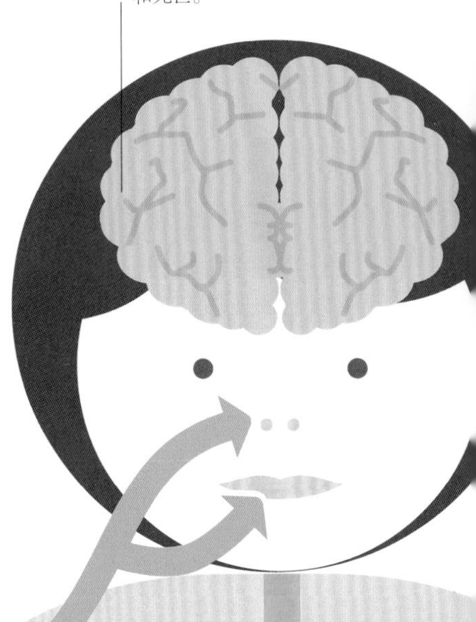

人类毛发厚度。（50 ~ 70微米）

PM10的直径（10微米），如花粉和灰尘。

有毒微粒PM2.5的直径。（2.5微米）

有毒微粒

有害颗粒

根据颗粒污染物的直径大小将其分为两类：RM2.5和PM10。WHO认定，24小时的PM2.5平均安全浓度上限为每立方米25微克。

有毒空气

慢性阻塞性肺病11%

慢性阻塞性肺病（Chronic Obstructive Pulmonary Disorder, COPD）使呼吸气道变得狭窄，甚至可能导致死亡。

心脏病40%

空气污染对血管造成伤害，限制血液流动并引起心脏病发作。

肺癌 6%

过度暴露在有毒空气和悬浮微粒中导致肺癌风险上升。

污染源

空气污染的主要来源包括发电站、工厂和机动车辆。尽管我们已经对污染物有了充分了解，但并没有采取足够的行动来降低排放，仍有上百万的人持续因此丧命。

急性下呼吸道疾病 3%

世界范围内幼童死亡的最大原因。

世界上污染最严重的地区

低收入和中等收入国家的人口占世界总人口的82%，这些国家的空气污染死亡率高达88%。以2012年为例，西太平洋和东南亚地区死于空气污染的人数最多，分别是167万和93.6万。部分专家认为千万级人口城市（见第40～41页）的崛起带动了化石燃料的需求增长，因此2050年死于空气污染的人数将会是2012年的两倍。

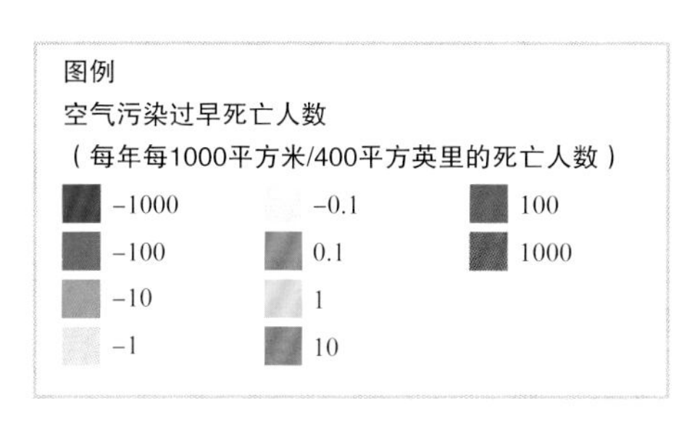

我们能做什么？

- **电力出行。**选择电动汽车而不是汽油或柴油驱动的汽车，为提高空气质量和公共健康做出个人贡献。
- **树木种植。**在污染的城市地区种植更多的树木来清洁空气。树叶可以吸附微小颗粒和其他的污染物，并在下雨的时候被冲刷到地面。

2012年，**空气污染造成的过早死亡**人数达到了**370**万，主要来自发展中国家

酸　　雨

硫氧化物和氮氧化物排放进入大气中，与雨水反应产生酸性物质，形成了酸雨，对植物、水生动物和建筑物造成危害。酸雨也同样能引起人类严重的呼吸问题。酸雨（以及酸雪、酸冰雹等）的主要来源是发电厂、炼钢厂、水泥厂等工厂的大规模煤炭燃烧。酸雨能迁移数百甚至上千公里。世界上部分地区，尤其是北美和欧洲，已经开始着手解决这个问题，减少了相关污染物的排放。但对于包括中国和俄罗斯在内的其他国家，如何减少酸雨的产生仍是一个麻烦的问题。

1 工厂和发电站燃烧煤炭。

2 酸性微粒和不与云中雨水发生反应的酸性气体以干酸沉淀的形式落到地面上。

酸雨流入淡水系统中，污染酸化湖泊与河流，造成鱼类和其他淡水生物死亡。

2
硫氧化物和氮氧化物随风飘离开污染源。
3
二氧化硫和氮氧化物与云中水分结合反应形成亚硝酸和亚硫酸。
4
酸雪和酸冰雹落在高地，融化后流入河流和湖泊中。
4
酸雨降落。
植物受到酸雨侵蚀后，变得更营养不良和更容易感染疾病。
酸雨侵蚀自然景观和人造景观，剥落油漆和建筑外墙。
酸雨渗入地下后，溶解对植物健康至关重要的营养物质。土壤酸化后，铝元素游离出来污染淡水资源。

土地变化

在整个20世纪，农耕用地和放养牧场的扩张，以及为满足木材和纸浆不断增长的需求而进行的林业发展，对我们的地球造成了越来越沉重的压力。与此同时，人类为满足自己的私欲而牺牲野生生物，砍伐森林并强占土地，造成了多种生态系统的灭亡。于是，曾经肥沃的土壤变成沙漠。土地在一些国家成为稀缺资源，许多地区已经开始按长远的目标来规划土地以用来生产粮食和合理利用生物能。

消费地球自然资源

科学家定义了人类占有的净初级生产力（Human Appropriation of Net Primary Production，HANPP）指数来衡量地球资源的总体使用量。这个指数指出人类现在已经消耗了超额比例的初级生产力（初级生产力即为光合作用制造的植物生物量总量）。人类通过收获粮食或燃烧燃料来消耗土地生产能力。土地利用类型的变化是生态破坏及野生物种的多样性和丰富性减少的主要原因。下图反映了我们消耗的初级生产力（HANPP）在过去的一个世纪中是如何大幅增长并挤占其他物种生存空间的。

“森林作为**巨大的全球实体，为所有人类**提供了**必要的公共服务。**”

威尔士亲王（HRH THE PRINCE OF WALES）

农业生产力在战后蓬勃发展，现在已经很少需要开拓新土地来增加粮食产量了。

1910 1920 1930 1940 1950

年

生物量变化

人类对地球影响的一个最明显的标志就是脊椎动物从以野生动物为主转变为了以人类和家畜为主。数万年以前，99.9%的脊椎动物生物量（按总重量）是野生动物。随着农业和家养动物的兴起，一切都发生了改变。现在，96%的地球脊椎动物生物量由人类和家畜组成。

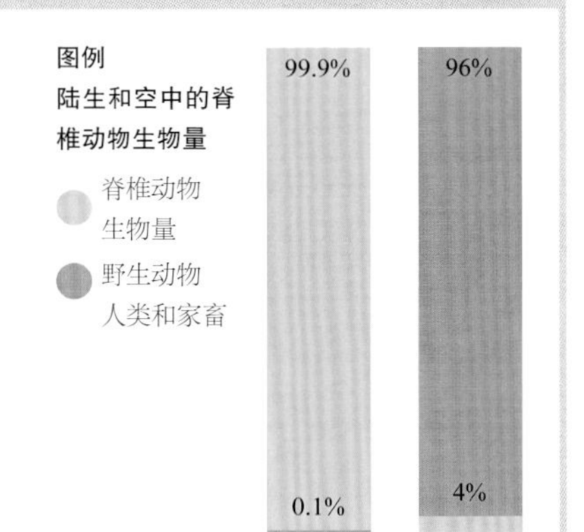

由于粮食产量平均水平的增长，在人口和消费水平持续增长的情况下，HANPP的发展速度仍逐渐趋于平缓。

人类宜居地和植物生物量的锐增伴随着快速的人口增长。

20世纪90年代
新兴经济体迅猛的经济发展带动了对肉类和奶制品的需求增长，更多的土地被用来生产这些产品。

20世纪60年代
尽管作物单产持续上升，但人口爆炸还是导致了越来越多的土地被人类征用。

人类占有的净初级生产力（吉吨碳/年）

6 8 10 12 14

0 1970 1980 1990 2000

高速增长模式

HANPP（吉吨碳/年）

10 20 30

1910 1955 2000 2045

年

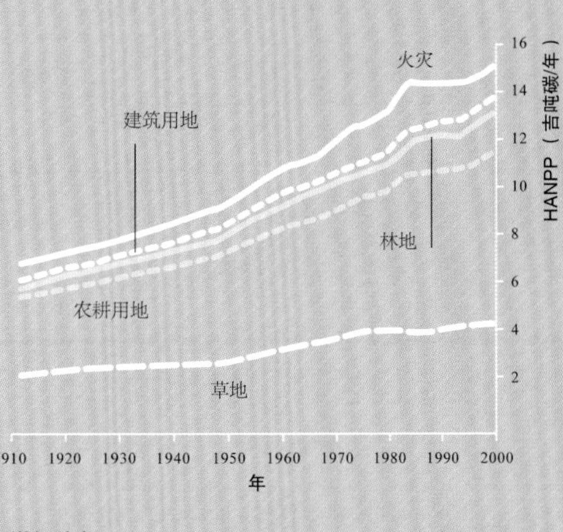

未来趋势
在生物能（如作物燃料）高速发展的未来情景中，HANPP将持续增长至2050年，为自然界和生态系统服务增加了额外的压力。

增长动力
在过去的一个世纪里，HANPP增长的主要原因是自然栖息地被开垦为农耕地和放牧场所。同时林火也贡献了相当大的比例，消耗了大量森林产品。

森林消失

人类活动改变了世界上大片区域的自然植被类型。自然森林覆盖率的剧烈下降也反映了地球的总体状况变化。

森林对地球的健康发展至关重要。他们在吸收温室气体方面扮演着重要角色，同时能够满足多项人类需求（见第151页）。但自从定居农业开始以来，大片森林消失。1700年以来的森林消失率比历史上任何时期都要高。从欧洲和亚洲开始，森林消失的过程快速蔓延到北美洲和热带地区。在欧洲、西非、东南亚和巴西东南部的大片地区，自然森林几乎已毫无踪迹。农业发展用地、过量树木砍伐是森林消失的主要原因。

森林消失的历程

直到20世纪初期，森林砍伐率最高的仍是亚洲、欧洲和北美洲的温带森林。而在20世纪中期，这个模式发生了改变。温带森林的砍伐率不再增长（在部分地区甚至出现了温带森林再生的情况），但热带森林砍伐率却持续走高。尤其是非洲、亚洲和拉丁美洲热带森林砍伐率居高不下，造成了大规模的森林消失。

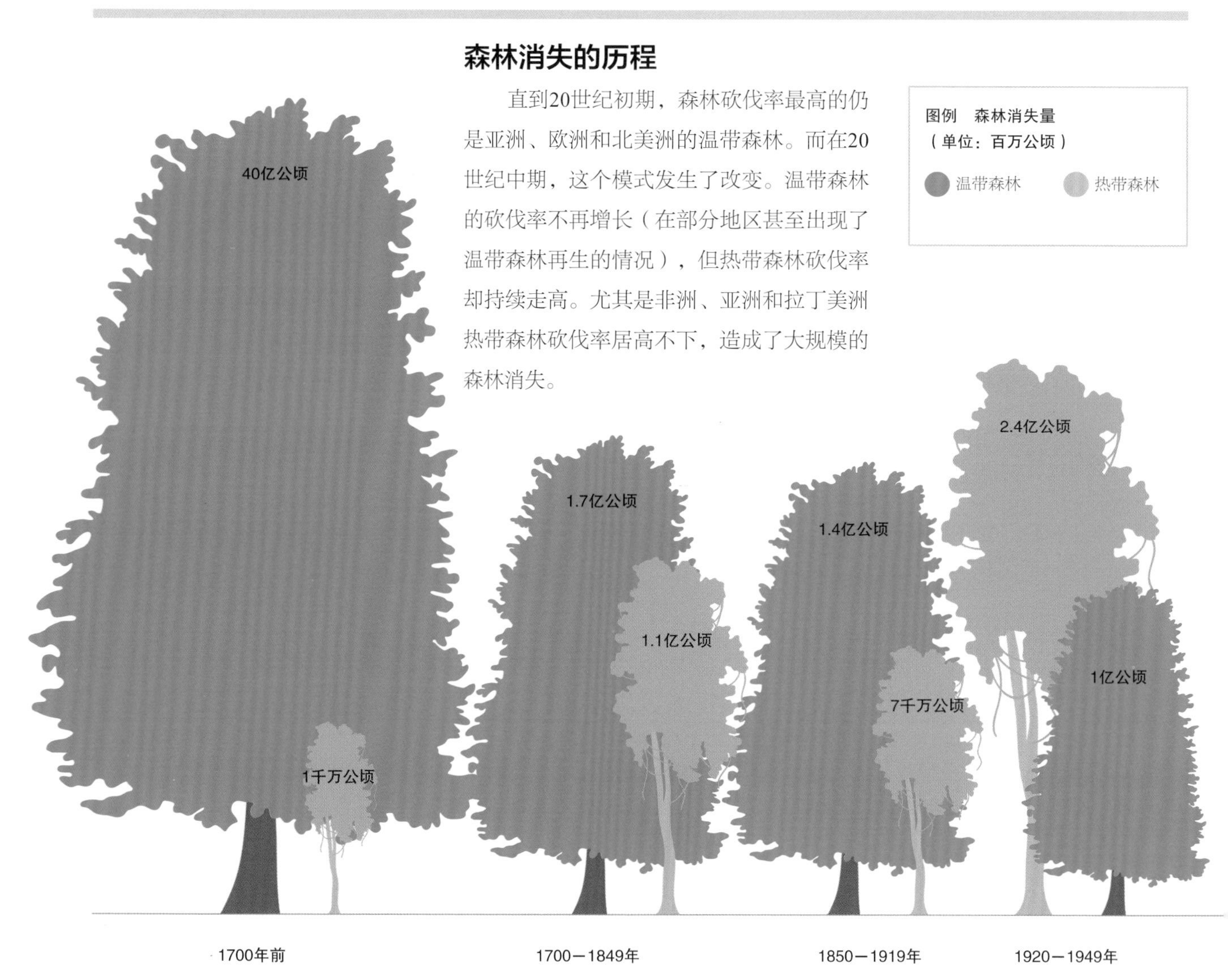

造林与毁林

部分国家的森林砍伐严重，然而在其他一些国家的治理下，森林覆盖率却在不断上升。以下就是近年来森林覆盖率变化最大的国家。

最大的增加国	最大的减少国
中国	马来西亚
越南	巴拉圭
菲律宾	印度尼西亚
印度	危地马拉
乌拉圭	柬埔寨

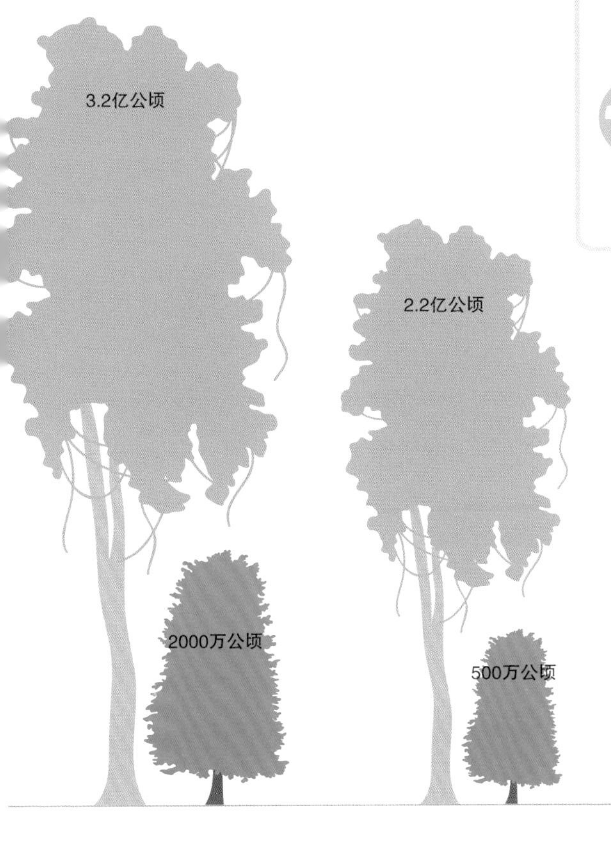

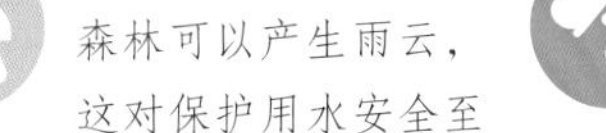

人类为什么需要森林

一直以来，人类通过砍伐森林来获取木材，并开辟新的农田。人类社会从这些活动中获得利益同时，也失去了甚至更重要的森林价值。

造纸原料

森林为世界提供了造纸原材料。

保护土壤

林地有助于控制土壤侵蚀和沙漠扩张进程。

燃料

数以万计的人以林木为主要燃料。

减少洪水

林地具有蓄水能力，能有效减低洪水风险。

碳储存

森林在碳循环过程中扮演着重要角色（见第140~141页），有助于应对气候变化。

药物和食物

许多治疗人类疾病的药物都是首先从森林植物和动物中发现的，森林同样也能提供食物。

供水

森林可以产生雨云，这对保护用水安全至关重要。

生物多样性

70%的陆生野生生物多样性来自森林，尤其是在热带地区。

我们能做什么？

- 购买由森林管理委员会认可的木材和纸质产品。
- 查清楚哪些公司执行了“零砍伐”或“零净砍伐”政策。
- 保护家乡附近或旅游地的自然森林。

沙漠化

在广袤的半干旱地区，土地正渐渐变成沙漠。脆弱生态系统的退化是造成土壤流失和沙漠化的主要原因，尤其是在热带稀树草原林地地区。

沙漠化是半干旱地区生态系统，如草地和林地，持续退化的表现。气候变化和人类活动是造成这个问题的原因。超过1/3的世界陆地易受到沙漠化的侵蚀，约有10%～20%的干旱地区已经被前进中的沙漠淹埋。沙漠化影响最严重的地区有北非、中东、澳大利亚、中国西南部和南美洲西部。其他危险地区还包括地中海的周边国家和亚洲的亚热带草原。

沙漠化使曾经肥沃的土壤变得寸草不生，这是一个全球性问题，严重影响到生物多样性、消灭贫困、维持社会—经济稳定性和未来可持续发展。

参见

› 食物安全危机 第74～75页
› 极端世界 第130～131页

案例研究

乍得湖

- 1993年，非洲乍得湖还是一个大湖，水面积高达2.6万平方公里。2001年，乍得湖水体缩减到1/5，此后仍不断缩减，目前只有1300平方公里。曾有数百万人在此打鱼种地，依湖而生。
- 森林砍伐、过度放牧和灌溉引水引起了该地区的沙漠化，使此地居民陷入贫困之中。

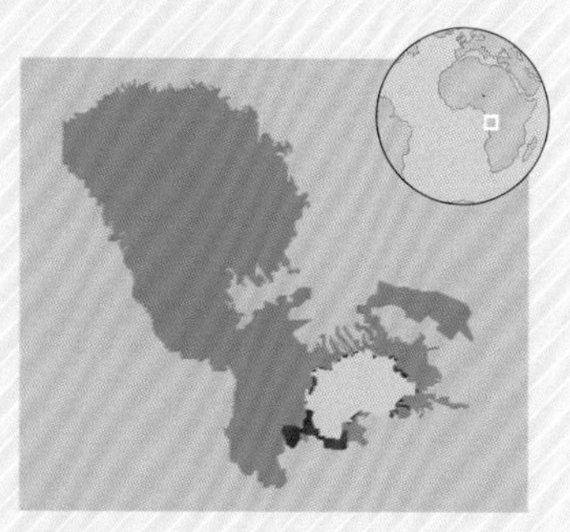

沙漠化的影响

各种人类活动，如森林砍伐和农业耕种，都会加速沙漠的扩张速度，并在此过程中带来一系列问题。这些问题目前不仅会影响到世界上最脆弱的国家，同时也影响着其他国家。气候变化的影响使这种状况变得更加糟糕，比如干旱加剧了沙漠化，对人类产生直接影响。

原因

种植经济作物

为了出口而不是本地市场种植的作物带来了集约型农业，造成了土壤破坏。

不恰当的灌溉

以灌溉为主来促进粮食生产的方式造成了土壤中的盐分上升到表层，使作物生长变得更加困难。

砍伐树木

为获得薪材而砍伐树木，造成了森林覆盖率的下降，使土壤变得易于流失。

过度放牧

在一个地区放牧过量的动物会导致保护土壤的植被长期缺失，造成土壤流失。

河流干涸

受损土壤蓄水能力下降，河流量减少。因植被稀疏而进入空气中的水分蒸发下降，最终造成降雨量的减少。

土壤受损

›**土壤暴晒破裂**。暴露在炽热的太阳下，土壤变得僵硬，稀少的降雨根本无法渗透。

›**土壤侵蚀**。随着森林覆盖率的降低，土壤变得更加干燥，更容易被风力和水力侵蚀。

植物动物的减少

随着沙漠化的推进，干燥林地里的本土野生动植物也在不断后退。

极端天气

›**山洪暴发**。雨水冲刷硬化的土壤，无法渗入地下，反而形成了山洪。

›**冲沟**。洪水集中形成水流后进一步破坏地表，冲走土壤形成深沟。

›**沙尘暴**。松动的土壤变成碎屑，风力吹起土壤碎屑形成惊人的沙尘暴。

影响人类

›**作物和牲口死亡**。随着家畜和作物的死亡，人们变得更加贫穷。

›**城市移民**。沙漠的不断侵蚀使农业耕种变得不可能，人们被迫移向城市。

›**骚乱**。城市公共服务压力骤增，加剧了社会紧张情绪。

›**死亡**。下降的粮食产量造成人们普遍的营养不良和大量死亡。

沙漠化

对环境的影响

对人类的影响

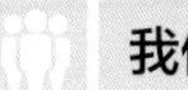

我们能做什么？

›政府通过基金项目来完成（1992年制定的）联合国防治荒漠化公约，提升干旱地区的人类生活水平，维护并恢复土壤生产力。

土地争占

部分国家人口在不断增长，但土地资源有限，粮食无法自给自足。对粮食安全的担忧使一些政府和投资者开始在其他国家寻求控制土地。

伴随着水资源的短缺，生产粮食和生物燃料的土地减少成为越来越多国家所面临的一个严重问题。过去，粮食贸易是土地资源有限的国家国民生存的主要手段，现在，对粮食生产的直接控制成为更受欢迎的手段。在部分案例中，当地政府为了国外的利益，在不征求本土居民意见的情况下对外转让土地，从而引发抗议甚至暴动事件。大规模为国外农业划拨土地不仅对森林和其他自然栖息地造成额外压力，也会降低投资国的粮食安全水平。2/3的土地征用发生在有严重饥荒的国家。

土地征用

土地征用已经成为一个全球现象。来自欧洲、中东、韩国和中国的资本控制着亚洲、拉丁美洲和东欧的土地。而非洲是最吸引此类资本的地区。

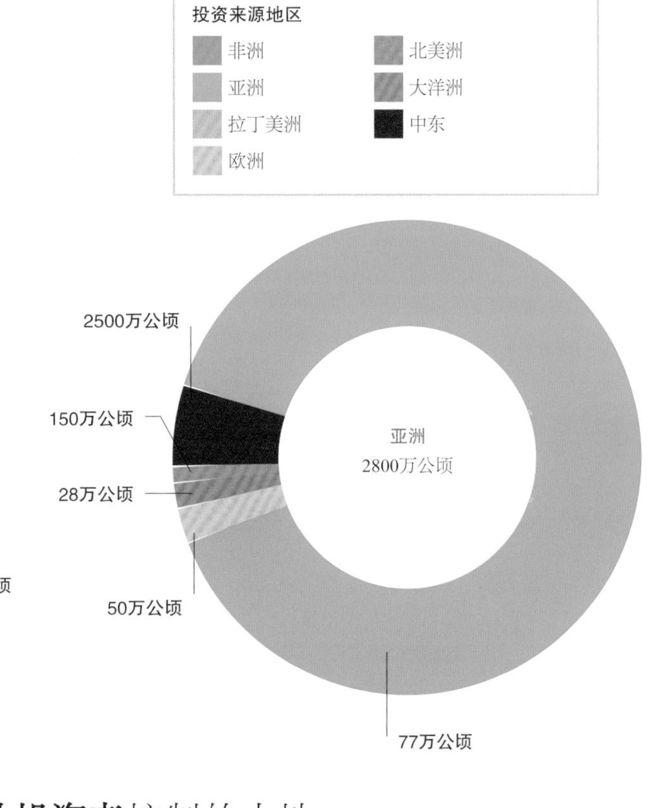

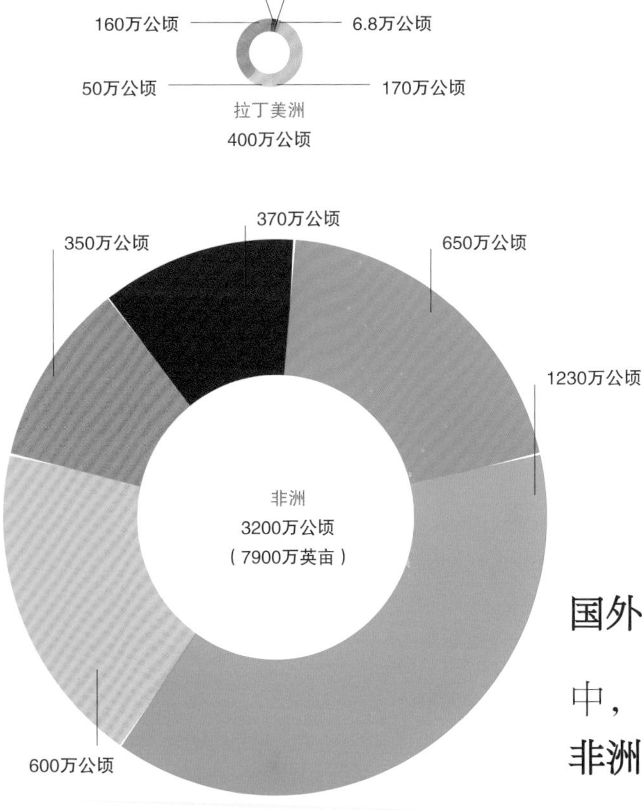

国外投资者控制的土地中，**50%**以上位于**非洲撒哈拉以南**地区

我们能做什么?

- 政府和投资者在做出转让土地所有权或使用权的决定之前，必须考虑当地人民的利益。
- 投资者必须保证他们的活动有利于当地国家的可持续发展和粮食安全。
- 公众参与：将居住在受影响地区，其赖以生存的土地所有权可能发生变化的居民纳入有关的讨论过程。

图例

食物

生物燃料

非洲部分国家接受国外投资情况

被投资国家	投资国家	投资情况
苏丹	卡塔尔	农业投资
	沙特阿拉伯	90万公顷
	韩国	70万公顷
	美国	40.5万公顷
	阿拉伯联合酋长国	38万公顷
南苏丹	约旦	2.43万公顷
埃塞俄比亚	印度	40亿美元
	德国	1.3万公顷
肯尼亚	卡塔尔	4万公顷
刚果（布）	南非	100万公顷
刚果（金）	中国	280万公顷
赞比亚	中国	200万公顷
坦桑尼亚	沙特阿拉伯	50万公顷
	英国	4.45万公顷
	中国	300公顷
莫桑比克	中国	8亿美元
	瑞典	10.12万公顷

各国在非洲的土地投资

自2008年（和2009年）的粮食价格飙升以来，国外投资者就将目光瞄准了非洲国家。其中，苏丹、莫桑比克、埃塞俄比亚和坦桑尼亚成为土地征用最多的国家。被征用的土地多用于种植粮食或制造生物燃料。而用于出口的作物主要包括玉米、棕榈油、水稻、大豆和甘蔗。数据清晰显示出各国土地所有权的不断变化。

海洋变化

海洋渔业是经济发展的重要组成部分。全球捕鱼业的年产值可达2780亿美元，其中超过1600亿美元的产值来自造船业和其他相关产业。全球野生鱼类资源为数亿人提供了就业机会，而他们中的大部分居住在发展中国家。捕鱼业同样也为全球食物安全提供了保障，大约有10亿人靠捕获的野生鱼类作为主要的蛋白质来源。维持这些利益的可持续有赖于鱼类资源的可持续。

掠夺海洋

由于大量巨型捕捞船和声呐设备等新技术的使用，海洋捕鱼业自20世纪50年代以来发展迅速。但政府补贴刺激了过度捕鱼的行为，以至于现在半数以上的渔业资源临近其最大可持续产量，即最大可捕捞量，并且1/3以上的渔业资源正被过度开发，部分甚至到了崩溃边缘。图中展示了从1950年到2013年的全球海洋年捕鱼量的变化。世界银行估计如果渔业资源能够得到更好的管理，每年将产生500亿美元的经济效益。

"如果你不仅在食物链的顶端**过度捕捞**，更在食物链的底端**酸化海洋**，那么你就是在制造一个绝对可以**摧毁整个生态系统**的绞索。"

泰德·丹森（TED DANSON），美国演员和海洋运动家

1950 1955 1960 1965 1970 1975

年

濒危鱼类

包括英国海洋保护协会和美国环境保护基金在内的许多组织都给出过哪些鱼类是可以吃的建议。他们十分不赞成消费濒危鱼类，如蓝鳍金枪鱼和鲟鱼；但鼓励人们多吃鲱鱼、鲭鱼和其他多种储量丰富的鱼类。海洋管理委员会目前已认证了多种可供消费者自由选择的储量安全的鱼类。

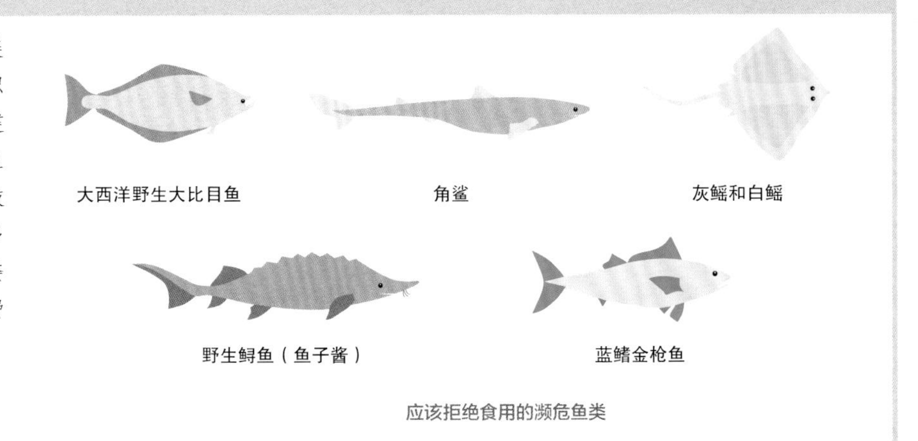

应该拒绝食用的濒危鱼类

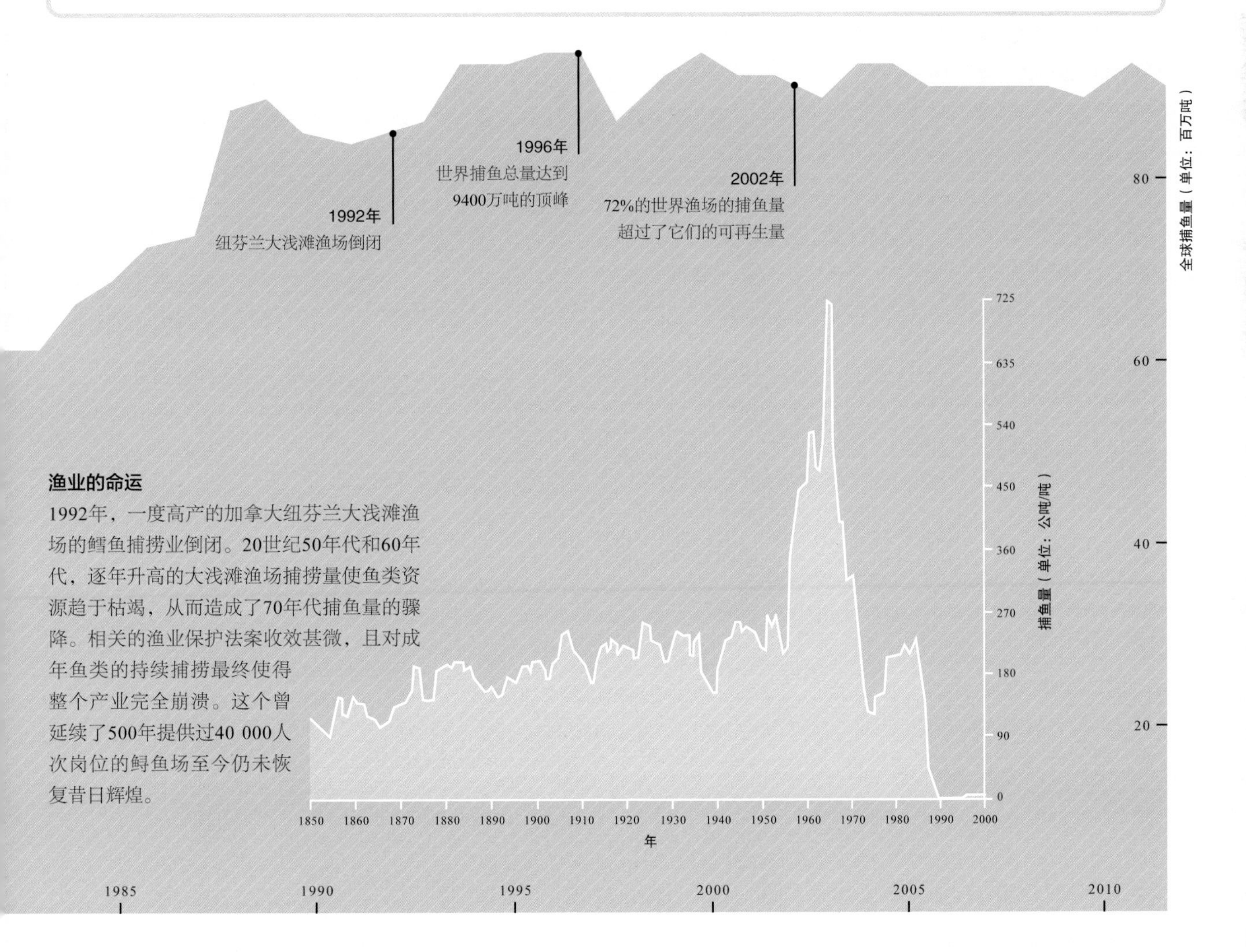

渔业的命运

1992年，一度高产的加拿大纽芬兰大浅滩渔场的鳕鱼捕捞业倒闭。20世纪50年代和60年代，逐年升高的大浅滩渔场捕捞量使鱼类资源趋于枯竭，从而造成了70年代捕鱼量的骤降。相关的渔业保护法案收效甚微，且对成年鱼类的持续捕捞最终使得整个产业完全崩溃。这个曾延续了500年提供过40 000人次岗位的鳕鱼场至今仍未恢复昔日辉煌。

养殖渔业

随着野生鱼类资源濒临枯竭，养殖渔业的产量开始快速攀升。养殖渔业不仅满足了人们的营养需求，保障了粮食安全，同时也带来了新的挑战。

在过去的50年里，养殖渔业（也可称为水产业）不断发展，并取得了惊人的成就。1970年，仅有5%的食用鱼来自养殖业，但现在人工养殖的鱼类已占据半数以上的世界餐桌。并且这个比例可望在2030年之前增长到2/3。

目前，养殖渔业已经成为了一个全球产业，提供了大量的海水鱼和淡水鱼，包括鲟鱼、鲑鱼、鲈鱼和鲇鱼等。水产业同时也养殖了越来越多的虾和龙虾等甲壳类海洋生物和贻贝等软体动物。

从1980年至2010年，养殖渔业蓬勃发展，逐渐赶超野生鱼类的捕捞量。2010年，养殖渔业的人均消费量已经比1980年增加7倍。养殖渔业在将食物转化为人类摄取的蛋白质方面已经相当高效，但同时也带来了大量环境问题。

世界养殖渔业总产量的

60%来自中国

水产业的影响

养殖渔业在保障健康蛋白质的供给方面发挥了巨大作用。然而，在产量升高的同时也制造了大量环境问题，比如尽管人工养殖的鱼类生活在格网或笼子中，但仍然造成了寄生虫在野生鱼类之间的传播。

鱼和鱼油

鲑鱼等会捕食小型鱼类，其中就包括幼年的野生鱼群。

破坏栖息地

养殖渔业的发展造成了对当地自然栖息地的破坏。许多具有重要生态意义的红树林被砍掉后变成了养虾场。

寄生虫

跳蚤等寄生虫能在数量有限的圈养鱼群中快速传播，并进入周边环境威胁野生鱼群。

水质

为保障圈养鱼群健康而添加的药物，如抗生素，将会流入野生环境，威胁海洋生态系统。

垃圾污染

未吃掉的食物和鱼群粪便消耗降解水中氧气，从而造成植物和动物的死亡。

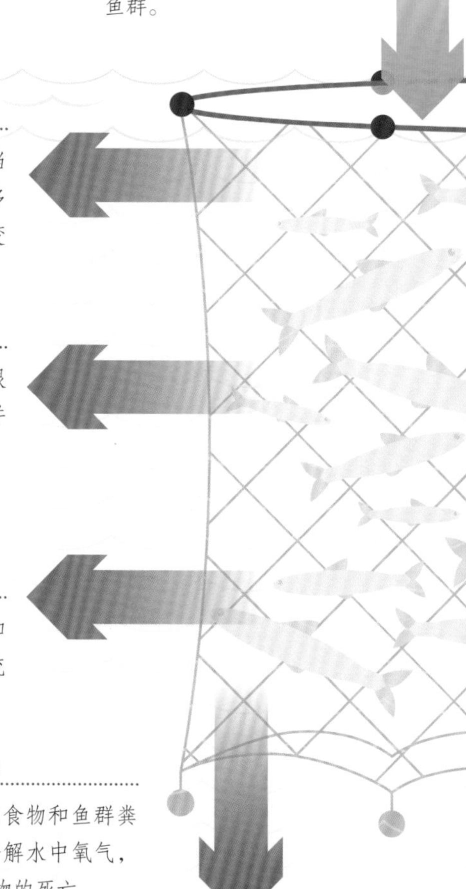

养殖渔业的兴起

在过去30年里，野生鱼类捕捞量从6900万吨增长到9300万吨。养殖渔业产量从500万吨增长到6300万吨。养殖渔场的发展满足了人类日益增长的食用鱼需求，预计在2030年之前，鱼类消耗量将达到全球总消耗量的38%。

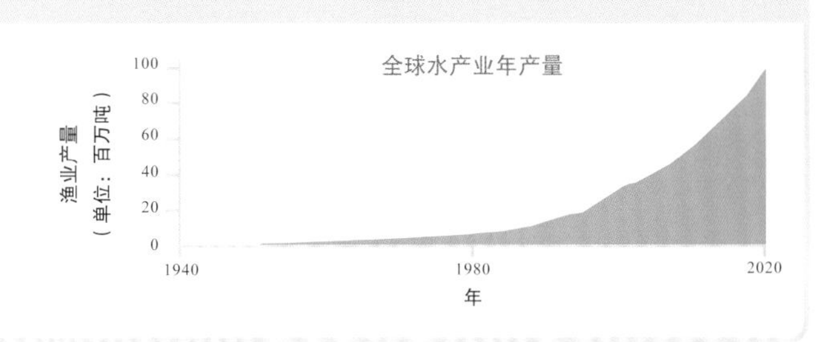

空中天敌

鱼鹰等食鱼鸟类被鱼塘所吸引，从而可能被当作害鸟对待。

药物

人工渔场常用抗生素来抵抗疾病保护鱼群。因此水体中累积了大量荷尔蒙和色素。

除草剂

除草剂常常被用来防治水草的过分生长或附近农植物的生长。

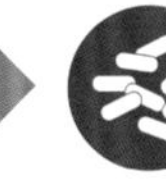

疾病

在有限的空间里密集的鱼群为疾病的传播提供了温床，同时也威胁到了野生鱼群的健康。

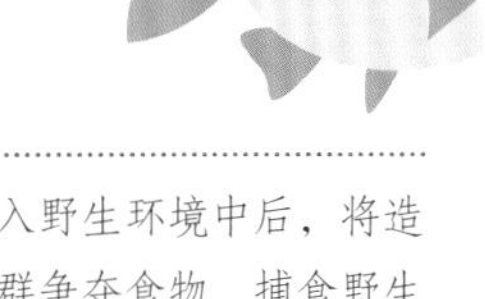

逃逸的鱼

非原产地的鱼类或转基因鱼群逃入野生环境中后，将造成巨大的生态影响，如与野生鱼群争夺食物、捕食野生鱼类、传播疾病、与本土鱼群杂交等。

水下天敌

捕鱼的海豹、鲨鱼和海豚可能会受到鱼塘的吸引，陷入渔网之中，并在捕食圈养鱼群的过程中被杀死。

海洋酸化

人类活动排放的二氧化碳的半数以上都被海洋所吸收，从而导致海洋环境迅速变酸，这是在过去的两千万年之中从未出现过的情景。海洋酸化对许多重要的生态物种造成了严重影响，如牡蛎、蛤蜊、海胆、珊瑚和浮游生物等。海洋生物多样性的减少将会对整个食物网造成断崖式破坏，进而给依赖鱼群和贝类动物的相关产业带来毁灭性后果。持续的海洋酸化也会导致利用碳酸盐生成贝壳的生物消亡，进而减少海洋贮碳能力。

工业革命前（1850年）

工业革命之前，海水吸收的是大气中低浓度的二氧化碳（CO_2）。自工业革命后，化石燃料的燃烧和森林覆盖率的降低导致海洋酸度增长了30%，相当于下降了0.1个pH值。

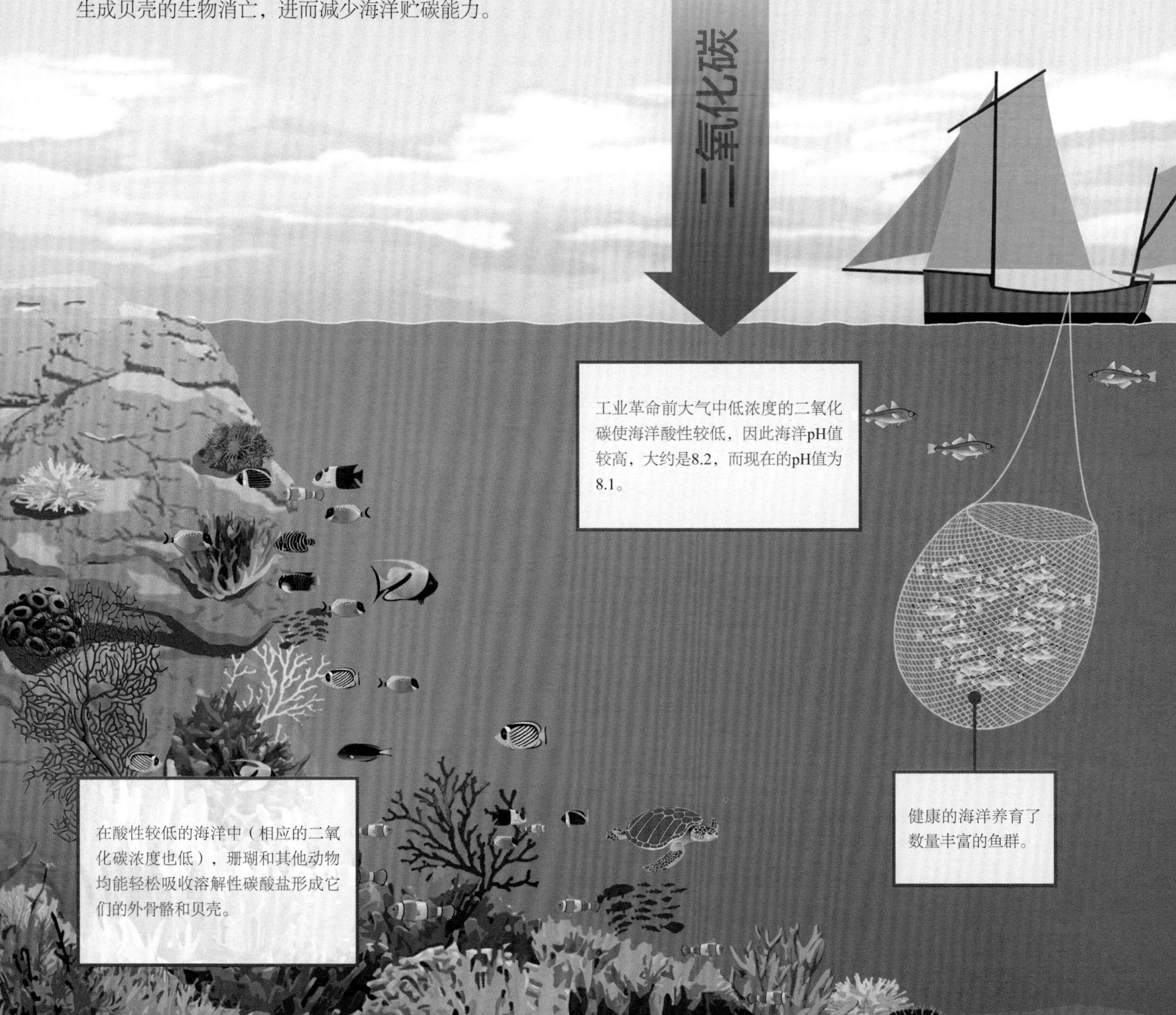

未来趋势（2100年）

如果二氧化碳的排放没有得到有效控制，海洋酸度预计将在2100年达到现在的1.5倍，相当于pH值下降0.4个单位。

酸化的化学过程

当二氧化碳（CO_2）溶于水（H_2O）后，两种分子相互作用形成了碳酸（H_2CO_3）。碳酸不稳定进一步游离出氢离子（H^+）和碳酸氢盐（右上角）。水中氢离子越多，海水酸性越强，pH值越低。氢离子和海水中碳酸盐（右下角）发生反应相结合，因此可供形成贝壳的碳酸盐物质越来越少。同时，氢离子也可以与已形成贝壳的碳酸盐发生反应，造成贝壳溶解。

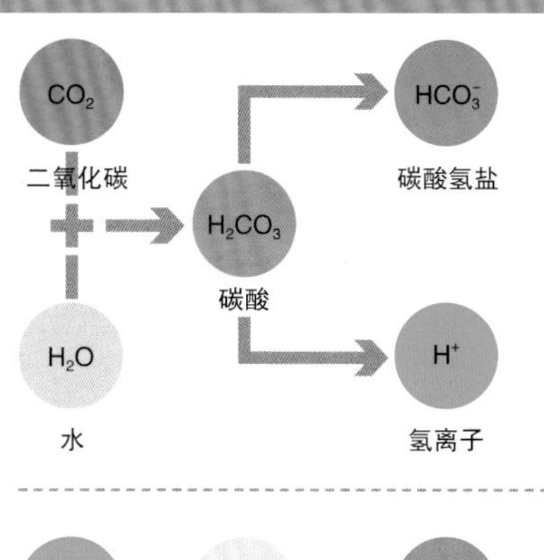

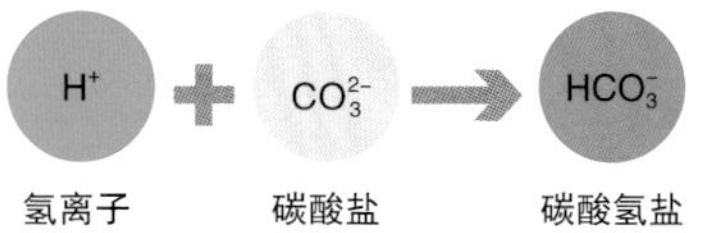

二氧化碳浓度升高

未来大气中浓度更高的二氧化碳使海洋酸化更严重，pH值将下跌至7.7。

水母喜欢温暖酸性的环境，因此它们将在与其他海洋生物竞争食物过程中处于优势地位，并在海洋中大量繁殖，迅速提高种群数量。

健康的翼足类外壳

酸性海水侵蚀的翼足类外壳

翼足类动物是指能自由游动的小型海蜗牛。实验研究证明，在2100年的酸性海洋中，完全溶解翼足类动物的外壳只需要六周多一点的时间。

珊瑚骨骼会变得脆弱易碎，且难以再生。整个的珊瑚礁可完全溶解于酸性海洋中。

死亡的海

海洋中高浓度的污染物对海洋生物有致命影响。氮化物和磷化物肥料造成了海水富营养化并完全消耗海水中的氧气，制造了所谓的死亡海域。

如果富含氮、磷等元素的农业肥料、动物排泄物、洗涤剂或污水经下水道最终流入海洋，这些物质将导致死亡海域的形成。死亡海域尤其常见于主要河流汇入的海洋沿岸地区，此处海水中低浓度的氧气无法维系生命的存在。死亡海域带来许多毁灭性影响，从野生物种多样性的降低到渔业的崩溃。但这一过程是可逆的，方法是从源头掐断污染源并注入富氧水体。

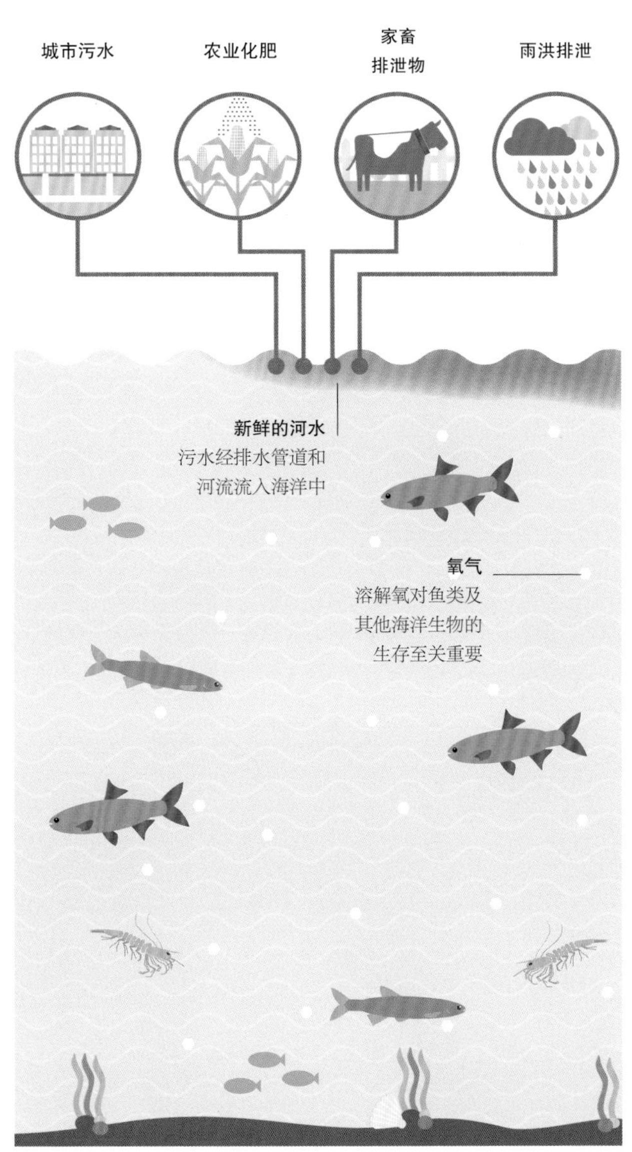

污染水体的注入

富营养化的水体（如污水和农业化肥水）流入海洋中，在密度较大的咸水上形成了一层薄膜。

死亡海域是如何形成的

富营养化能够发生在任何水体中，包括湖泊、河流或海洋，富营养化通常由于人类活动频繁的陆地环境中的超量养分流入水体，如农场、高尔夫球场、草坪等养分严重过剩的场地。

案例分析

墨西哥湾的死亡海域

› 大约一半的美国排水管道接入密西西比河中。由于农业化肥的季节性施用，河水在进入墨西哥湾后每年春天都会形成一片大规模的死海。2015年，墨西哥湾的厌氧区面积已扩至约1.7万平方公里。海洋生物无法在氧气含量在2毫克/升以下的水体中生存。

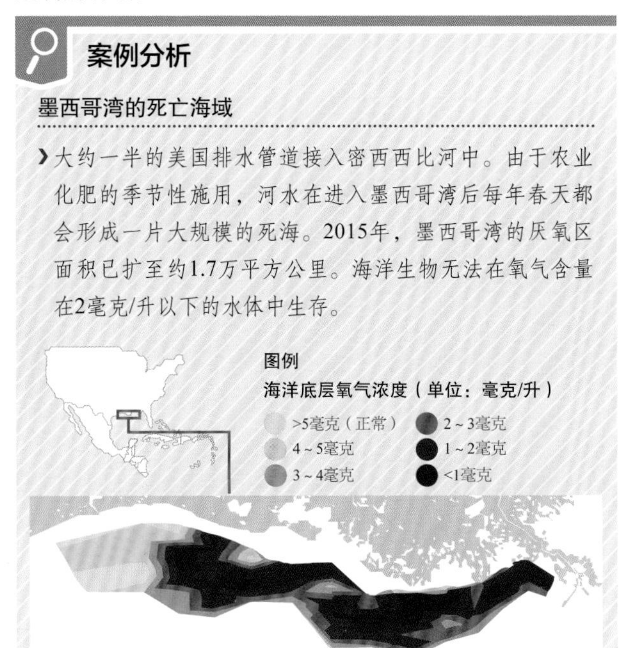

全世界的死亡海域总计405个

我们能做什么？

- 避免未处理过的废水通过管道直排进入河流和海洋。
- 在敏感地区限制工业化肥的使用，如海洋沿岸和主要河流。
- 恢复湿地和天然海岸防御，将有助于在污染水体进入海洋之前过滤掉其中的养分。

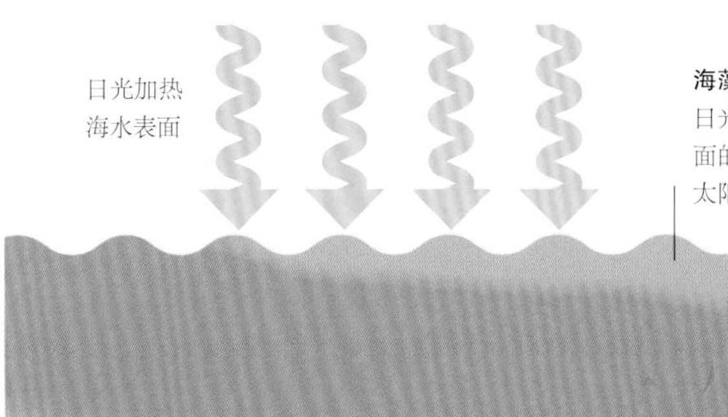

淡水层的藻类生长

温暖的日光为藻类的生长提供了一个完美的环境。藻类死亡后沉入海底腐烂。海水中的氧气就在藻类腐烂过程中被不断消耗。

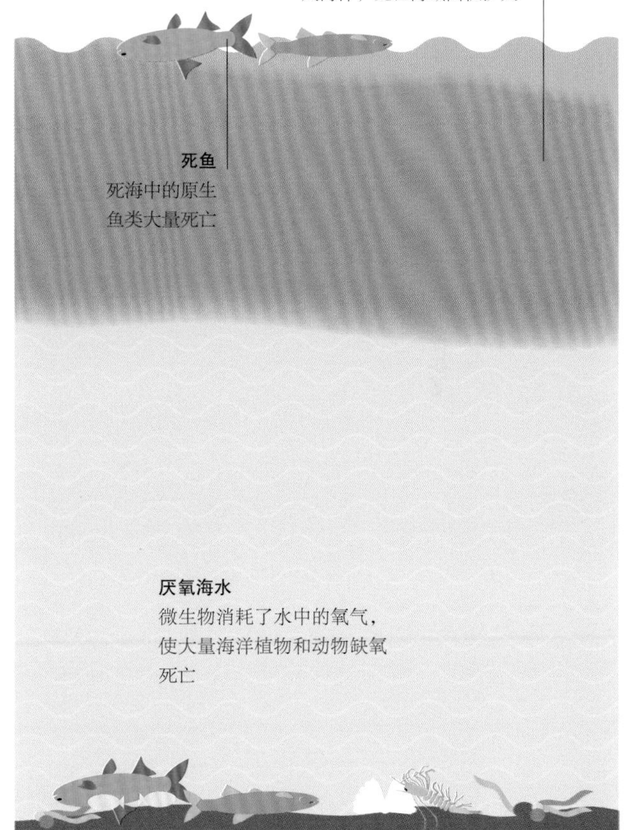

生态系统死亡

低含氧量导致海洋动物离开、适应或死亡。越来越多的死亡生物使水中氧气进一步减少，最终形成了死亡海域。

塑料污染

被扔进海洋中的塑料制品包括产品包装、消费品和渔网等。当塑料颗粒吸附污染物并通过滤食性浮游生物进入食物链后，最终会杀死海洋生物。

目前海洋中存在的大多数塑料制品均是被倾倒在陆地上后又随河水流入海洋环境中的。现有海洋塑料垃圾大约为8000万吨，且以每天800万件的速度增加。当人们在享受着现代物质生活的同时，海洋塑料碎片总量也在快速增长。一些野生动物常常误将塑料当作食物，每年都会有数百万的动物和鸟类因此死亡。联合国环境规划署估计每年海洋塑料污染带来的全球经济损失可达130亿美元。

致命涡旋

这种涡旋是由缓慢移动的洋流交汇所形成的大面积开放海域涡旋。轻质塑料被洋流带入涡旋中，逐渐积累形成大量漂浮塑料垃圾。世界上主要有五大涡旋，如北太平洋涡旋，大量塑料碎片漂浮物聚集在其中心。另一个巨型涡旋位于孟加拉湾，塑料垃圾通过恒河等亚洲主要河流进入该涡旋。

我们能做什么？

- 严格限制塑料购物袋等一次性塑料制品的使用。
- 提倡回收塑料瓶等行为。
- 投资降解固体废物并回收再利用行业。
- 发展中国家加大对现代回收利用体系的投入。

我们能做什么？

- 停止购买塑料制品，选择可重复利用的替代品。

海洋表面90%的漂浮垃圾是塑料

塑料降解

塑料垃圾的降解需要花费许多年甚至上百年的时间。而大型垃圾破碎成微型垃圾颗粒后，会进一步吸附进入食物链中的有毒化学物质，从而对食物链产生灾难性破坏。

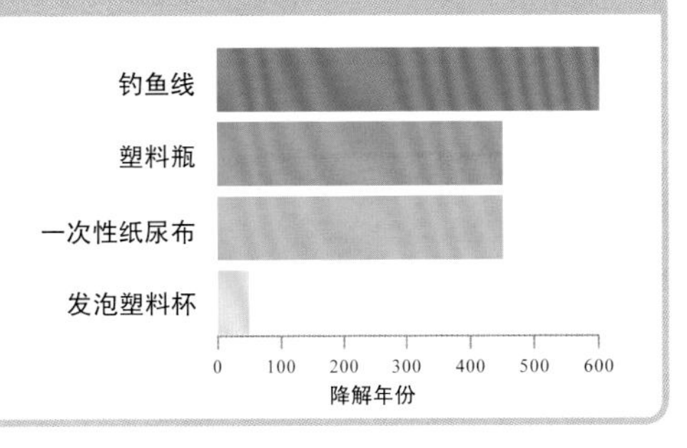

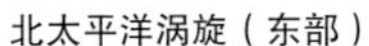

北大西洋涡旋
从赤道附近延伸至冰岛，并从北美洲的东海岸跨至欧洲和非洲的西海岸。

北太平洋涡旋（东部）
在这部分环流中，每平方公里的垃圾量可达100万件。

南太平洋涡旋
尽管与任意大陆地区或产量丰富的海域距离都是最远的，南太平洋环流中仍夹带了大量垃圾。

南大西洋涡旋

对野生物种的影响

塑料垃圾对野生物种有着直接或间接的影响。

鸟类

在许多信天翁栖息地，幼鸟死亡率常常居高不下。这是因为它们的食物中包括有塑料制品，如海洋漂浮物中的废弃的打火机。

海龟

部分塑料垃圾，如捕鱼网、钓鱼线和塑料带，会缠绕海龟、海豚和鸟类等动物，并最终导致这些动物的死亡。

浮游生物

塑料制品的碎屑被浮游生物吞食后又进入以浮游生物为食的动物体内，使动物消化系统出现问题。

鲸和海豚

据发现，56%的鲸、海豚和其他小鲸类物种都有过吞食塑料的记录。鲸更是曾把塑料袋误当墨鱼食用。人们曾在一头鲸的体内发现17公斤塑料。

大衰落

野生物种的消失也许是所有环境问题中影响最深远也最沉重的问题，严重威胁到了宝贵的自然“服务”的存在（见第172～173页）并因此将会减少人类福祉。自恐龙灭绝后6500万年以来，如此大规模的自然生物多样性的消失还是第一次出现。随着人口增长、耕地扩张和经济发展带来的压力越来越大，物种消失的速度也越来越快。

消失的野生物种

人类活动造成的动物灭绝记录可追溯至万年以前，当时的长毛猛犸和穴狮等大型哺乳动物被猎人追逐捕杀至彻底灭亡。导致物种灭绝的人类活动是多样的。在欧洲大航海时代和殖民时期，许多繁殖能力超强的野生动物和植物被带到全世界，造成了其他地区原生物种的灭绝（见第170～171页）。当今世界，陆地生物圈的退化（见第148～149页）成为物种灭绝的主要原因。

“**毫无疑问，**我们正以一种**前所未有**的速度**消灭现有的物种。**”

大卫·爱登堡爵士（SIR DAVID ATTENBORDOUGH），英国主播和自然学家

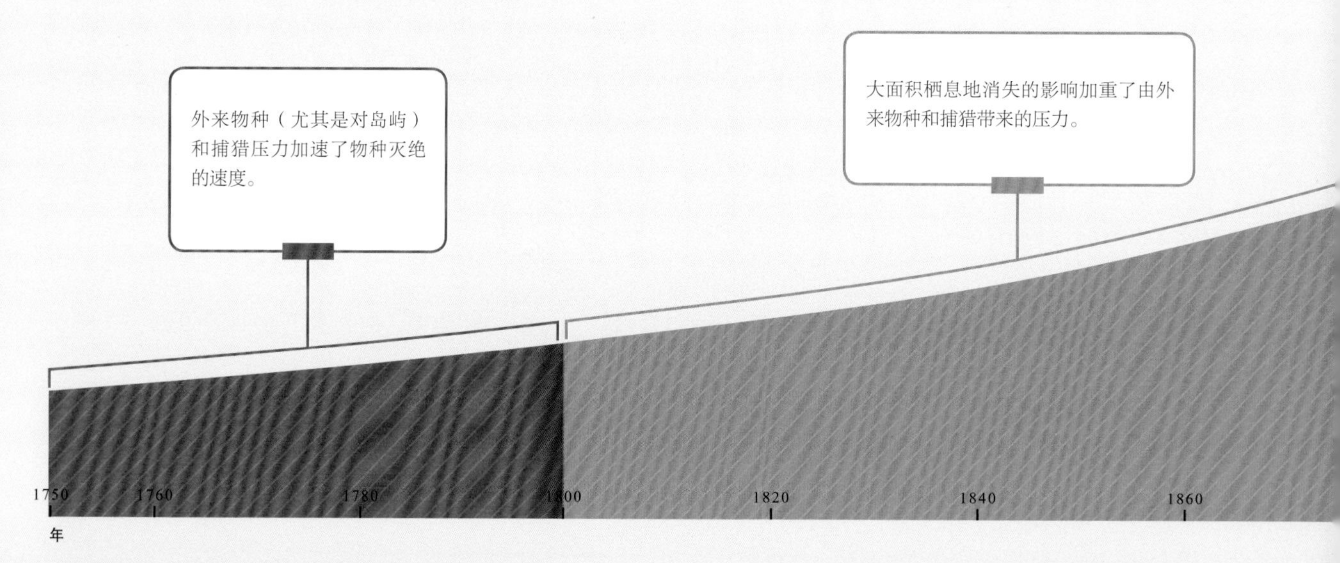

当前物种面临的最大威胁

据濒危物种由国际自然保护联盟（International Union for Conservation of Nature，IUCN）评估，濒危动物和植物面临的主要压力来自农业的扩张及升级，如更多的土地被用来种植粮食，森林覆盖率减少等。同时，林业开发带来的天然林砍伐和种植园兴起也成为一项主要威胁。

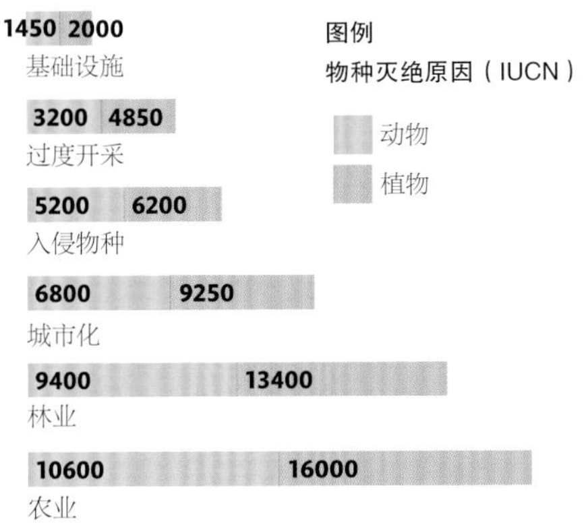
1450 2000
基础设施
3200 4850
过度开采
5200 6200
入侵物种
6800 9250
城市化
9400 13400
林业
10600 16000
农业
图例
物种灭绝原因（IUCN）
动物
植物

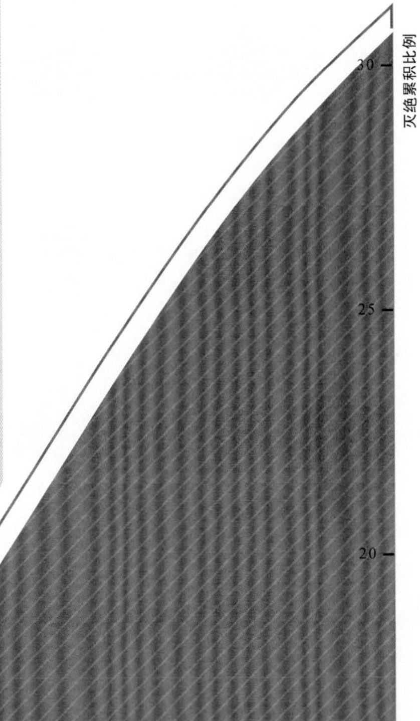
灭绝累积比例
5
10
15
20
25
30
1900
1920
1940
1960
1980
2000

全球物种大灭绝持续进行，并可与化石记录中的五大事件相提并论；现在物种面临的威胁主要来自气候变化带来的影响。

脊椎动物灭绝

据IUCN的调查数据，哺乳动物、鸟类、爬行动物、两栖动物和鱼类的物种灭绝速率大幅增长。此处的灭绝速率仍是保守估计：实际速率可能会更高。

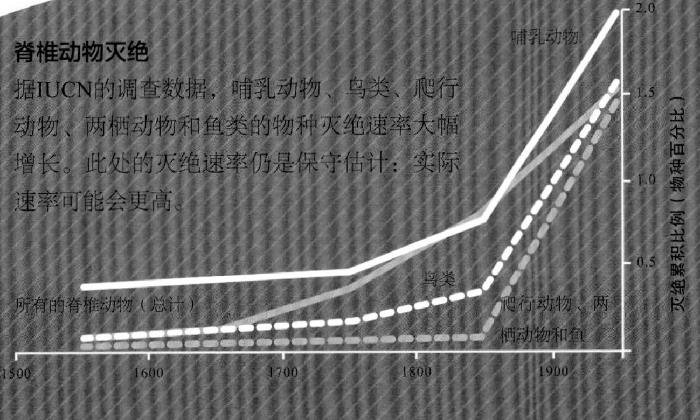
哺乳动物
鸟类
所有的脊椎动物（总计）
爬行动物、两栖动物和鱼
0.5
1.0
1.5
2.0
灭绝累积比例（物种百分比）
1500
1600
1700
1800
1900

无脊椎动物的灭绝

由于栖息地丧失、化学污染和气候变化等原因，昆虫物种数量急剧减少。

图例
下降
稳定
升高
甲壳虫
蜜蜂、黄蜂和蚂蚁
蝴蝶和飞蛾
蜻蜓
蚱蜢
0
20
40
60
80
100
昆虫物种比例

生物多样性热点

地球上野生物种的分布并不均匀。虽然一些地区的动物和植物多样性更为丰富，但它们之中却有很大一部分濒临灭绝的威胁，这样的地区被称作生物多样性热点地区。

生物多样性热点地区是指自然资源独特珍贵但又承受着巨大压力的地区。自然多样性可以通过多种方式影响人类福祉。人类所有的食物和大量药物均来自野生物种。此外，仿生学是一种通过复制其他生命功能来解决诸如工程和设计等问题的学科，在人类社会中具有广阔的应用前景。如果这些独特的地区遭受到森林退化等问题的影响，当地物种濒临灭绝，人类就不得不承受丧失自然福利的后果。因此，在生物多样性热点地区保护现有自然栖息地不仅仅是为了保护野生环境，更是为了维持人类未来的发展。

加勒比群岛

加勒比群岛的生物多样性热点地区范围从3000米高峰到低洼沙漠。这里的植物种类接近6550种，并有超过200种的地区性濒危脊椎动物。

自然资源最独特的地区

目前国际保护（Conservation International）组织已认定了35个生物多样性热点地区。它们总计占地球土地表面的2.3%，却拥有世界50%以上植物种类和约42%的陆地脊椎动物。目前所有热点地区都在面临着人类活动的威胁。总体来看，70%的自然植物品种已经灭绝。由农业、采伐业和矿业扩张导致的森林退化是热点地区的主要压力。

大西洋森林

大西洋森林沿巴西海岸分布，其与南美洲其他热带雨林地区相距甚远，是绝对独特的植被和森林混合地带，包括了大约8000个自然植物品种。几个世纪的砍伐、放牧、采矿和甘蔗种植已经对这片独一无二的地区造成了毁灭性破坏。

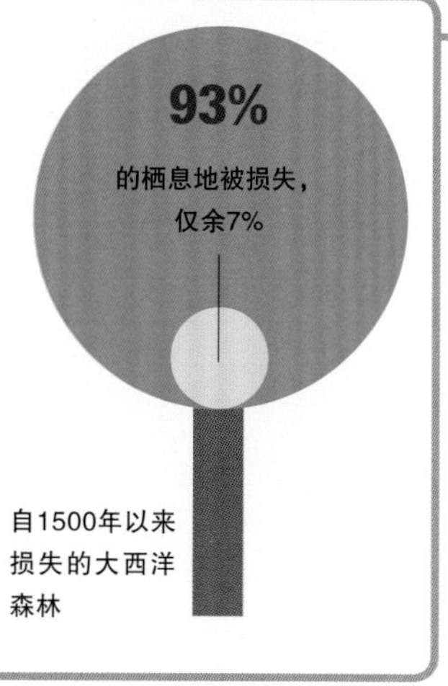

马德雷松栎林

加利福尼亚
植物区系

中美洲

巴西高原萨
瓦纳植被带

通贝斯–乔科马格达莱纳

赤道安第斯山

智利巴尔迪
维亚冬雨林

35个生物多样性热点地区的自然植被灭绝比例已超过**70%**

高加索

高加索地区拥有大量重要的自然栖息地，如草地、沙漠、沼泽森林、干旱林地、阔叶林、山地针叶林和灌木林。总计约1600种自然植物在这里生存。

巽他大陆

印度–马来群岛的西半部有世界上最大的两座岛屿：婆罗洲和苏门答腊。由于被上升的海平面所隔离，这些群岛上的热带雨林养育了丰富且独特的物种，如处于极度濒危境地的苏门答腊虎。森林退化和随之而来的栖息地丧失威胁着这里的15 000种自然植物和162种地区性脊椎动物。

苏门答腊虎

西高止山脉

伊朗–安纳托利亚地区

地中海沿岸

中亚山地

东喜马拉雅山地

西飞几内亚森林

中国西南山地

印缅地区

日本

东部赤道非洲山地

菲律宾

波利尼西亚和密克罗尼西亚

斯里兰卡

东美拉尼西亚

非洲之角

东非沿岸森林

华莱士地区

新喀里多尼亚

肉质植物高原台地

马达加斯加和印度洋岛屿

马普托兰–蓬多兰–奥尔巴尼地区

东澳大利亚森林

新西兰

我们能做什么？

› 在条件允许的地区颁布相关法律来保护热点地区的自然栖息地，并尽量做到全面执行。同时，在不侵蚀自然环境的条件下为农民寻求谋生手段也是必需的。

我能做什么？

› 参观拜访本地或旅游途中的自然保护区。无论自然保护区是否是生物多样性热点地区，当它们更被人们所熟知时，政府或私人保护其完整性的意愿就越强烈。

开普植被带

开普植物带坐落于非洲大陆的西南端，包括开花的高山硬叶灌木丛等在内的灌木种类丰富。这处独一无二的地区养育了大约6210种植物。

西南澳大利亚

这里是澳大利亚桉树、灌丛、灌丛–荒地过渡带和荒地的混合区域，拥有2948种植物和12种濒危脊椎动物。

外来物种

外来物种的扩张往往给当地生态系统带来严重的破坏，甚至造成原生物种的衰落或灭绝。

入侵物种往往通过侵蚀栖息地的方式来达到对生态系统和物种多样性的破坏。人类活动带来的入侵物种目前已造成上千种生物的灭绝。部分特意引进的物种，如澳大利亚的兔子，不仅破坏当地植物又进一步导致该处鸟类和哺乳动物的大幅减少。

但更多的物种是在无意间被带到新的栖息地的。如随船而来的田鼠在独立岛屿上的肆虐造成这些岛屿上大量不会飞的鸟类的死亡。

参见

› **生物多样性热点** 第168～169页

› **自然空间** 第190～191页

陆地入侵物种

捕食、疾病和食物竞争等众多因素均可能导致外来物种取代本土物种。外来物种在陌生地区的进化往往更加剧烈，从而产生原生物种无法承受的压力。全球贸易的发展使得外来物种扩散造成原生环境的破坏的例子数不胜数。

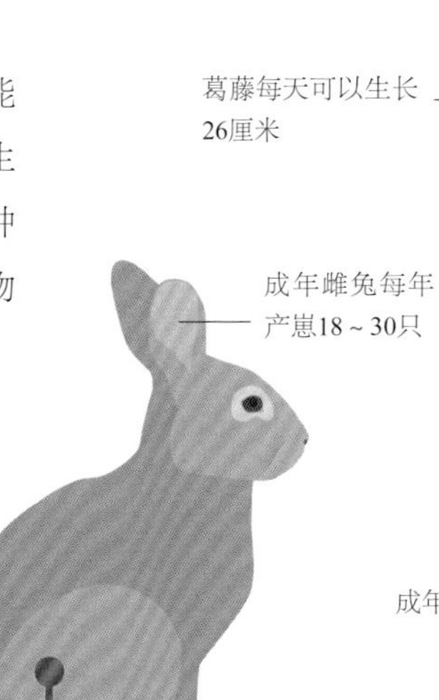

成年甲虫啃食树枝和树叶，安置幼虫的洞穴在树木深处

葛藤每天可以生长26厘米

成年蟒蛇身长可达6米

亚洲长角甲虫
原产于中国和韩国，目前在欧洲部分国家和美国肆虐；1996—2006年，美国政府投入了8亿美元试图消灭这种甲虫。

欧洲兔子
欧洲兔子改变了整个世界的自然环境。它们繁衍迅速，1894年被带到澳大利亚的24只兔子在30年后就已经繁殖到100亿只，成为当地物种强力的竞争对手。

缅甸蟒蛇
进口于南亚和东南亚的宠物蟒蛇逃逸后，现在已威胁到美国佛罗里达州的珍稀野生物种。它们捕食并与原生物种竞争。

葛藤
这类攀缘藤原生于东南亚地区，但目前已将美国和新西兰的生态环境逼入绝境。葛藤在植被和树木上攀爬迅速，形成了单一物种的大面积铺盖。

我们能做什么？

- 国家必须采更严厉、更有效的贸易管理手段来控制入侵物种的进入，比如重点监管部分栽培植物和轮船压水舱里携带的海洋生物。

我能做什么？

- 不故意放生宠物或传播栽培植物。大部分破坏性入侵物种都是通过放生进入当地自然环境中的。一旦脱离监管，往往就难以控制它们的扩散。
- 谨慎处理绿化垃圾。

每天，随着压舱水箱**被运送到世界各地**的物种大概有**7000**种

水生入侵物种

海洋野生物种可以随远洋航船分散至世界各地；它们不仅存在于压舱水箱的海水里，也能附着在船舱外部。许多原本丰富多样的淡水生态系统也因此遭到了入侵物种的严重破坏。这也是为什么淡水鱼类也是最濒危的动物种类之一。

蕨类海草
蕨类海草是一种常见的海洋景观植物，同时也是造成地中海严重生态问题的元凶。蕨类海草覆盖在原生海草和无脊椎动物之上，造成了大量物种的衰落。

尼罗河鲈鱼
原产于非洲河流的尼罗河鲈鱼在进入非洲湖泊后变成了一种贪婪的捕食者，通过直接捕食和食物竞争造成了数百种鱼类的灭绝。

斑马贻贝
此类软体动物在18世纪时从西亚扩散开来，并在20世纪80年代进入加拿大五大湖水域。它们与幼鱼竞争浮游植物，并进一步破坏整条食物链。

形成茂密的海底草原，隔绝其他海洋生物

身长可至2米

每天可过滤2升海水

自然服务

自然系统和野生物种不仅具有美丽的外表，更重要的是它们能提供必要且具有经济意义的价值；后者有时也被称为生态系统服务。此类服务内容广泛，从森林的抗洪功能到湿地的二氧化碳储存作用，从野生昆虫的作物传粉到湿地的淡水补充。然而，经济的发展往往是以自然系统的健康为代价。比如，人类所有的可食用植物和动物、大部分药品均来自野生物种。人类已经造成了大量野生物种的灭亡，减少了未来食物和医疗创新发展的可能性。再如，一个健康的海洋食物网依赖于浮游生物，没有浮游生物，鱼类储量将会大幅降低。

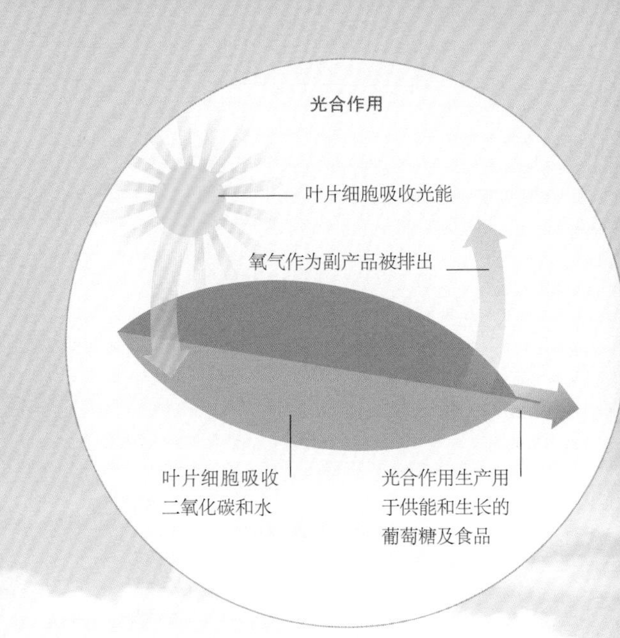

旅游
自然栖息地，如沙滩、山地和森林，是价值数十亿美元的旅游业的基础。与自然接触有益于精神和身体健康。

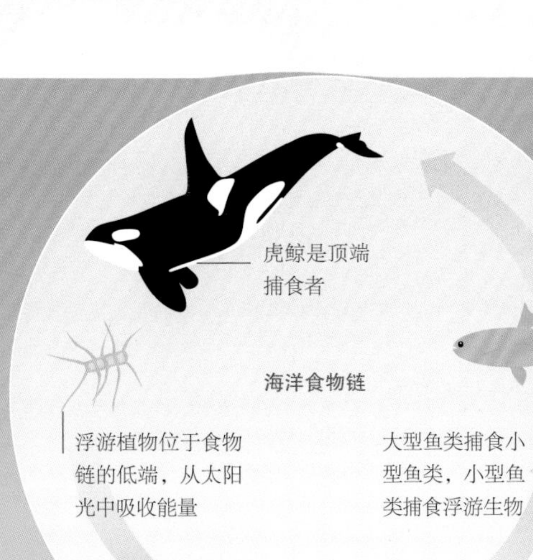

海岸保护区
红树林和盐沼湿地等生态系统保护海岸线免受海洋侵蚀。

捕鱼业
海洋中“太阳能型”的浮游生物是食物网的基础，维系着年产量9000万吨的捕鱼业的发展。捕鱼业同时也是数十亿人口的主要蛋白质来源。

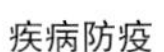

疾病防疫

部分动物通过消灭病菌的方式来保护公共健康。承担着清道夫角色的鸟类和动物能够清扫腐烂的动物尸体和植物残余，以防其威胁健康污染环境。

碳捕捉和储存

森林、土壤和海洋能够从大气中吸收二氧化碳。植物通过光合作用吸收二氧化碳并释放氧气。

水净化与水循环

森林和湿地，如高山泥炭林和低位沼泽，能够储存、净化和补充水资源。

防洪减洪

湿地、健康的土壤和森林能够减缓洪水流动，使其在自然环境中维持正常形态，而不是破坏人类家园。

营养循环

植物腐烂使碳元素和氮元素进入土壤

根部吸收养分

蠕虫和真菌等分解者在分解腐烂植物过程中释放二氧化碳。细菌将氮元素转化成养分进入植物果实中

传粉授粉

大约有2/3的植物靠动物传粉，尤其是以蜜蜂为代表的野生昆虫。

昆虫传粉

大概90%的陆生植物（包括大部分的作物）都依赖于动物，尤其是昆虫，进行传粉来完成生命循环。但随着野生昆虫数量的下降，粮食安全风险随之上升。

蜜蜂、胡蜂、食蚜蝇、蝴蝶和甲虫都是可以传播花粉，帮助植物产生种子和果实的昆虫。我们吃的大部分水果和蔬菜都依赖于昆虫进行授粉。在世界上部分地区，野生虫媒的衰减已经造成了粮食产量的下降，迫使农民不得不采取极端措施，如用画刷手动授粉。这些案例不仅反映了虫媒在食物链中的重要作用，更体现出了它们巨大的经济价值。据估计，虫媒的全球经济价值每年可达1900亿美元，其中美国产值146亿美元，英国产值6亿美元。

参见

❯自然服务 第172～173页

虫媒类型

1亿4千万年以前，昆虫授粉第一次出现，并开始在生态系统中扮演着重要角色。虫媒可分为几种不同的类型。部分虫媒高度专一，只为一种植物授粉；而其他虫媒授粉对象广泛，包括多种开花作物。

蜜蜂

授粉蜜蜂种类繁多，包括大黄蜂、独居蜂、石蜂、木匠蜂和小蜜蜂等。

胡蜂

专门为特定植物传粉的胡蜂种类约有75 000种。其中部分是群居性的，其余的则是独居性的。

食蚜蝇

成年食蚜蝇吸食花蜜和花粉，而幼年食蚜蝇捕食蚜虫，因此食蚜蝇既是虫媒又是害虫的天敌。

蝴蝶和飞蛾

这些昆虫通过它们长长的触角来吸食花朵中的花蜜，并在这个过程中在花朵之间传播花粉。

虫媒危机

由于现代农业的发展，世界上多个地区的野生虫媒数量都已大幅下降。农业造成的栖息地减少剥夺了植物虫媒的生存和繁殖空间，田间使用的多种农药同样对虫媒有害。与其他野生物种一样，虫媒也广泛受到气候变化、住宅建造、基础设施发展和污染等多种因素的影响。下图反映了欧洲蜜蜂面临的主要危机。

农业

集约农业的不断发展已经造成了农耕地区越来越多的物种灭绝。农药摧毁了部分虫媒种类；除草剂同样也会杀死野生开花植物，进而导致虫媒食物的减少。

家畜

高密度的家畜饲养需要用青贮饲料代替传统草场。在英国和瑞典等国家，95%以上的花草地已经消失不见，从而造成虫媒栖息地的丧失。

污染

化肥带来的氮沉降造成了草地、湿地和其他生态系统中植物多样性的减少，从而减少了虫媒的食物来源。

我们能做什么?

- 政府可以禁止使用破坏性极强的杀虫剂，包括对大黄蜂和鸟类都有害的新类尼古丁杀虫剂。
- 补贴保护或修复虫媒栖息地的农民。

我能做什么?

- 在自家花园种植可吸引虫媒的开花植物，并维持昆虫可以生活繁衍的野生环境。
- 购买有机水果和蔬菜，因为在有机食品生长过程中不使用对虫媒有害的杀虫剂。

蜜蜂和其他虫媒的**年经济价值**可达**1900亿美元**

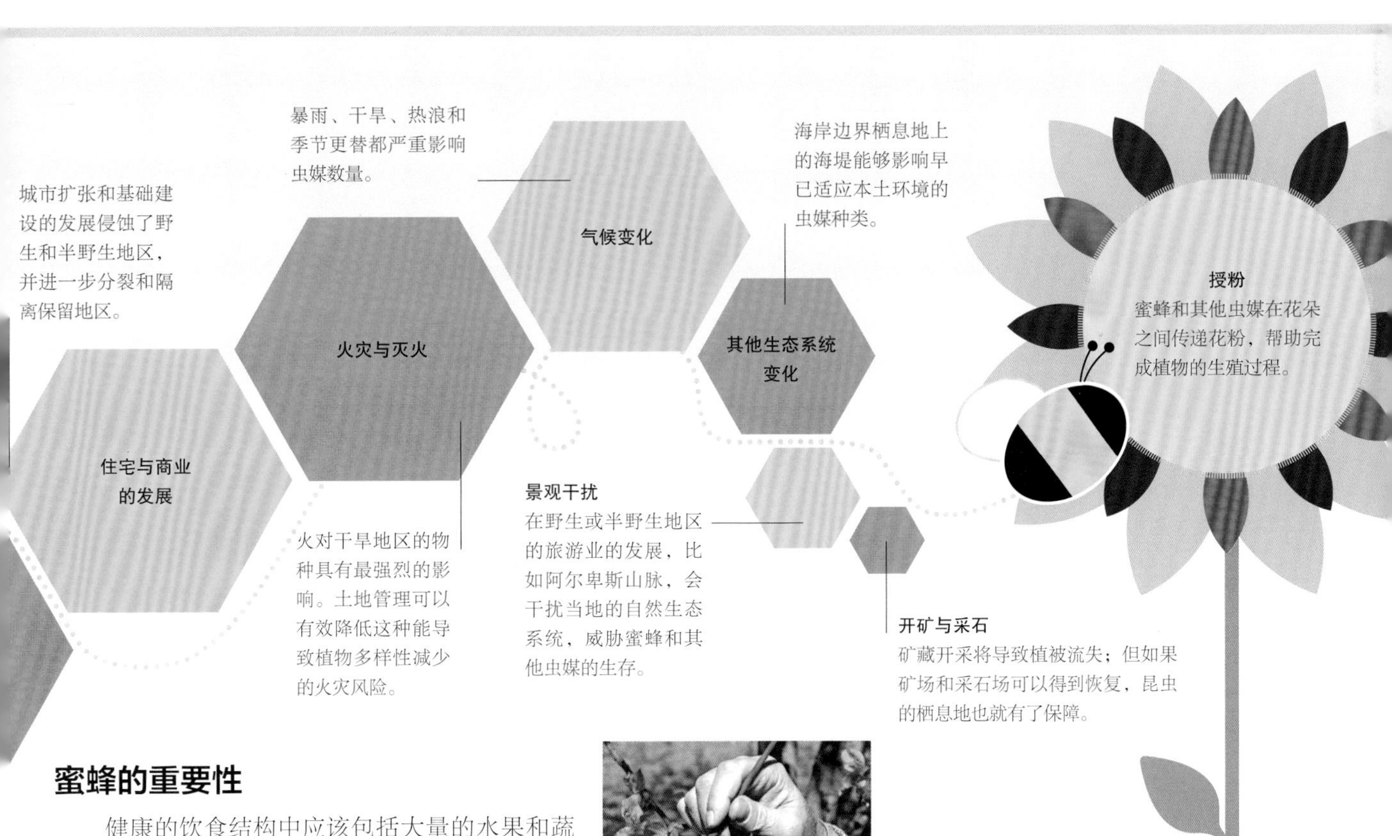

蜜蜂的重要性

健康的饮食结构中应该包括大量的水果和蔬菜。保障未来安全的水果和蔬菜供应依赖于健康的昆虫生态。家养小蜜蜂能够提供一些帮助，但更多的作物主要靠其他物种的协助，如野生大黄蜂。在英国，70%的作物授粉由野生昆虫完成。

手动传粉

在中国西南地区，野生虫媒的缺失迫使果农不得不手动传粉。

自然价值

环境破坏常被认为是发展过程中不可避免的代价。然而，免费自然服务的丧失才是人类发展过程中付出的主要代价和面临的首要风险。

自然为维系人类世界的发展提供了大量必要服务，并创造了经济价值，如蜜蜂授粉作物、珊瑚礁保护海岸免受暴雨的侵蚀、湿地与森林更新淡水。这些自然服务的经济价值巨大，远超全球GDP总值。

全球GDP

66.9万亿美元

39.7万亿美元

自然的恩惠

美国环境经济学家罗伯特·科斯坦萨（Robert Costanza）和他的同事研究了自然价值，以及生态系统服务的金融价值在1997—2011年是如何发生改变的。经过多种方法的论证，研究结果表明自然服务的年产值高于世界GDP总量。这也就意味着人类社会的持续发展直接依赖于自然的健康发展。我们对生态系统造成的破坏越多，人类社会为偿还过去消耗免费自然服务所付出的代价越高。

我们能做什么？

› 政府和企业收集人类社会是如何使用自然资源并对自然造成影响的相关信息。这些信息能够帮助制定用来提高关键生态系统健康的经济策略，而不是进一步破坏生态系统。

“如果没有土地、河流、海洋、森林……和千千万万的自然资源，人类将没有任何经济可言。”

萨提斯·库玛（Satish Kumar），印度生态运动学家

GDP
世界各国在追求GDP增长的同时却都忽略了将自然健康的损失计入经济产值中。当生态系统退化或被摧毁时，我们能够从中获取的利益也将大幅下滑。

全球自然价值

图例（以2007年美元价格为标准）
1997年
2011年

145.1万亿美元

124.8万亿美元
2011年
生态系统价值断层

海洋 40%
陆地 60%

13%
15%
21%
2%
7%
2%
18%
22%

自然系统

我们身边的生态系统和野生物种均能为人类提供福祉。森林吸收二氧化碳，从而减缓气候变化趋势。浮游生物靠太阳能生长繁衍，又成为野生鱼群的食物，最终为人类提供蛋白质和工作机会。新型药品和作物种类提取自野生物种的基因组。自然为人类做出的贡献经由科斯坦萨及其研究组评估如下。

图例

森林
据估计，森林的经济价值可达每年16万亿美元。森林制造氧气，存储淡水，并为大部分的陆生生物种提供栖息地。

草地
各种类型的草地供养了世界上大部分家畜，产生的经济总值约为18万亿美元。

湿地
湿地有利于降低洪水风险，固化碳元素并净化水资源。湿地生态系统价值为26万亿美元。

湖泊河流
人类淡水资源依赖于湖泊河流的自我更新，其年经济价值超过2万亿美元。

农耕地
农耕地为作物提供营养。它们的经济价值可达每年9万亿美元。

城市
城镇中的半自然环境提供了珍贵的自然服务，其年经济价值可达2万亿美元。

开放海域
全球开放海域自然服务的年产值近22万亿美元，其中包括产氧量丰富的海洋植物。

海岸
陆地与海洋交界处的生态系统服务总值可达28万亿美元，如防止暴风雨的侵袭和发展旅游业。

“**巩固可持续发展**的核心价值观包括：互相依存、共鸣、公平、个人责任和代际正义。这一价值观是**构建未来**更美好世界的**唯一基石**。”

乔纳·森波利爵士（SIR JONATHON PORRIT），英国环境学家和作家

大加速

全球计划

塑造未来

3 重塑未来

为应对错综复杂的全球挑战，大量保护环境的倡议已经落实成为行动。但如果想要成就一个更安全、更具有持续性的未来，我们需要做的还很多。

大加速

人类在消耗大量自然资源的同时，对地球环境所施加的压力已经使大气、生态系统和生物多样性发生了根本性改变。人口和经济的发展持续驱动着这种改变。人类活动范围如此广阔，是对地球生命最具影响力的因素。据此科学家认为人类正在开启一个新的地质代：人类纪，即人类成为全球决定性力量的时期。

一个新的纪元：人类纪

目前，学术界对人类纪的起源仍处于争论之中。一些学者认为其始于5万年前的更新世时期，当时的人类捕杀灭绝了大量哺乳动物。而另外一些学者认为其与农业的发展相一致。更有强烈的争论认为，鉴于人类活动对地球造成的前所未有的影响，工业革命也有可能是这个新纪元的开端。同时，一些人也主张将第一次原子弹爆炸作为人类纪的开端，因为原子弹的爆炸留下了全球范围的放射性人类印记。但越来越多的人同意，20世纪50年代是一个标记人类纪开端的最佳时间点。它揭开了一个绝无仅有的大加速时期的序幕，人类活动自此起飞，直到21世纪末都将在持续加速进行中。

50 000年前
成群猎人捕杀大型哺乳动物，获取食物、皮毛和骨头等。尽管最近一个冰河时代中的气候变化也具有一定的影响，但人类活动是该时期近2/3的大型哺乳动物灭绝的主要原因。

8000年前
农业与城市的同步发展意味着人类活动的影响发生了巨大变化。狩猎–采集社会的生存依赖于其周边的自然生态环境。而为了供养城市人口农民对周边环境做出了根本性改变，森林砍伐导致二氧化碳水平上升，建造城市带来大规模的资源开采。

5000 ~ 500年前
人类足迹遍布全球，农业发展迅速，改变了土壤特性。有些活动目的是提高土壤质量；而另一些人类活动却不经意间将土壤破坏到了寸草不生的地步。

1610年
森林复苏带来了大气中二氧化碳浓度的下降。欧洲殖民者传播的疾病和奴隶买卖造成热带雨林地区原著居民的大量死亡，部分耕地因此恢复成森林，同样降低了空气中二氧化碳的浓度。

持续增长

当学者们试图使用各种图表来表达人类的需求与影响是自工业革命开始以来突飞猛涨时，他们却发现大量发展轨迹是从20世纪中期才开始加速的。起于20世纪50年代的大加速延续发展至今，因此这个时间点被认为是人类纪的开端。

“**地球的变化规模和速度**是难以估量的。就单独生命过程而言，**人类**早已成为**能够影响整个星球的地质力量。**”

威尔·斯蒂芬（WILL STEFFEN），国际地圈–生物圈计划执行主席

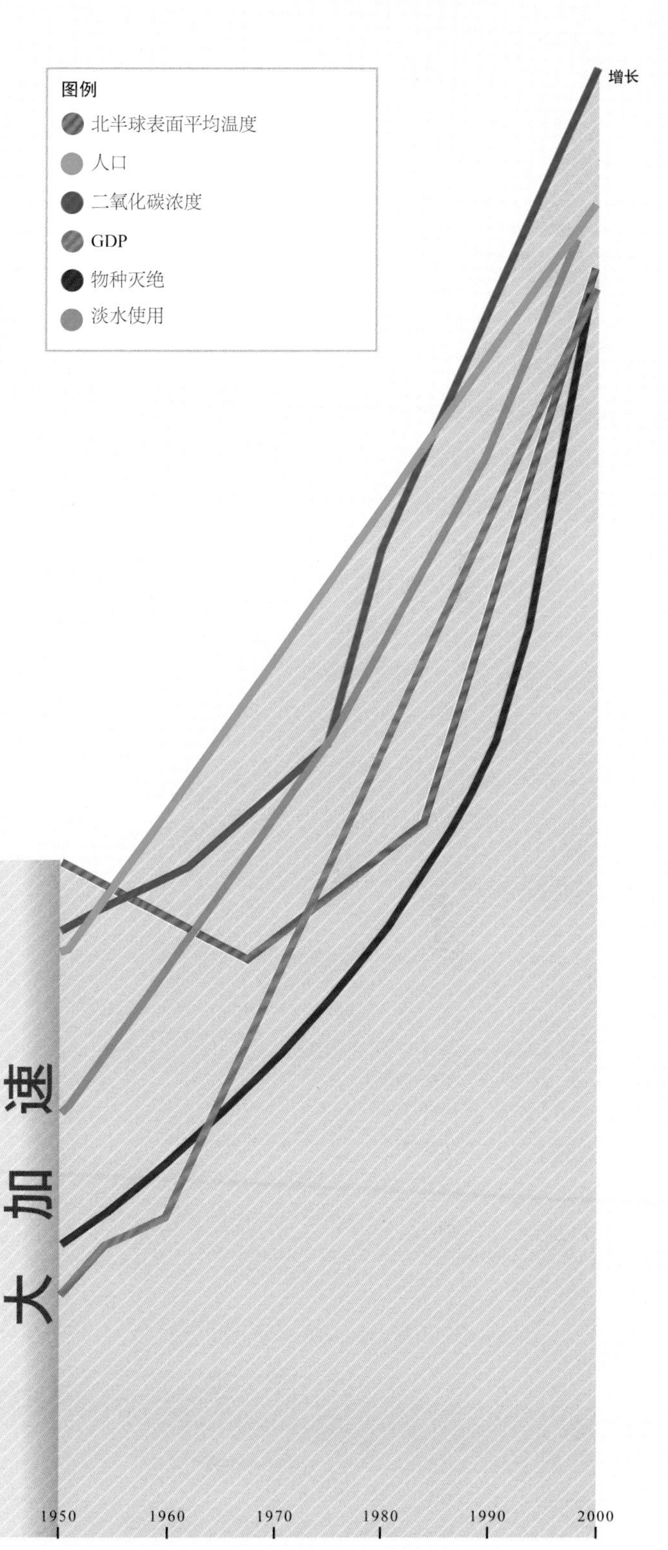

18世纪后期

工业革命始于英国却席卷了整个欧洲和美洲。

继燃烧了大量的化石燃料后，人类对其他自然资源的需求也在迅速增长，随之而来的就是工业化农业。而全球工业化发展的实现则用了200多年的时间。

1950年

大加速：多数地区快速发展的开端。自第一颗核弹爆炸，我们迎来了人类全球影响力迅速崛起的大加速时期。除了在全世界留下了人造辐射的印记外，人类影响中还包括了气候变化、海洋酸化、土壤普遍退化和大量物种灭绝等。

地球的极限

地球生态系统的退化增加了人类社会的风险。因此，科学家计算出了一系列的“地球限值”，意味着如果达到这些限值就可能会发生毁灭性后果。

超出极限

一个由斯德哥尔摩应变中心的科学家牵头的国际研究团队计算出了决定地球健康的九大“地球限值”。其中包括了全球发展的各个方面，如气候变化、臭氧损耗、海洋酸化、淡水利用和生物多样性等。右图中不同的颜色代表了不同领域的风险等级。绿色代表当前风险仍在可接受范围内，也就是说没有造成全球系统性的威胁。黄色是指风险增加具有不确定性。红色则意味着确定性的高风险。灰色领域的风险尚未得到评估。

地球预算

人类需求比地球能供应的还要多。许多大型经济体使用的自然资源实际上已远超其境内的总和。比如，日本维持当前消费所需的资源是其国内总量的五倍，中国和英国也位列这些国家之中，分别是2.7倍和3倍，世界的均值是1.6倍。

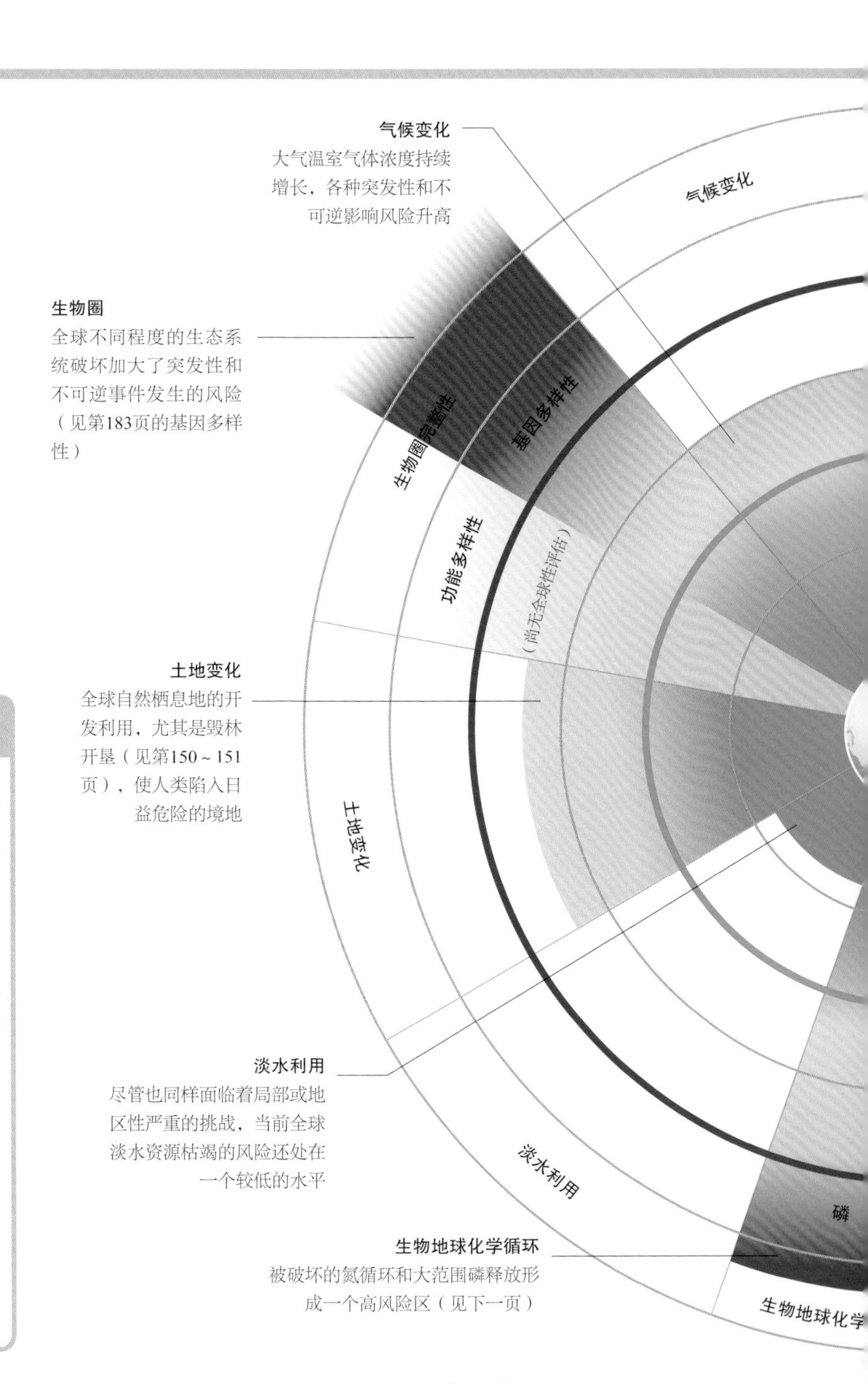

评估最急迫且最有可能对人类造成毁灭性风险的地球压力是十分必要的，这可以帮助我们为迎接巨大的挑战提前做好准备，并将资源优先用于应对这些日益迫近的挑战。这里所列举的九大关键领域均与全球变化息息相关，并且，局部变化在很多地区已达到高风险的临界点。

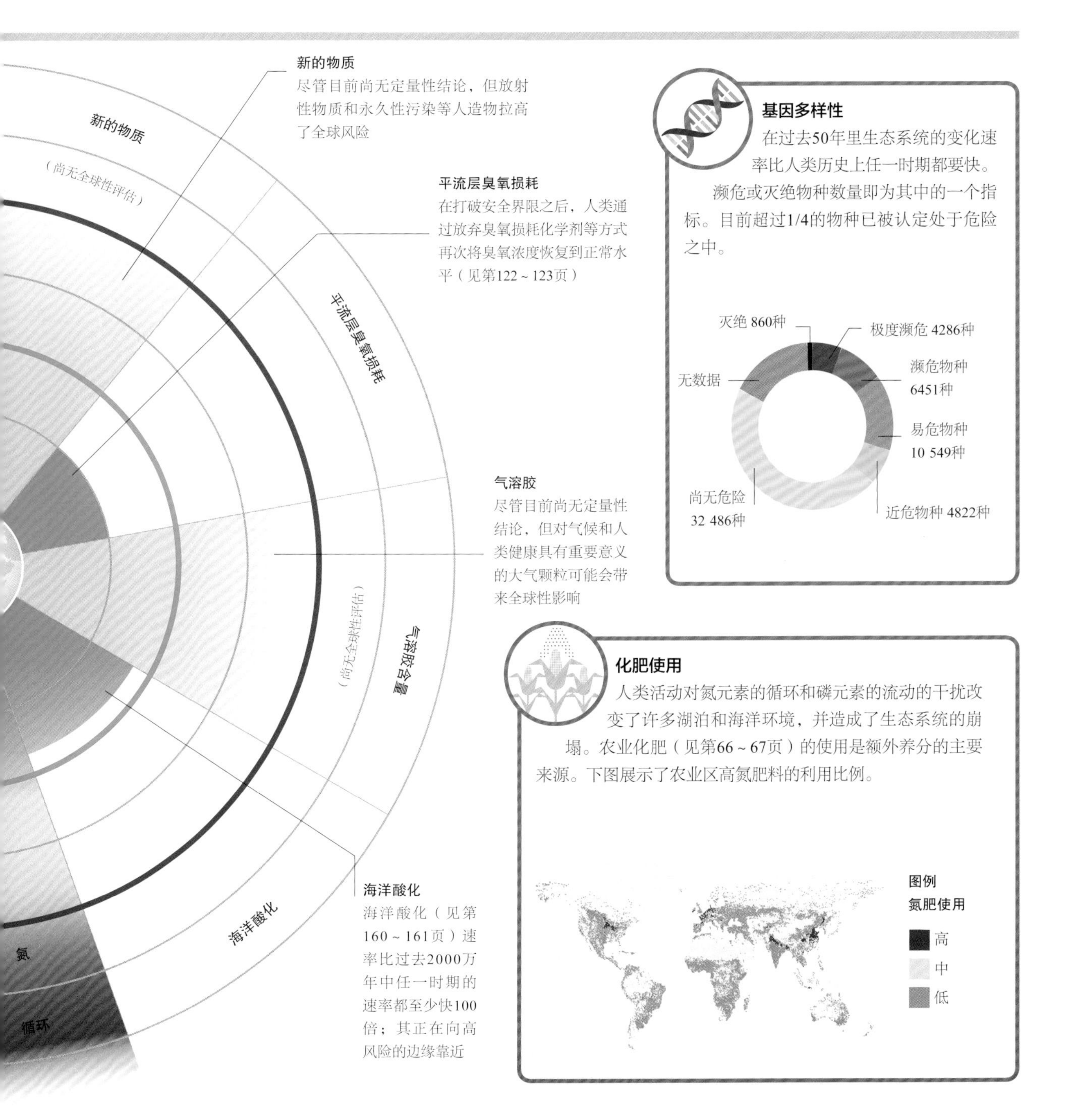

新的物质
尽管目前尚无定量性结论，但放射性物质和永久性污染等人造物拉高了全球风险

平流层臭氧损耗
在打破安全界限之后，人类通过放弃臭氧损耗化学剂等方式再次将臭氧浓度恢复到正常水平（见第122～123页）

气溶胶
尽管目前尚无定量性结论，但对气候和人类健康具有重要意义的大气颗粒可能会带来全球性影响

海洋酸化
海洋酸化（见第160～161页）速率比过去2000万年中任一时期的速率都至少快100倍；其正在向高风险的边缘靠近

基因多样性

在过去50年里生态系统的变化速率比人类历史上任一时期都要快。

濒危或灭绝物种数量即为其中的一个指标。目前超过1/4的物种已被认定处于危险之中。

化肥使用

人类活动对氮元素的循环和磷元素的流动的干扰改变了许多湖泊和海洋环境，并造成了生态系统的崩塌。农业化肥（见第66～67页）的使用是额外养分的主要来源。下图展示了农业区高氮肥料的利用比例。

交互压力

人类对食物、能源和水资源日益高涨的需求带来了巨大挑战，但对这些资源的内部联系却尚未得到更多的发现。比如，能源和水资源共同生产食物，水可发电，电力又可以净化并输送水资源。

2008年，粮食价格飙升，世界饥饿人口新增近1亿，并引发了社会动荡，许多国家开始严格限制主粮的出口。造成这种后果的两个主要原因就是居高不下的石油和天然气价格，以及粮食主产区普遍面临的干旱困扰。未来人类社会的安全仰仗食物、水和能源之间关系的清楚阐释。避免浪费和高效利用能源、食物和水都是必要的措施。

水-能关系

水在多种能源生产中都扮演着重要角色，尤其是在煤炭和核能发电产业中，水被用于冷却过程。而可再生能源技术，如太阳能光伏发电，并不需要水的参与。

煤炭	核能	天然气	太阳能
4160	3030	1135	0

每兆瓦时（MAGEWATT HOUR，MWH）电能需要多少升水

图例

预计用水量

预计粮食产量

预计产能

相关的要求

预计到2030年，全球水资源、能源和食物的需求量将分别上涨30%、40%和50%。满足单种资源需求已经足具挑战性了，但更有压力的是这三种能源之间可能会形成一场“完美风暴”。右图展示了哪些领域对食物、水和能源有更多的需求，以及一种资源的消费增长是如何影响另外两种资源的。

2030年用水量上涨30%

2030年粮食需求量上涨50%

土地压力

随着用于产热发电的液态生物燃料和生物能的使用上升，更多的土地被用来制造能源而不是生产粮食。

干旱和水资源短缺的风险将迫使部分国家不得不向其他国家寻求水源

土地中所有粮食在生产过程中都需要灌溉，水短缺风险将会造成粮食价格升高

更高的粮食需求需要更多的能源投入

更多的土地被投入生物燃料和生物能的生产中

粮食与能耗

粮食生产过程中需要消耗大量化石能源，包括处理、运输和准备等各个阶段。而粮食产生的能量却只占投入能量的一小部分。

化石能量投入

粮食产能输出

2030年能源需求量上涨40%

许多地区的能源产业依赖于水的供应，水短缺将会影响能源产业的发展

水量需求的增多同样也会带动处理废水和开采水源的耗能增长

全球计划

在认识到只凭单个国家的力量是难以解决当前众多环境问题后，世界各国政府努力进行协商，并达成各种多边环境协定（MEAs）。多边环境协定是指国家之间具有法律效应的、共同管理单个国家无法应对的环境挑战的协定。签署多边环境协定的国家执行已达成普遍共识的规则和目标，为解决各种环境领域中的挑战共同努力。

多边环境协定不断增加

在过去的一个世纪中，尤其是在20世纪的70至90年代。环境领域中国际合作条约、草案和其他协议的数量大幅增长，在这期间，部分协议成功地促进了人类社会共同面对挑战，但更多协议的目标却难以达成。当部分协议还在寻求关注时，一些其他协议则已经取得了相当大的进展。比如，当一些国家意识到自己在面临严重的自然多样性丧失的风险和威胁时，对生物多样性公约的支持就会增加。

图例

世界遗产公约
1972年联合国教科文组织（UNESCO）为遏制自然和文化遗产的丧失而设立。

濒危野生动植物国际贸易公约（CITES）
1973年通过并在1975年正式实行。其设置了保护野生物种国际贸易的具体条约。

维也纳公约/蒙特利尔议定书
1988年产生效力，以保护地球大气层中臭氧为宗旨。

巴塞尔协议
1989年通过并在1992年正式实行，管理有害废弃物的国际转移及其处理。

联合国气候变化框架公约（UNFCCC）
联合国气候变化框架公约（United Nations Framework Convention on Climate Change, UNFCCC）于1992年通过；京都议定书于1997年通过；巴黎协议于2015年通过。

生物多样性公约（CBD）
联合国生物多样性公约（Convention on Biological Diversity, CBD）在1992年巴西里约热内卢的地球峰会上通过，但美国拒绝加入。

1988年
维也纳公约和蒙特利议定书通过后，在世界范围内掀起了大规模保护臭氧层的行动。

1972　1975　1980　1985
年

多边环境协定

在过去的一个世纪中产生的国际环境协议可达上百种。其中大多数是对已有计划的技术性修正，其余则是一些全新的协议。而随着多边环境协议的逐渐增多，协议增长速率却在逐渐下降。人们希望看到的并不是解决世界环境问题协议数目的增多，而是已通过的协议能够被真正有效地执行。

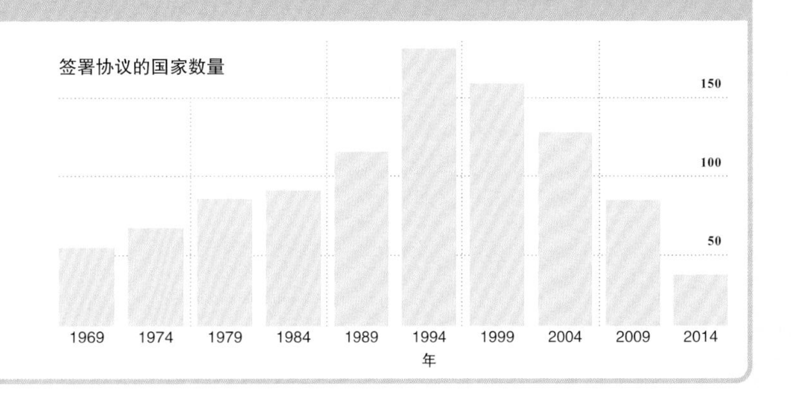

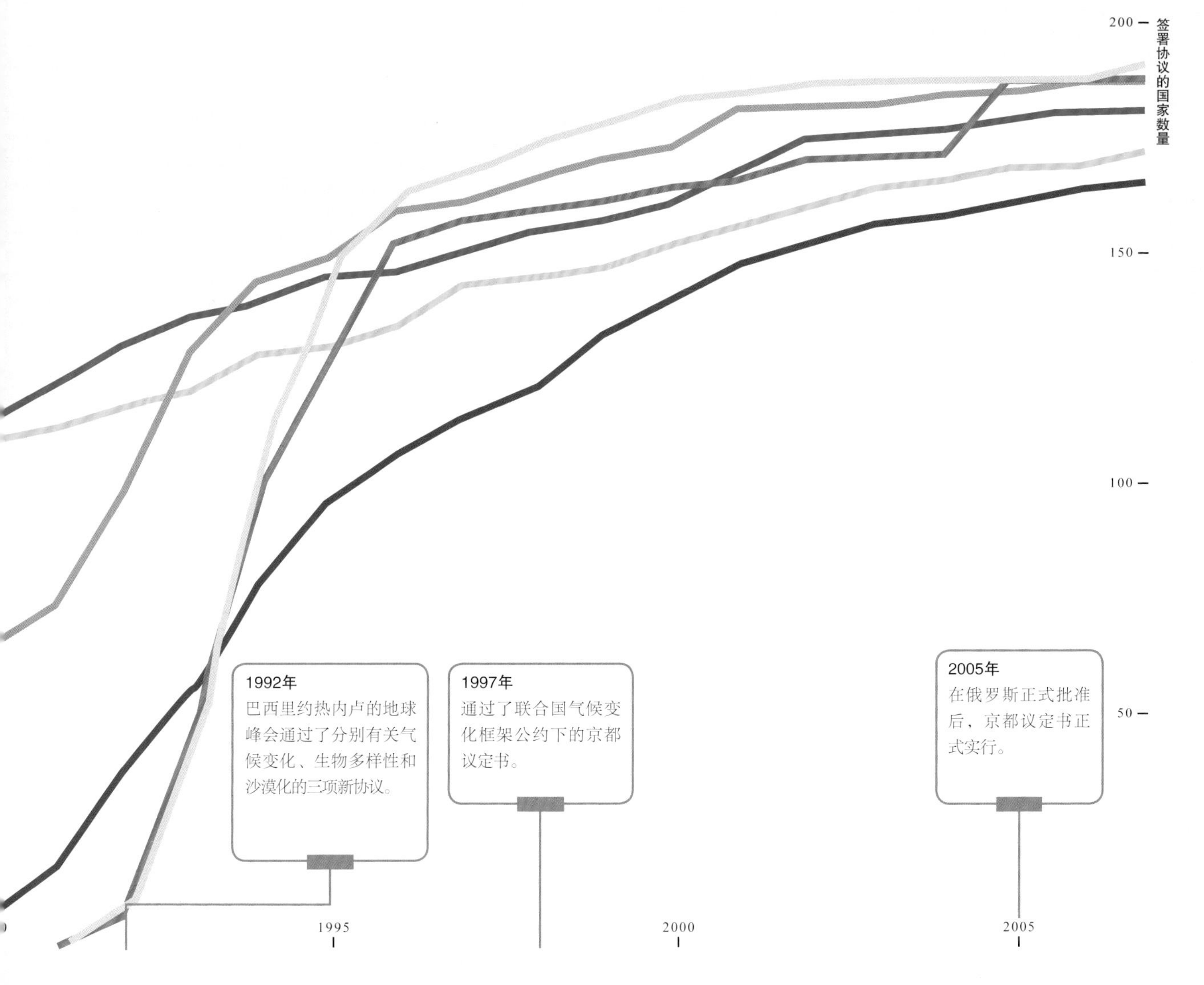

现实进展

目前已有上百种不同的环境和社会协议被国际社会所采纳，但在实施过程中更多的进步却表现在社会目标而不是环境目标。

相比于提高人类福利，改善环境已经退居至次要地位。比如，目前提高人类健康和营养条件的事业取得了比保护气候变化更显著的成就。造成不同协议的实际效果悬殊的因素有很多，包括主要目标的需求，不同政治势力的支持，实施的经费，以及与更高层经济目标的潜在冲突等。

进展有限

2012年，联合国环境规划署（United Nations Envrionment Programme，UNEP）公布了评估环境保护协议效果的评估。下图即为评估结果。其中，只有三项环境目标取得了重大进展，分别是淘汰臭氧消耗物质（见第123页）、汽车燃料无铅化和优化获得清洁饮用水的途径。

	大气					政策与方案		生物多样性								
	平流层臭氧	含铅汽油	户外空气污染	室内空气污染	气候变化	环境政策	可持续发展	保护区	利益共享	外来入侵物种	物种灭绝风险	自然栖息地	可持续管理生产	捕食和人药物种	传统文化	渔业
重大进展	●	●														
有所改善		●				●		●	●	●						
进展缓慢或毫无进展			●								●	●	●	●	●	
更加恶化				●												●
缺乏数据					●		●									

千年发展目标

各国在达成国际社会目标的过程中已取得了显著成效。联合国在2000年设定的千年发展目标中包括消灭极端贫困、提高儿童受教育程度、促进性别平等和减少儿童死亡率等。目前在发展中国家，政府合作与国际救助在这些方面均取得了令人瞩目的成就。

全球五岁以下儿童死亡率

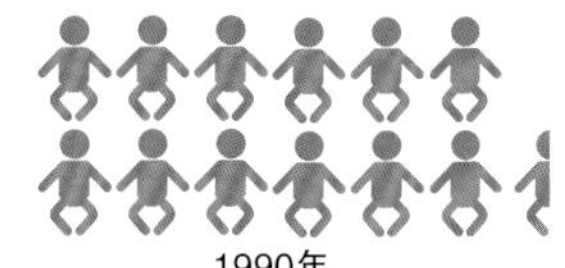

1990年
1270万人

2015年
600万人

全球小学年龄儿童的失学数目

2000年
1亿人

2015年
5700万人

化学物质与废弃物					土地					水							
重金属	持久性有机污染物	放射性废物	化学品无害化管理	声音废物管理	森林砍伐	获取食物	沙漠化与干旱	生态系统服务	湿地	饮用水	卫生条件	水的利用效率	极端事件	海洋污染	地下水污染	煤炭	淡水污染

自然空间

在过去50年中，国家公园、自然保护区和其他保护区数目都得到了显著增长。尽管当前的发展趋势是积极的，但仍然存在许多挑战。

对陆地、沿海及海洋中大范围高品质且连续的自然栖息地投入资金可有效遏制野生物种的灭绝趋势。2010年，世界各国政府签订“爱知生物多样性目标”，统一加速推进保护区的建设工作。然而仅凭建立保护区是远远不够的。其他手段，如可持续性农业、反偷猎法、污染治理和有效应对气候变化的手段，对维护自然空间都至关重要。保护区建立后也需要得到有效的管理。但最近的一项调查发现仅有24%的保护区处于“管理健全”的状态。相关专家指出当前的保护手段是对全体物种和生态系统的一种不充分的保护。开放海域的保护面积太少，热带珊瑚礁、海草和泥炭地等栖息地则需要特别关注。

保护区的发展

自1962年以来，全球保护区的数目增长了20多倍，保护区面积增加了近14倍；2014年保护区的数目超过了209 000个，覆盖面积约为3300万平方公里，其中包括15%的全陆地面积和3%的全球海洋面积。

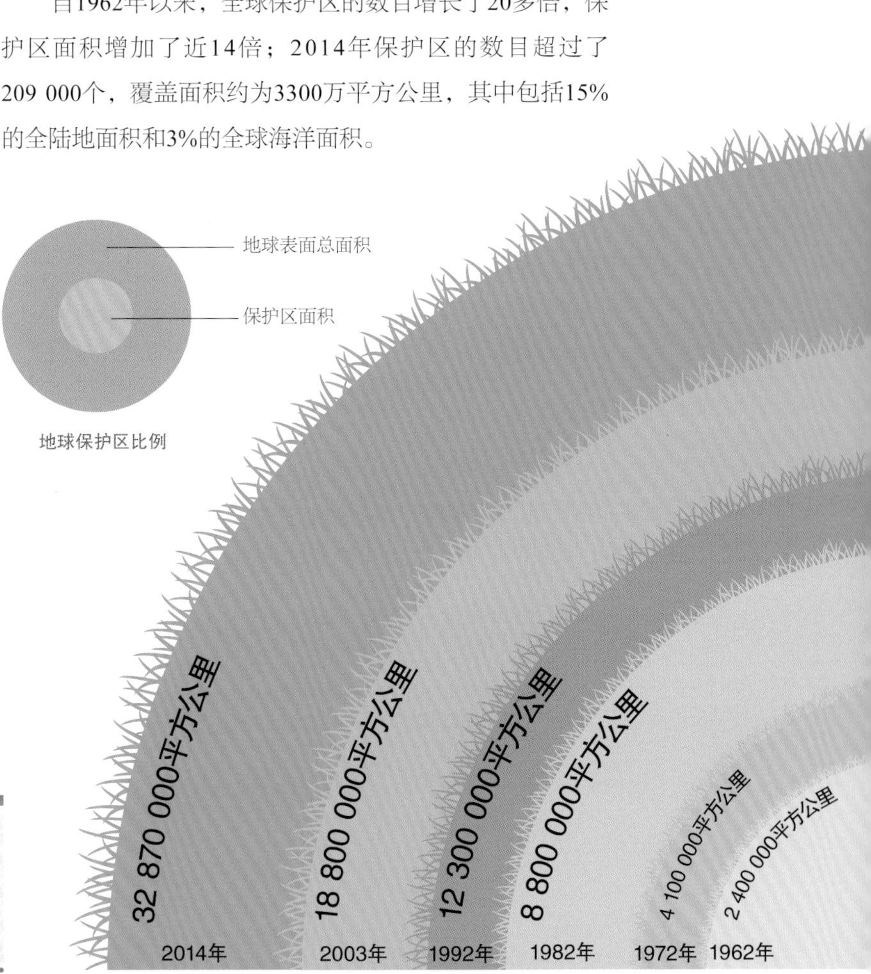

参见

› 自然服务 第172～173页
› 自然价值 第176～177页

保护区建立时间轴
以保护生物多样性为目的的法律保护区第一次出现在19世纪中期。自此，世界各国逐步加强相关法律法规的建设来保护野生物种。

1864年 约塞米蒂国家公园
时任美国总统亚伯拉罕·林肯签署了相关法案建立了世界上第一个现代保护区。

1872年
世界上最大的国家公园黄石公园建成。

1948年
国际自然保护联盟（International Union for the Protection of Nature, IUPN）成立。

1958年
国际自然保护联盟成立了国家公园临时委员会。

自然保护区和国家公园

占**地球陆地表面积**的

15%

地区发展

世界上所有地区都拥有自己的保护区，但其中很少能够得到良好运行。科学家们认为要改善保护区的整体管理水平并加强相应的保护措施，大约需要花费全球GDP的0.12%。而环境破坏造成的经济损失约占全球GDP的11%。

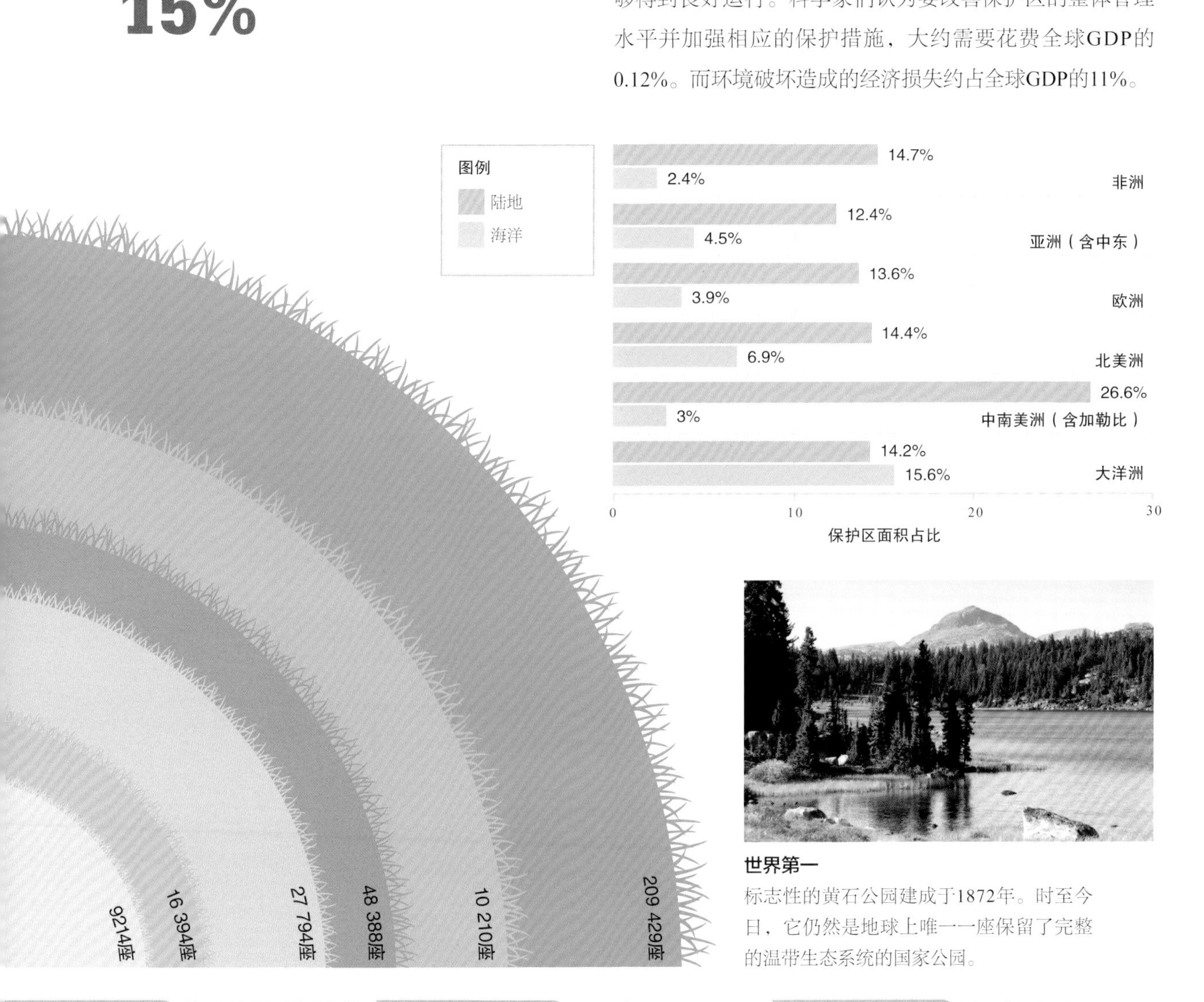

世界第一

标志性的黄石公园建成于1872年。时至今日，它仍然是地球上唯一一座保留了完整的温带生态系统的国家公园。

1962年
第一届世界公园大会在美国西雅图召开，这是一场保护区的全球论坛。

1972年
联合国环境保护署成立；世界遗产公约通过。

1982年
第三届世界公园大会聚焦于保护区的可持续发展。

1992年
联合国生物多样性公约（Convention on Biological Diversity，CBD）在巴西里约热内卢的地球峰会上通过。

2010年
联合国生物多样性公约提出了爱知生物多样性目标来遏制生物多样性的丧失。

2015年
联合国可持续发展目标通过（见198～199页），其中包括保护自然的目标。

新的全球目标

2015年，千年发展目标（见第189页）过期失效。人类社会需要确立新的发展行动框架，以确保在2030年前能成功应对环境和发展挑战，并为更安全的未来创建一个良好的基础。

世界各国政府在1992年里约热内卢的地球峰会上第一次达成全球可持续发展目标的共识。但在实际推行过程中，所有国家都没能履行该目标的宗旨，即在不损害后代需求的情况下满足当前发展所需。反之，却以不断损害环境和气候稳定性的代价来推进经济和社会的发展。继而在2000年确立了一系列致力于消除贫困和饥饿的千年发展目标（Millennium Development Goals，MDGs，见第189页），但MDGs却不注重贫困原因，也不提及人权问题或经济发展。2012年，世界各国同相关组织及国际企业一致同意重新建立新的奋斗目标。

2015年的联合国大会通过了新的目标框架：可持续发展目标（Sustainable Development Goals，SDGs），提出了要面对社会与环境的共同挑战，而不是以一方面为代价来维系另一方面的发展。

目前，已有**193**个**国家或地区**签署了**可持续发展目标**

发展目标

17个不同领域的可持续发展目标之间相互联系。可持续发展目标关心人类福祉，希望能够创建一个没有贫困和饥饿的世界，人们能够拥有良好的教育、医疗和社会保障，并使用廉价的清洁能源；同时也强调人权和人格尊严，人类社会是一个公平、平等、宽容和包容的社会。总而言之，可持续发展目标希望每个国家都能进行包容性和可持续性的经济发展，人人体面劳作，并保护环境与生物多样性。

我们能做什么？

- 鼓励世界各国政府为全面实行新的可持续发展目标做出宏伟计划。

我能做什么？

- 在购买跨国公司的产品或服务时，选择支持可持续发展目标的产品或服务。

塑造未来

自第一次工业革命开始以来，不断涌现的发明创造促进了经济发展，并改善了数十亿人口的生活条件。创新的成功与多种因素有关，包括自然资源的获取、开发新技术的社会力量、政府在鼓励创新中所发挥的作用、教育程度和如何利用现有技术为新发明提供跳板等。新一轮的创新浪潮势不可挡，并对促进整个世界的发展至关重要。

创新浪潮

自18世纪中期以来，工业革命带来了大量发明创造，它们促进了经济和社会发展的方方面面。每个领域中的发明创造都带来了一段财富繁荣增长的时期。在这个过程中，基于核心投入的次级经济开始崛起，如煤炭推动蒸汽机的发展，计算机芯片推动计算机发展并最终带来数字经济革命。新的技术都会经历一段时期的调整，达到成熟，并最终再被新的技术替代。历史显示，每一次新技术带来的社会进步浪潮大约延续50年。而现在，我们可能就站在一个新的可持续发展革命的开端。

第二次浪潮：蒸汽动力
燃煤蒸汽机取代了水力，促进了制造业的发展、远距离铁路运输和船运的实现。全球贸易因此迅速扩张。

第一次浪潮：水力
工坊里的水力机器改变了纺织业，并使之前由单个劳动力完成的工作工业化。

1785 1800 1820 1840 1860 1880
年

仿生学

仿生学即是模仿自然。比如白蚁使用通气口形成流动的空气来给蚁巢降温，建筑师据此设计了津巴布韦东门购物中心的空调系统。该空调系统的耗电量极低，大大减少了碳排放。

津巴布韦东门购物中心**利用仿生学设计**的空气流通系统**节省了90%的电力**

第六次浪潮：可持续发展
可持续发展是一场新的工业革命。它包括可再生能源、生态修复（提供必要服务的生态系统）、零残余的循环经济产品、可持续性农业、仿生学和纳米技术的创新。

第三次浪潮：电气化
使用石油的内燃机变革了运输方式，和电力一起改变了世界。

第四次浪潮：太空时代
航空技术提供了长距离大规模运输的方式，并带着我们进入太空。电子产品和石油化工产品改变了消费者的生活方式。

第五次浪潮：数字世界
电脑进入主流行业，改变了人类生活、商业模式和政府工作。数字革命的快速发展也促进了生物技术和其他产业发展。

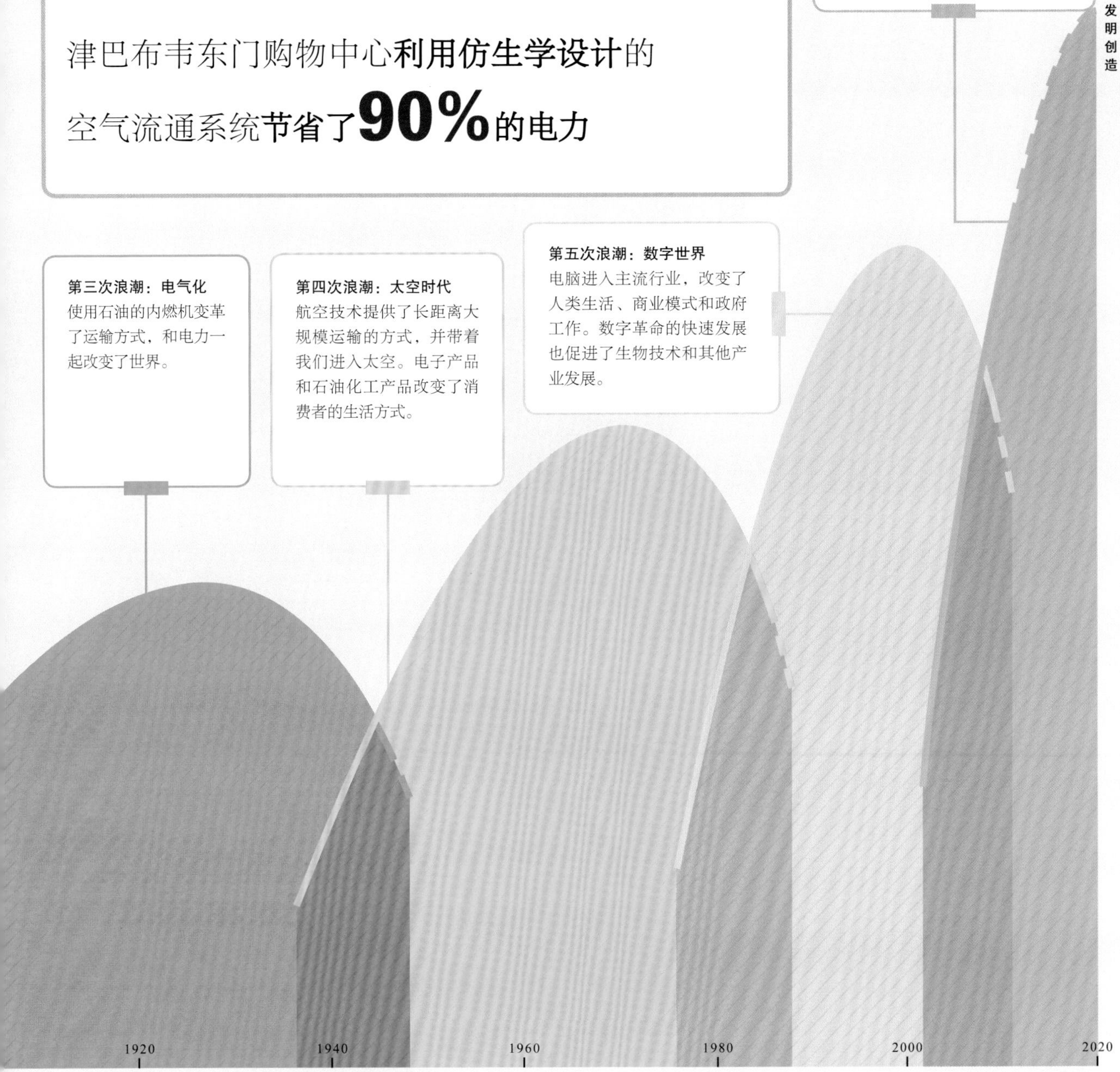

发明创造

1920 1940 1960 1980 2000 2020

低碳增长

可持续发展需要在减少对环境影响的同时满足更多人口对生存资源的需求。碳排放可作为一个显示性的指标。

当前经济发展为碳密集型模式。换句话说，就是我们通过排放大量二氧化碳（CO_2）来换取经济的增长。未来经济发展策略则是致力于发展低碳密集型的社会，建立一个用较少的碳排放产品（如化石燃料等）来维系财富增长的世界。削弱经济发展与碳排放之间的联系对我们确保将全球平均温度控制在2℃以内至关重要。

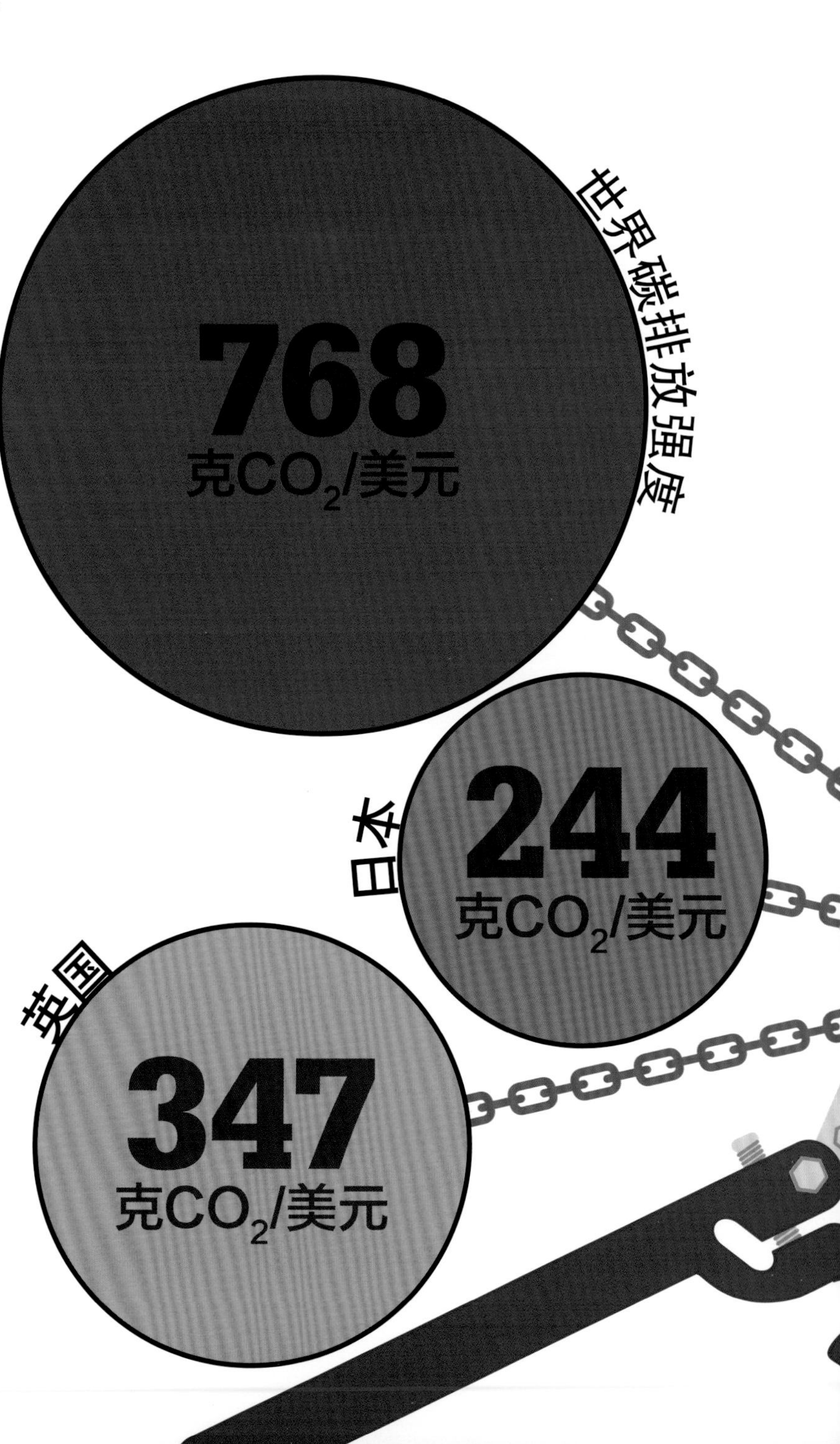

碳排放强度

右图展示了2007年英国、日本和世界每增加1美元的GDP所需要排放的碳强度。英国相对高效的能源利用、天然气发电和部分核电的利用使得其碳排放强度只有全球平均值的一半。尽管缺乏化石能源，日本经济却相当高效。与世界平均值相比，日本国内多座核电站的运行也使得其碳排放强度处于更低的水平。然而，以上两个国家的碳排放强度均还远远未达到2050年的全球目标值，即每增长1美元的GDP排放6～36克二氧化碳（见197页的四种气候情景）。

未来情景

我们需要大力减少碳排放强度，以期将自工业革命以来的全球变暖控制在2℃以内。经济学家蒂姆·杰克森（Tim Jackson）提出了四种未来情景来表达我们所面临的不同级别的挑战。每种情景的人口数量和人均收入都是不同的，并预测了在2007年的基础上需要减少的碳排放量。随着经济的发展，人均收入也会提高。如果世界收入水平与情景4中的预测一致，那么每新增一美元的GDP所付出的碳排放量将低至6克。但如果当前的不均衡现象持续存在，只有部分区域得到发展（情景1），那么每新增一美元的GDP所付出的碳排放量必须减至2007年平均值的1/20。

削减碳排放强度需要投入**每年全球经济总量的6.2%**

2050年 情景1

假设人口增至90亿；人均收入以2007年的水平持续增长，但仍存在不均衡的现象。

世界人口 90亿

人均收入增长 $↑

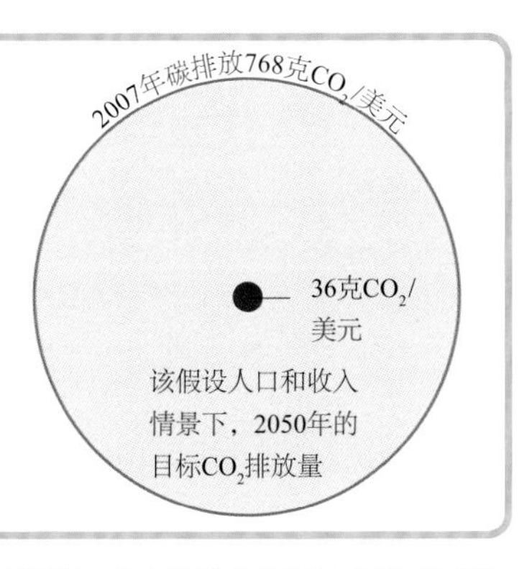

2050年 情景2

假设人口增至110亿，同情景1一样人均收入以2007年的水平持续增长，但仍存在不均衡的现象。

世界人口 110亿

人均收入增长 $↑

2050年 情景3

假设人口增至90亿（同情景1）；人均收入平等，相当于2007年欧盟平均水平。

世界人口 90亿

人均收入增长 $↑↑

2050年 情景4

假设人口增至90亿；由于经济增长，人均收入高于现在的欧盟平均水平。

世界人口 90亿

人均收入增长 $↑↑↑

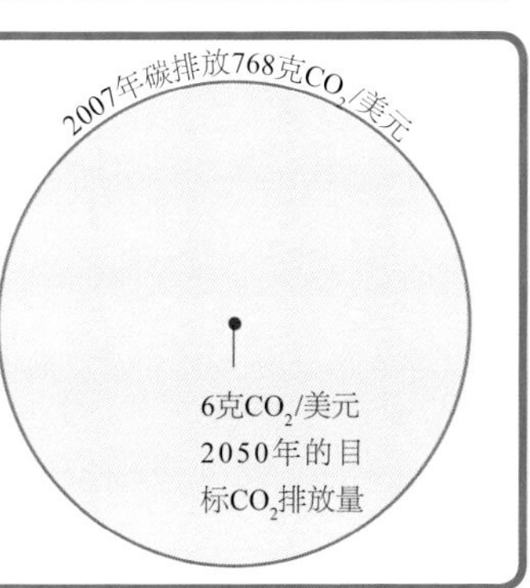

清洁技术

通过利用可再生能源、提高能源利用效率、循环利用、绿色出行和合理用水等方式来推广清洁技术对减少人类生态足迹至关重要。

清洁技术是改变未来的开始。其中，最明显的就是使用可再生能源而不是燃烧化石燃料来减少碳排放量。其他可行的技术包括从废弃物中提取资源、更高效的水处理方式、防止污染的有机物回收设施和促进写字楼内部更高效运作的信息技术。当清洁技术企业变得更有效率和竞争力时，他们就能吸引越来越多的投资并发展壮大。2007—2010年，清洁技术占比以年均11.8%的速度增长；2011－2012年，市场总值约为5.5万亿美元。

清洁的未来

清洁技术带动了发展中国家的经济增长，尤其是他们国内的中小企业（Small-and Medium-sized Enterprises，SMEs）。一项世界银行的研究估计，2014－2024年，发展中国家的清洁技术将得到6.4万亿美元的投资，其中中小企业能够得到1.6万亿。南美洲和非洲撒哈拉以南地区将是发展中国家清洁技术发展的主要地区。

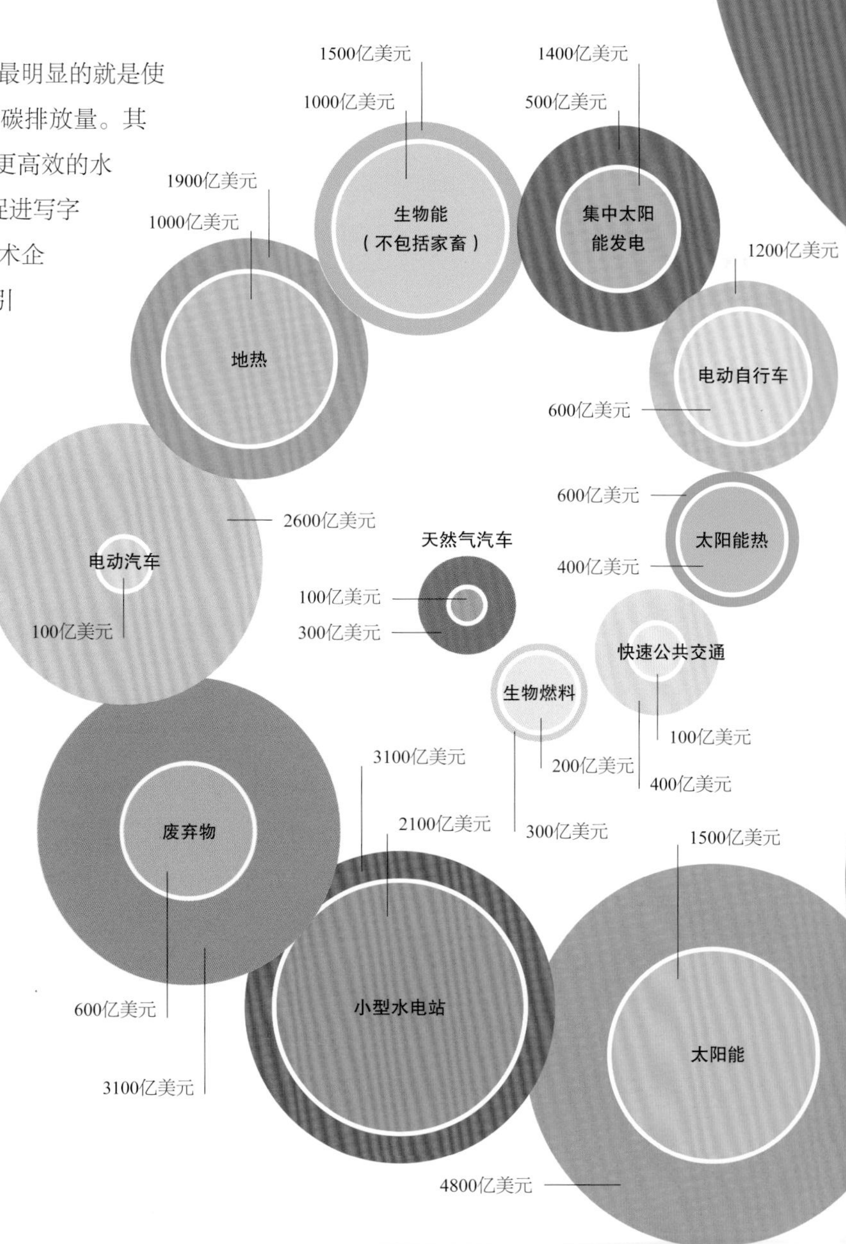

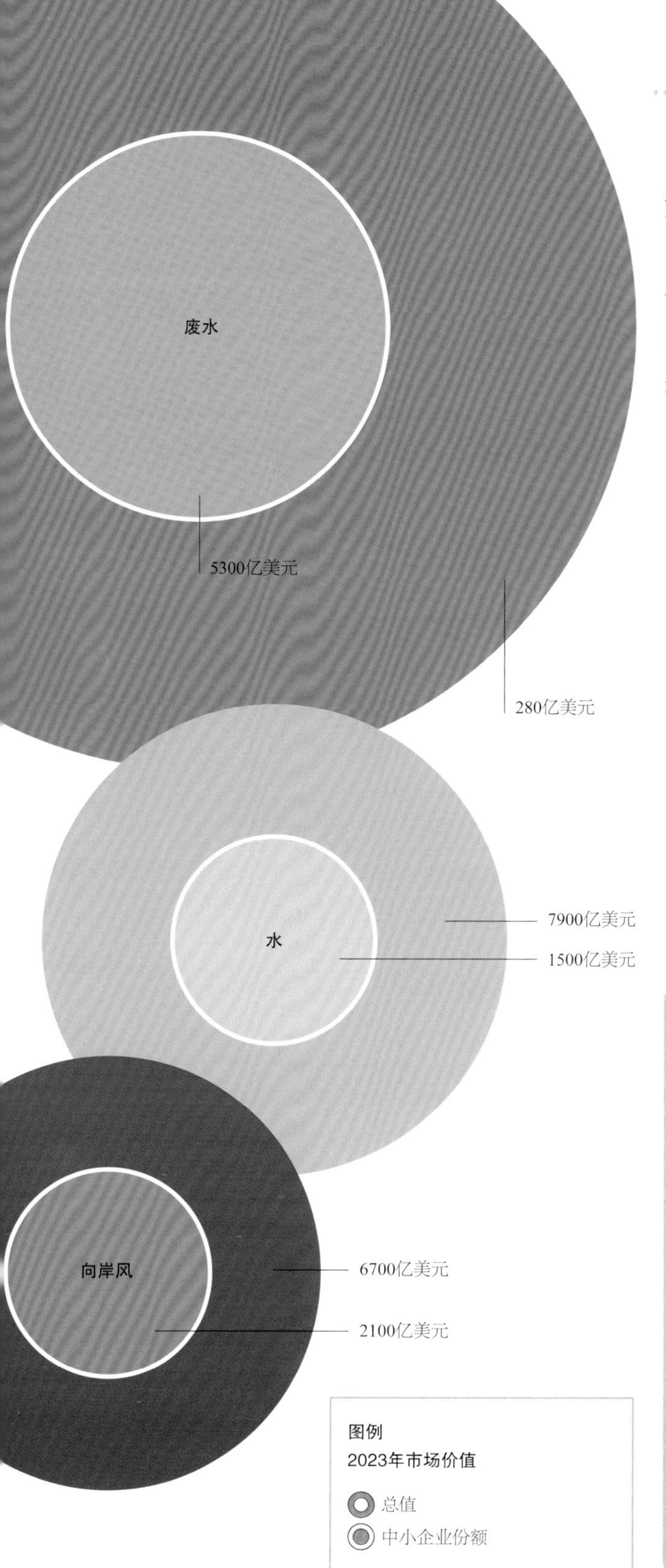

清洁、绿色的工作

来自国际可再生能源机构的数据显示，2013年绿色工作岗位新增了约80万个，总量已达650万个。主要国家有中国、巴西、美国、印度和德国。太阳能和液体生物燃料则是提供就业岗位最多的两个领域。

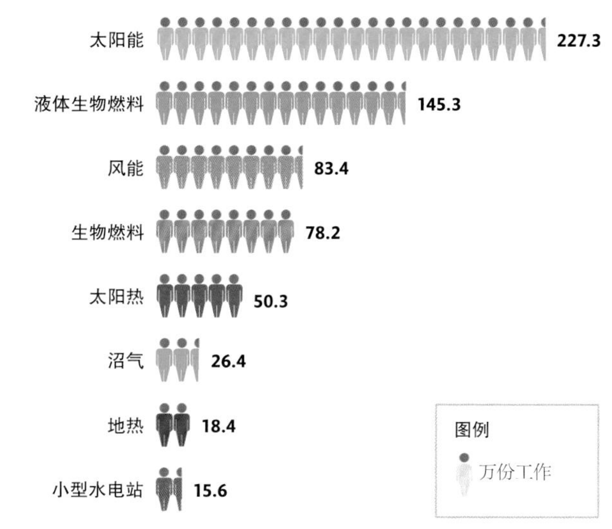

企业绿色化

2013年，非营利性的气候组织调查发现美国境内的宜家、苹果、好市多和沃尔玛等众多企业均使用了大量的可再生能源。这些公司在美境内使用的太阳能总量如下所示。

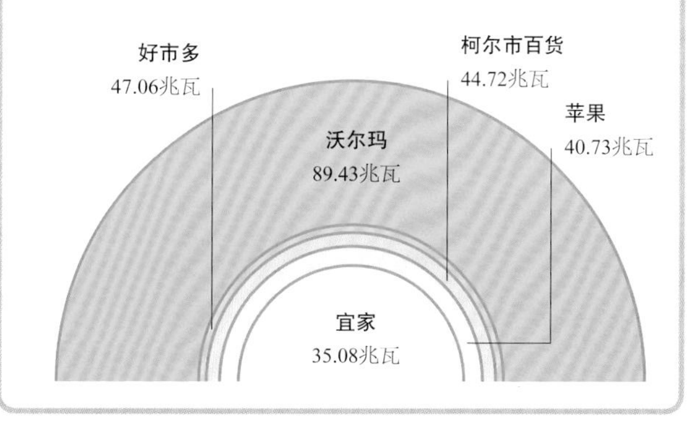

可持续经济

为了能够在提高生活水平的同时避免出现气候变化、资源枯竭和生态系统退化等问题产生最坏影响实现可持续发展，经济发展模式必须改变。

重塑经济

2015年，英国剑桥大学可持续发展中心研究所提出了“重塑”经济的计划。该计划建议了政府、企业和金融机构等如何在社会和环境优先的情况下调整经济体系，并利用巨大的金融力量调整政府政策和商业格局。这些改变环环相扣推动着完成可持续发展目标的进程，而这正是传统的环境和发展项目做不到的。经济发展的核心理念必须发生根本转变。

政府

›设置合理的目标和方法

比如，削减温室气体排放和保护生态系统的官方目标必须有相应的政策支持。

›实行新的税收政策

通过税收来体现企业不同选择的实际成本，比如用浪费资源和高污染企业的税收来促进或补贴更环保的生产和新能源开发企业。

›积极引导

通过公共支出、补助、规划、教育和研究等手段推动积极变化。

金融

›确保具有长期发展的资金

延长金融风险和回报的时间周期模型，并减少短期决策保护投资者利益。

›衡量商业活动的实际成本

根据实际成本，在制定盈利策略的同时追求实现社会效益和环境目标。

›变革金融结构

金融为社会福祉服务，包括应对气候变化和保护地球生态系统。

商业

›制定大胆的目标

企业运行符合低碳能源、零砍伐和零浪费的目标。

›充分监测和报告

确保公司报告中包括所有可能产生的影响，尤其是社会和环境影响。

›提高能力和激励

将企业的资金用于奖励，如减少碳排放等行为。

›利用好传播力

避免传递有碍社会和环境进程的广告信息。

“一旦出现浪费或污染问题，**生产线负责人就必须为此付出代价。**”

李·斯科特（LEE SCOTT），沃尔玛前执行总裁尽管当前我们的世界仍然面临着诸多社会和经济压力，可持续发展目标的设立却能为一个积极的未来打下基础，但这需要人们从思维上突破环境保护会带来不可承受的经济成本的传统观念。事实上，如果自然环境持续恶化，社会进程也会停滞不前。这也是为什么必须通过经济手段来遏制环境破坏。世界各地都相继证明了现在正是开始改变的时刻，相关政策、投资模式和商业活动都在变化。

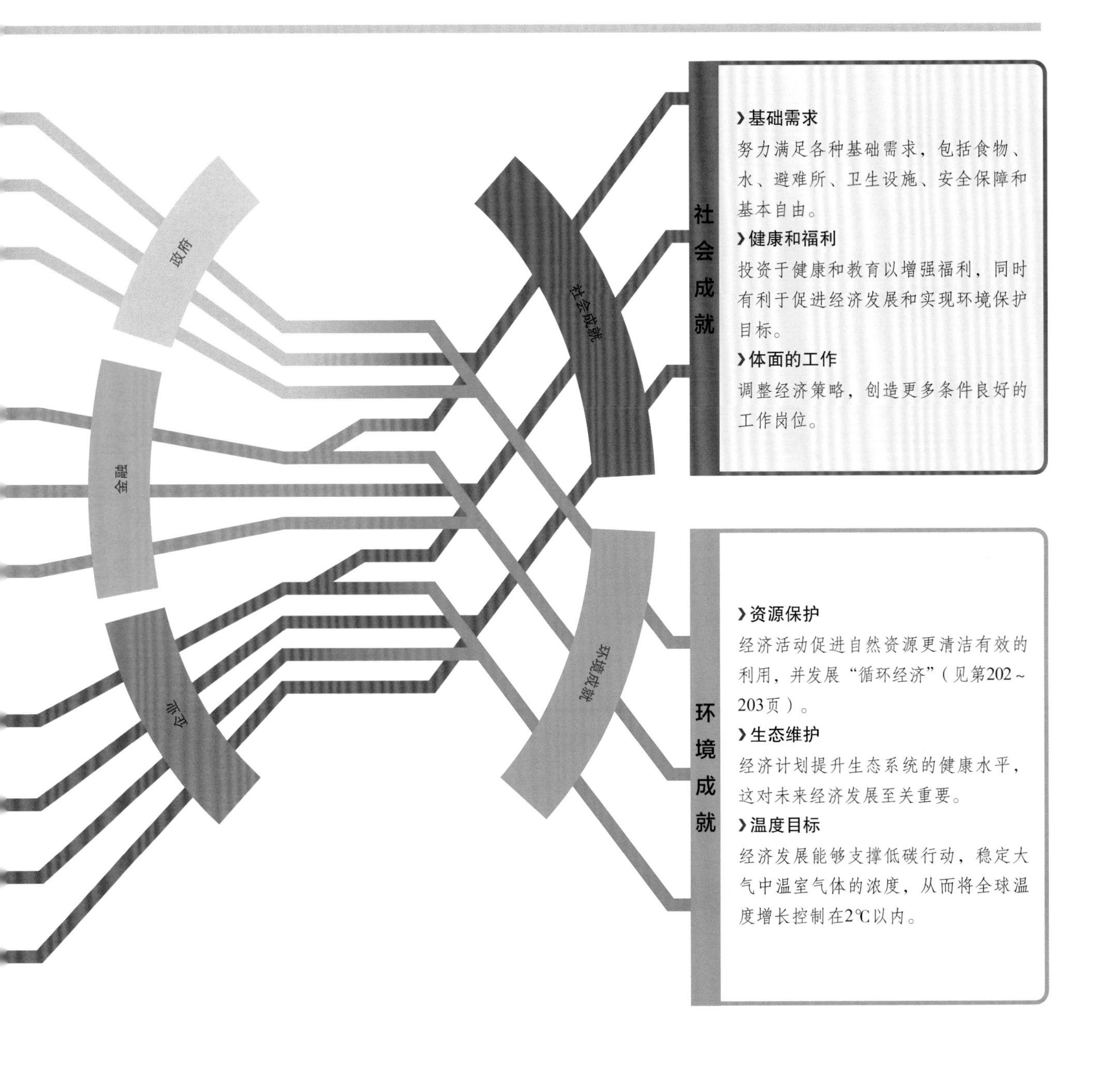

循环经济

数百年的发展和经济增长基本上是以线型经济为基础的。线型经济体系消耗掉各种资源后，如化石燃料、金属和养分，向空气、水和土壤中排放废物。尽管线型经济维持了人口增长并为人类提供了更舒适的生活条件，但它也带来了众多消极后果，包括气候变化、资源枯竭、污染和生态系统退化等。与之相反的是循环经济，通过再利用废弃物，降低线型经济产生的消极影响。右图是两类循环经济的工作原理：生物循环和材料循环。它们的基本思想能够应用于各种消耗养分或材料的经济体中。

污水处理厂
在污水处理厂推广应用的新技术可以从废弃物中提取出磷，并将其转换成高质量的化肥。

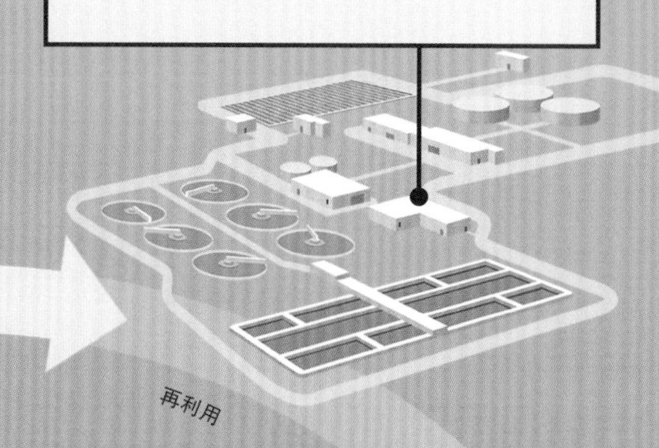

生物循环
磷是一种主要的生物养分。在线型经济中，人类从有限的矿石资源中开采磷矿，随后磷流入环境中对生态系统造成破坏。而在循环经济中，磷被回收到农田里促进新一轮的作物生长，达到了节约资源和保护环境的目的。

消费
人类消化系统分解食物；排泄物则随厕所下水道排出。

起点
磷等生物资源最初均来自自然。循环再利用可以有效控制磷矿开采。

使用

食物供应与销售
食物被供给到商店、超市和集市上。食品的部分价格是由肥料（比如磷）的价格来决定的。

作物种植
作为肥料，磷可以有效促进作物生长，提高作物产量以满足日益增长的人口需要。

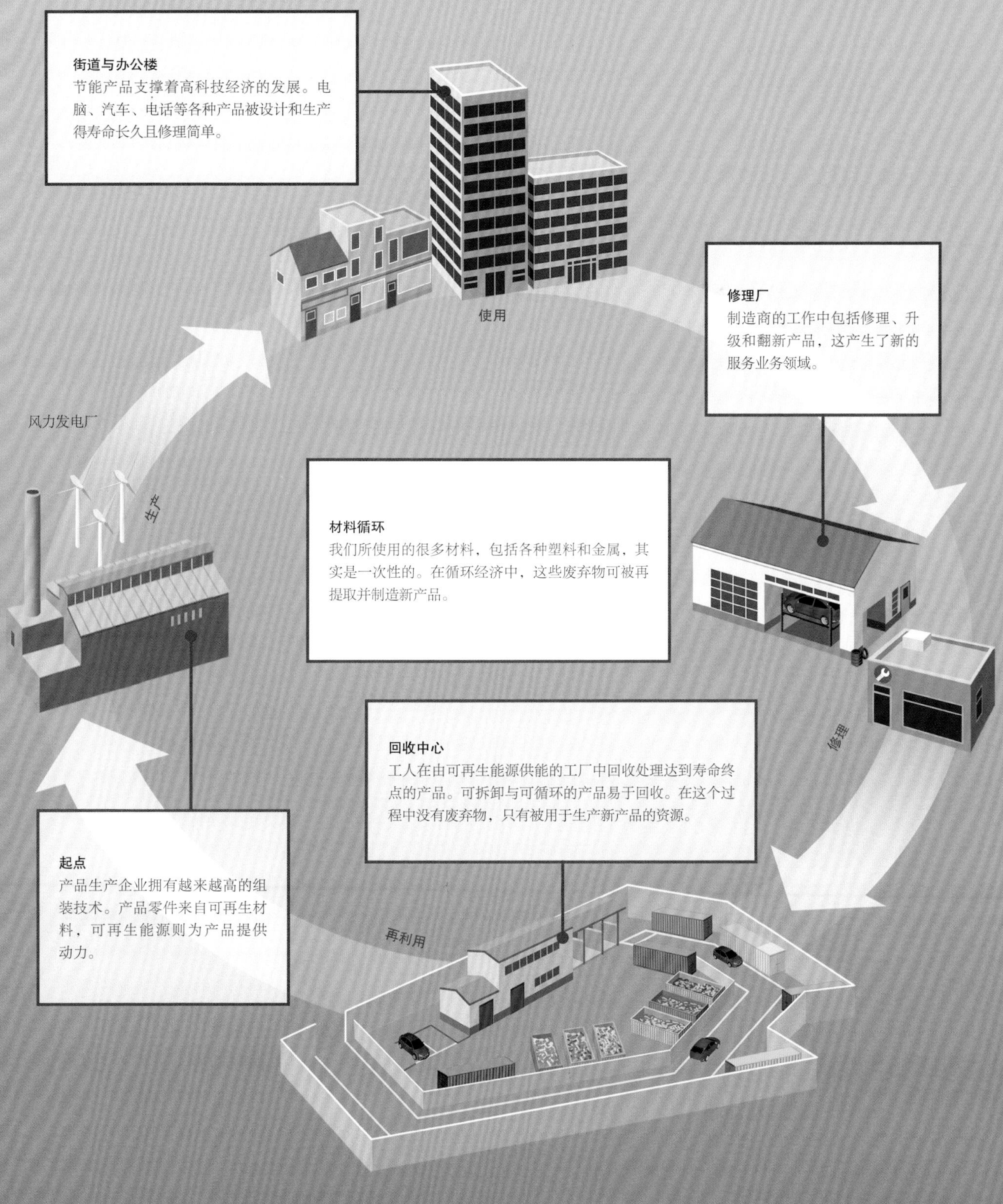

街道与办公楼

节能产品支撑着高科技经济的发展。电脑、汽车、电话等各种产品被设计和生产得寿命长久且修理简单。

使用

修理厂

制造商的工作中包括修理、升级和翻新产品，这产生了新的服务业务领域。

风力发电厂

生产

材料循环

我们所使用的很多材料，包括各种塑料和金属，其实是一次性的。在循环经济中，这些废弃物可被再提取并制造新产品。

修理

回收中心

工人在由可再生能源供能的工厂中回收处理达到寿命终点的产品。可拆卸与可循环的产品易于回收。在这个过程中没有废弃物，只有被用于生产新产品的资源。

起点

产品生产企业拥有越来越高的组装技术。产品零件来自可再生材料，可再生能源则为产品提供动力。

再利用

新的观念

利用自然资源后再向生物圈排放废弃物不断积累环境压力，威胁人类发展。新的发展模式势在必行。

人类对自然不断增长的需求造成了人类赖以生存的地球生态系统的变化，进而引起了巨大的经济损失和人道主义问题。发展模式需要改变，满足人类需求不能再以毁灭环境为代价，而是要修复和保护生态系统。新的发展方式在实现可持续性经济发展和改善的同时，也要遵守生态的约束，从而提高社会环境水平。

安全圈

英国经济学家与可持续发展专家凯特·雷沃思提出了同时兼顾社会和生态发展的“甜甜圈”经济学的概念。而当前的经济模式却是牺牲其中一方（生态系统）以促进另一方（社会进程，比如更好的健康水平、工作和教育等）的发展。右图展示了甜甜圈经济的概念。图中外环是环境上限，由九大地球限值组成（见第180～181页）。超过地球限值的资源利用会对环境造成难以承受的破坏。内环则是由10项社会因素组成，若不能满足这些社会需求，人类将会陷入困苦的生活中。两环之间就是能够同时满足环境安全和社会公正的“甜甜圈”区域：所有人类都能安然生活。

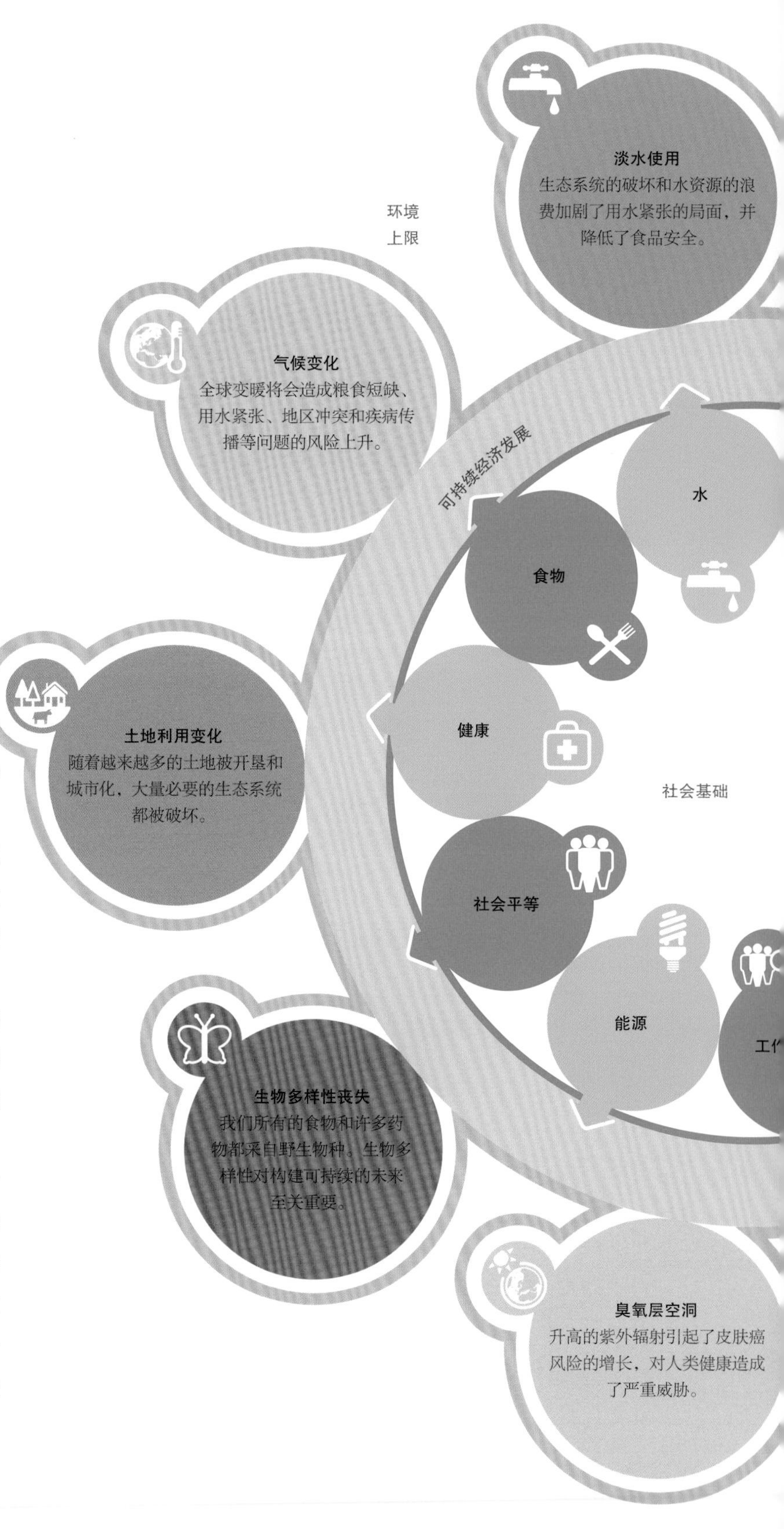

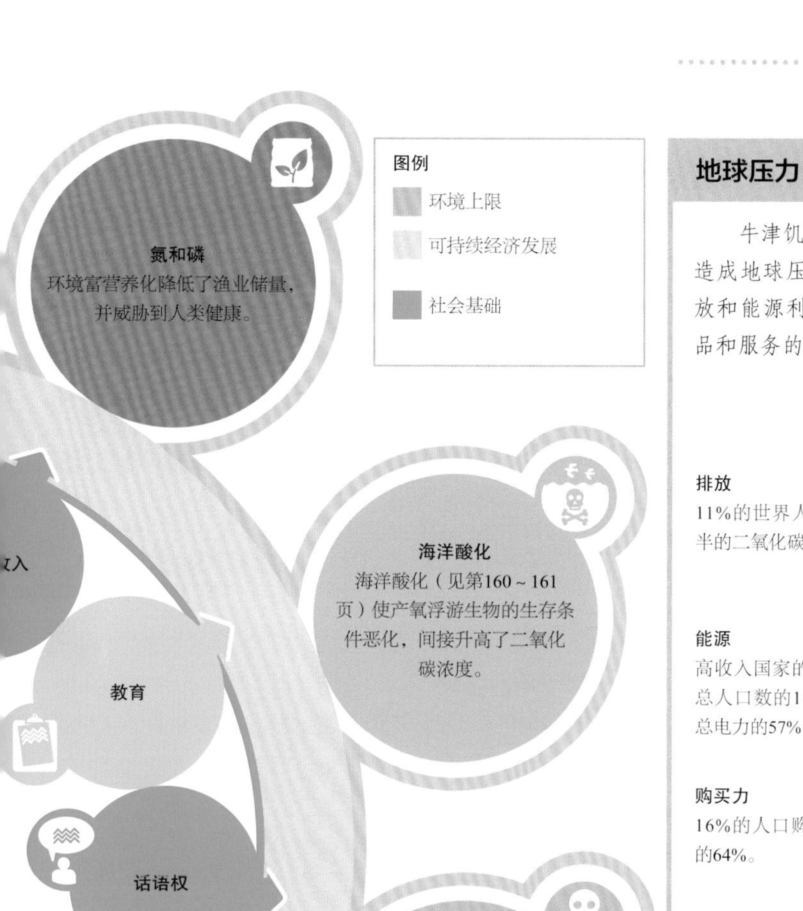

地球压力

牛津饥荒救济委员会（Oxfam）估计十分之一的人口对造成地球压力的各项因素最应负有责任。比如温室气体排放和能源利用。该部分富裕人口的消费、满足其消费的产品和服务的生产都对环境造成了破坏，威胁人类安全。

世界人口

排放
11%的世界人口排放了近一半的二氧化碳。

能源
高收入国家的人口只占世界总人口数的16%，却消耗了总电力的57%。

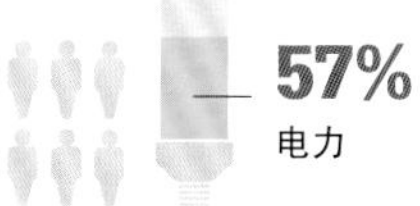

购买力
16%的人口购买了产品总量的64%。

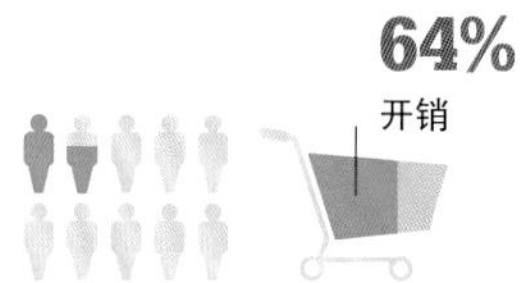

营养（食物）
欧盟人口只占世界的7%，但消费了地球可持续氮预算的33%来养殖或进口动物饲料。

大气污染
人类活动造成了空气中灰尘、烟雾和雾霾的增多，这些都对人类健康产生了威胁。

我们能做什么？

- 各国政府将未来一年的可持续发展目标作为经济发展策略的核心。
- 企业发展着眼于长期可持续性，保护社会和生态价值。

我能做什么？

- 选择支持“甜甜圈经济学”的政治家。
- 从将“甜甜圈经济学”纳入商业计划的企业购买产品。
- 支持在地球限值内保障人类福祉的企业。

修复未来

如果人类想要建造一个更安全的未来，那就必须停止并逆转数百年来的环境破坏。这是一个经济上合理且可实现的优先目标。

到目前为止的人类发展和经济增长仍不可避免地以牺牲生态环境系统、污染水和空气等为代价。当这种经济发展为全球数十亿人口带来了舒适、便捷和安全的生活时，我们也进入到收益递减的时期。气候变化、水和空气污染、资源枯竭和生态系统退化造成的破坏威胁了经济增长的收益，但仍有可能通过可持续发展修复环境健康。

修复进程

持续的环境恶化并非不可避免，如果我们能够推行世界各地已有的正面可行例子，一切就还来得及。从巴西到丹麦，从乌干达到不丹，各行业（农业、交通运输、环境保护、基础建设和能源供应等）已发展出上百种创造性的方法。政府、国际机构、企业和每一位公民都需要为21世纪所必需的可持续转型做出自己的贡献。

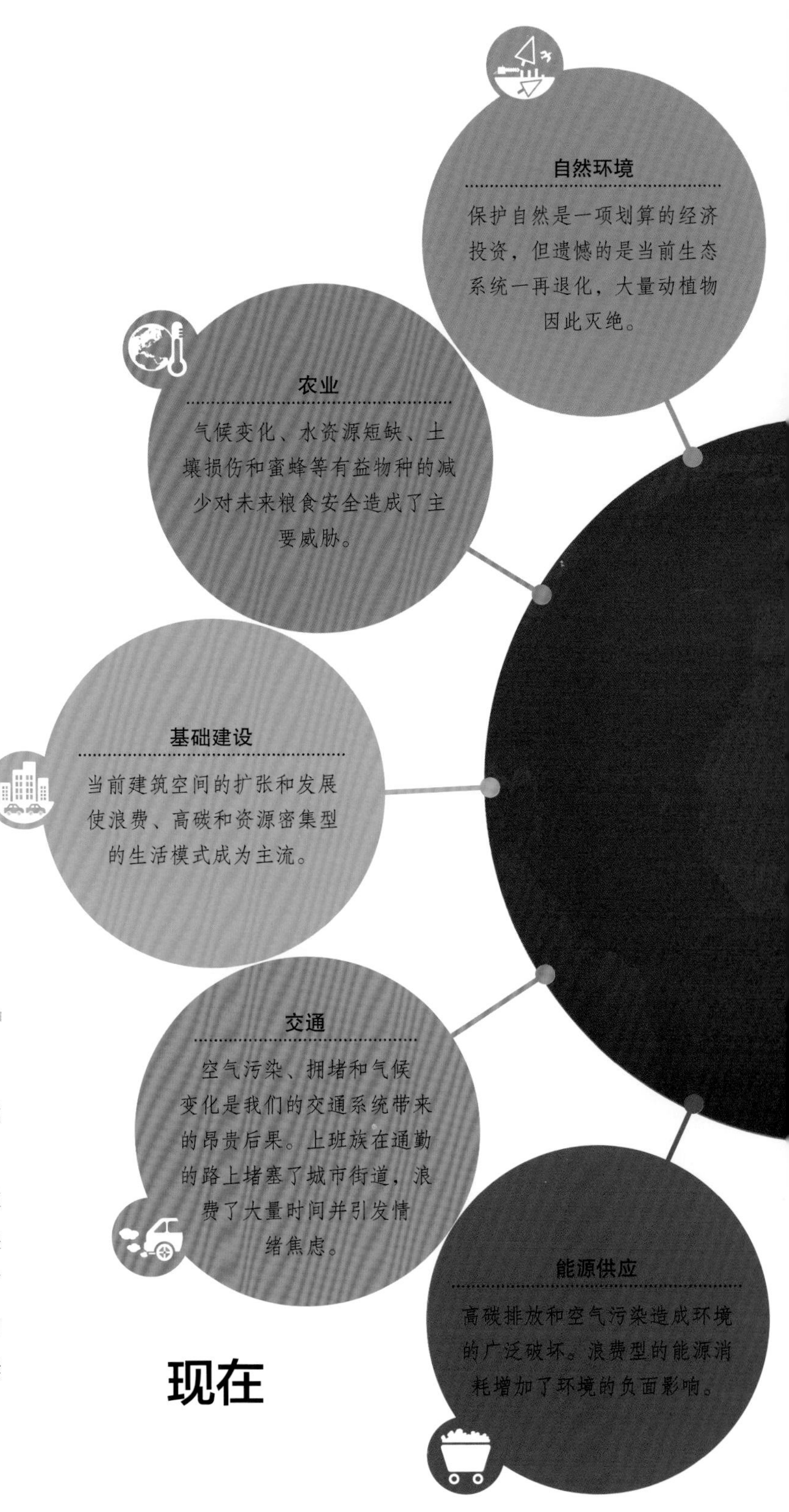

自然环境

停止环境破坏并转向修复生态系统能够带来良好的自然环境，这对人类健康、社会强大和经济稳定都至关重要。

农业

保护土壤、水、野生物种的可持续农业和包括减少粮食浪费在内的食物系统的变化，都能保障人类营养的供给，并且降低对环境的破坏。

基础建设

未来城市应被设计为更高效运作的宜居之地。工程建设与生态的结合可以创造出真正健康的城市。

交通运输

自行车和步行有助于提高公众健康、降低污染和减少碳排放。数字技术使居家办公成为现实，避免了通勤浪费。电动汽车则是更清洁的交通方式。

能源供应

高效利用可再生能源，可以减少温室气体排放。电动汽车使用清洁电力。

将来

“**挑战迫在眉睫**……可持续发展为改变我们的未来提供了**最佳机会**。”

潘基文（BAN KI-MOON），联合国前秘书长

我们能做什么?

- 投资者选择投资导向积极的领域，如可再生能源和可持续农业。
- 政府鼓励发展清洁技术，包括提供补助以鼓励生态系统的保护和修复。

我能做什么?

- 从积极应对可持续性挑战的企业购买产品，从而引导市场对拖后腿的企业施加压力。
- 劝导银行和养老基金投资有利于安全和可持续未来的企业。

词汇表

单位

百万吨油耗当量（MTOE）

燃烧一百万吨石油所释放出的能量；是衡量能源生产与消耗的一个单位。

兆瓦时（MWh）

电能使用单位。1兆瓦等于1百万瓦；1兆瓦时是指功率为1百万瓦的电器在1小时内做功产生的能量。

太瓦时（TWh）

电能使用单位。1太瓦等于1万亿瓦；1兆瓦时是指功率为1万亿瓦的电器在1小时内做功产生的能量。

英制热量单位（BTU）

使1磅水升温1华氏度所需的热量。用来衡量加热或冷却机器系统的热功率。

多布森单位（DUs）

用来衡量大气中微量气体浓度的单位，尤其是臭氧的浓度。

千兆吨（十亿吨）二氧化碳（GtC）

衡量二氧化碳或碳排放量的单位。另一个类似的单位，千兆二氧化碳当量（$GtCO_2$-eq），可以用来衡量其他温室气体的温室效应。将二氧化碳换算成碳，需要除以3.67。例如，1Gt二氧化碳相当于272 000 000吨碳。

艾焦（EJ）

能量单位，1艾焦等于10^{18}焦耳。

纳克（ng）

十亿分之一克。

常用专有名词

酸雨

含有二氧化硫、二氧化氮等空气污染物的降水、雨夹雪和降雪。酸雨污染土地和水体，对建筑物造成损坏。

酸化

海洋、湖泊、河流等逐渐变酸的过程。海洋的酸化主要是由于海水从空气中溶解的二氧化碳增多，河流和湖泊的酸化则是由酸雨导致。

水华

由于湖泊或海洋等水体中的氮、磷等营养物质过量而导致藻类植物疯长的现象。藻类植物会遮蔽阳光并且耗尽氧气，某些水华会产生毒素，对动物和人体有害。

大气层

覆盖地球（或其他任何星球）表面的气体。地球大气层的主要气体为氮气（78%）和氧气（21%）。

生物可降解性

指材料物质可以被细菌自然分解成分子或元素的性质。

生物多样性

指生命体的多样性。物种多样性是指环境中生物种类的多样性。基因多样性是指一个物种体内基因的多样性。生态系统多样性是指生态系统和生物生存环境的多样性。

生物能

从生物材料中提取的可再生能源，例如木材，秸秆，粪肥和污水。

生物燃料

一般指从植物或食物残渣等其他有机材料中提取的液态燃料，可作为汽油、柴油和煤油的替代品。生物燃气从动物粪便和食物残渣等生物材料中提取，是化石燃气的替代品。

生物地球化学循环

碳、氮等化学物质在大气、土壤、生物圈（植物和动物）及水中的循环过程。

生物富集作用

化学物质（例如杀虫剂）通过食物网不断累积的过程。例如滤食性动物被更大的生物捕食，而该生物又最终被肉食动物捕食。

生物量

特定生态系统或群落中所有生物体（植物、动物、细菌）质量的总和。

生物群系

在一定范围内，由特定的植被和自然特征（例如特定的气候或水深）构成的陆地、淡水或海洋区域。

仿生

模仿和模拟自然的结构和过程，以帮助应对人类所面对的挑战。

生物生产力

一定时间内，某一特定生态系统产生

生物量的速率。

生物圈

地球全部生物体的生存区域的总和，包含陆地、海洋及底层大气。

碳

常见的化学元素（化学符号：C）。常与氢（H）和氧（O）等其他元素结合形成化合物，例如二氧化碳。所有生物体内均含有碳。

碳捕获与封存

指将化石燃料燃烧产生的二氧化碳捕获并封存在深层岩石中，从而避免其排放到大气中的技术。

二氧化碳

由一个碳原子和两个氧原子构成的气体（分子式：CO_2）。生物体的呼吸作用、发酵过程及物质的燃烧过程（例如生物燃料或化石燃料的燃烧）均会产生二氧化碳。

碳强度

温室气体排放强度的衡量单位，指每消耗1单位的能源所排放的碳的数量。例如每消耗1兆焦的能量排放的二氧化碳当量克数（gCO_2e/MJ）。碳强度还可以按照每单位GDP的碳排放量来计算。在这种情况下，碳强度同时包含森林砍伐和能源使用导致的碳排放。

碳定价

对二氧化碳排放行为征收的税款或市价，旨在激励人们改变行为减少排放。例如提高能源的使用效率或推广可再生能源。

碳汇

指能从大气中吸收二氧化碳并将其储存起来的生态系统。海洋和森林是地球上最主要的两大碳汇。

环境承载力

生态系统或栖息地可永续承载的某一物种的最大数量。

氯氟烃（CFCs）

由氯、氟和碳组成的化合物。氯氟烃广泛应用于制冷，例如气溶胶推进剂和溶剂，但研究发现其对臭氧层具有破坏作用，因此现在已经严格限制使用。

气候

某一地区长时间尺度内大气的平均状态。气候受当地的纬度和海拔等因素的影响，还与平均气温和降水有关。

二氧化碳排放

通过自然途径（如森林火灾和火山爆发）或者人为途径（如化石燃料的燃烧）而排放二氧化碳的过程。

消费（经济学）

个人或家庭购买并使用商品和服务的社会现象。

对流

由流体（例如空气或水）的流动而引起的热量传递的现象。例如，在大气的对流单元中，暖空气扩散上升，冷空气下沉，这一过程便形成了气流（见第128～129页）。

（湖泊或海洋）死亡地带

湖泊或海洋中氧气含量极低导致动物无法生存的地区。湖泊或海洋死亡地带的原因可能是由水污染引起的水华。

森林采伐

破坏和（或）迁移森林中的树木以开辟空旷土地的行为。森林采伐主要是为了伐木或扩大牧场或作物的种植面积。森林采伐会导致土壤侵蚀和生物多样性的降低。

脱盐作用

将水中的盐分和其他矿物移除以使其适宜饮用或灌溉的过程。

荒漠化

原有植被覆盖的地区演变为荒漠并逐渐扩张的过程；降雨的减少和过度放牧是造成荒漠化的主要原因。

发达国家

拥有相对于其他国家相对稳定的工业经济或后工业经济、稳固的政治安全、先进的科技水平及较高的生活水平的国家。

发展中国家

基础设施落后，公共服务短缺，大部分国民收入低、预期寿命短，无法全面获得现代化医疗和教育的国家。

顶梢枯死

乔木和灌木从顶梢到分枝逐渐枯萎，最终整个植株枯死的渐进式死亡过程。可能的原因有：感染、虫害、干旱和污染。

二噁英

纸浆漂白或垃圾焚化等过程中释放的持久性化学物质的统称。这些化学物质有毒性，并且会通过食物链的富集作用对动物和人体带来危害。

多布森单位

（详见单位）

新兴七国集团

拥有新兴市场经济的七个大国：中国、印度、巴西、俄罗斯、墨西哥、土耳其和印度尼西亚。E7集团目前占有世界

GDP30%左右的GDP。

生态学

研究生物体之间及其与非生物环境之间（包括空气、水和地质等）的相互作用的科学。

生态系统

由生物体之间的相互作用及生物与环境（空气、水、土壤）的相互作用所形成的具有自我维持能力的整体。

厄尔尼诺

在赤道东太平洋地区每隔3 ~ 7年出现的大尺度气候异常现象。在此期间，表层洋流异常变暖，导致全球天气模式发生变化，尤其是北美、南美和澳洲北部的海岸地区。另见拉尼娜（La Niña）。

新兴市场

从原先与发达国家相比收入较低、经济基础较弱的国家发展成经济快速增长、工业化发展迅速的经济体。许多新兴市场国家在工业、贸易和技术领域都有越来越强的实力。

排放

气体、液体蒸气和细小微粒排放到大气中的过程；通常指人为引起的排放，例如机动车、发电站和森林采伐引起的排放。

能量贮存

将电能或机械能收集和储存用于日后使用的技术，包括小尺度（例如可充电电池）和大尺度（如建有发电站的水库）的储能。

侵蚀

土壤或岩石破碎细化并被风、流水或冰搬离的过程。侵蚀过程包括物理侵蚀（土壤或岩石只是物理磨损、破碎等）和化学侵蚀（土壤或岩石在水中溶解）。

富营养化

水体等生态系统由于硝酸盐和磷酸盐等营养物质的富集而导致的生态环境恶化现象。富营养化会加剧水华，促进死亡地带的产生。

蒸发

液体表面的分子转化为蒸气的过程，通常由于温度升高所致。例如在温暖的白天，水从湖泊或海洋表面蒸发。

灭绝

以最后一个个体的死亡为代表的一个物种或亚种或一群生物体的消失。

冲积平原

位于河两岸的，被高于河岸高度的河流自然冲刷而成的平坦土地。

食物链和食物网

描述生物体之间捕食与被捕食关系的层级（食物链）或网络（食物网）结构；例如，猛禽类捕食鸟类，该鸟类以昆虫为食物，而昆虫以植物为食物。

食品英里数/食品公里数

食品从生产地到消费者手里的运输距离。距离越长意味着需要消耗更多的燃料，因此减少食品英里数/公里数可以减少由于食品运输产生的排放量。

食物安全

指人们可以获得并且负担得起足够的营养食品以维持自身健康的状态。

化石燃料

由数百万年至数千万年前死去的动植物遗体所形成的燃料，例如煤、石油和天然气。这些燃料含有从大气中捕获的碳，因此在其燃烧的时候，会向大气再次释放二氧化碳。

水力压裂法

将水、砂和化学物质组成的混合物高压灌入含油岩或含气岩，通过液压使岩石碎裂以开采石油或者天然气的技术。水力压裂法会污染地下水，甚至有可能引发小型地震。

七国集团

七个主要的工业化强国，分别是美国、加拿大、英国、法国、德国、意大利和日本。七国集团每年举行首脑会议和财政部长会议，讨论全球经济政策和安全问题。

人均国内生产总值

经济指标的一种。计算方法是一国的国内生产总值（GDP）除以该国总人口数。

国内生产总值（GDP）

特定时间段内（通常是1年）一个国家生产的全部最终产品或服务的货币价值总额。另见实际国内生产总值。

地热能

从地球内部自然产生的热量中提取的能源，例如火山活动地区的温泉。

全球变暖

指大气层和（或）海洋的平均温度升高的现象。全球变暖对地球的冰川、海平面高度和天气（包括降雨）产生了影响。人类活动对于最近一段时间内的全球变暖发挥了主要作用。

绿色革命

始于20世纪40年代的针对农作物种植的一系列改良措施，极大地增加了各国特别是发展中国家的粮食供应量。

温室效应

地球大气层通过捕获更多的太阳能，而使大气层和海洋增温的现象。

温室气体

能够捕获大气层中热量的气体。最主要的温室气体是二氧化碳，另外几种主要气体包括甲烷和一氧化二氮。燃料燃烧等人类活动排放的温室气体，加剧了全球变暖。

地下水

存在于土壤和岩石缝隙中的水分，常见于饱和水岩层，也被称为含水层。

涡流

巨大的洋流呈螺旋状旋转的现象。

哈伯–博施制氨法

利用大气中氮与氢的化合反应制造氨气的技术，主要用来生产加工化肥。

生境

能够支撑特定的动植物群落繁衍生存的生态系统，例如森林和草原。

净初级生产力的人类占用量（HNAPP）

人类对自然净初级生产力的利用量。可以用来测量人类对地球光合生产力的利用程度。其中，净初级生产力是指植物将太阳能转化为实体有机物的净值。该名词常见于有关净初级生产力利用的描述之中，例如食物、木材、纸张、植物纤维等。

水能

利用水流的落差或其自身动能而获得的能量。例如，水力发电便是利用水流推动涡轮机旋转，进而产生电能。

水力发电

通过水流的落差或其自身的动能获得电能的过程，例如利用水电大坝中的涡轮机进行发电。

冰盖

覆盖地表面积超过50 000平方公里的冰川冰。地球上的两个最主要的冰盖分别位于格陵兰岛和南极洲。

红外线

电磁波的一种，其波长略长于可见光的波长。其中，部分来自太阳辐射，部分来自地表热量散发。

淹没

水流溢出淹没原本的旱地，例如发生江河洪水或者海岸风暴等时。

外来入侵物种

侵入到某一特定生态系统的非原生物种。其侵入过程往往会造成生态系统的破坏。

无脊椎动物

没有脊椎骨的动物。例如昆虫类、软体动物类、甲壳类、蠕虫类动物。

世界自然保护联盟红色名录

全球范围内濒临灭绝的动物、植物和真菌类生物的名录。

拉尼娜现象

以3～7年为周期，出现在赤道太平洋中、东部地区的气温大规模异常变化情况。通常海水表面的温度会异常偏低，造成大气温度扰动，多见于美洲、澳洲、亚洲东南部，是厄尔尼诺现象的反相。

拉丁美洲

位于中美洲和南美洲的国家，主要是指讲西班牙语、葡萄牙语和法语的国家。

最不发达国家（LDC）

居民人均收入水平极低的国家，也是最贫困的发展中国家。

识字能力

阅读和书写的能力。识字能力，特别是妇女儿童的识字能力可以反映一个国家的经济和社会发展水平。

营养不良

日常饮食的营养失衡状况。例如缺乏维生素C或蛋白质。

超大城市

指市区及其周边地区的人口达1000万人以上的城市。例如东京、纽约、圣保罗。

甲烷

一种无色、高度易燃的气态碳氢化合物。甲烷是天然气的主要成分，也是一种主要的温室气体。在全球范围内由人类活动而释放的甲烷气体中，有60%是由工业、农业和垃圾填埋产生。

千年发展目标

由联合国在2000年设立并预期在2015年完成的8个发展目标（其中含有1个环境类目标）。如今已被联合国颁布的17个可持续发展目标取代。

单作

在同一时期、同一土地或同一耕作系统下，种植单一农作物、植物或饲养单一家畜（均包括原种及其变种）的农业活动。

季风

一种季节性的天气变化现象。通常在夏季，印度次大陆上风向和气压的改变会引发强烈的海风，并带来大量的降水。

百万吨油当量（MTOE）

（详见单位）

多边环境协定（MEA）

由三个或以上国家签订的具有法律效力的环境事务协定。目前全球正在实施的多边环境协定已有250余份。

兆瓦时（MWh）

能量度量单位，表示一件功率为一兆瓦的电器在使用一小时之后所消耗的能量。1兆瓦时=100万瓦时=1000千瓦时。

天然气

化石燃料的一种，主要成分为甲烷。通过对岩石进行钻孔或水力压裂而获得，常见于油田。

一氧化二氮

温室气体的一种，是大气污染物。自然条件下，大气中的一氧化二氮含量很少，但由于人类活动，其含量已经显著上升。

核能

通过诱使特定元素的原子发生裂变而释放能量，可以用来发电。该方式释放的二氧化碳较少，但是核裂变的废料残渣具有毒性，并可保持数年之久。

养分循环

在某一特定生态系统内，生物化学物质例如碳元素、氮元素等。在无机环境和生物体之间的循环流通过程。

经济合作与发展组织国家（OECD国家）

隶属于经济合作与发展组织的成员国。经合组织是由大多数的发达国家于1968年创立的旨在促进经济发展和社会进步的团体，目前已有34个成员国（译者注：最新数字是35个，2016年7月1日，拉脱维亚成为第35个成员国）。

有机农业

一种摒弃人造农药和化肥，转而依靠自然过程来维持土壤肥力的农业生产方式，例如使用动物粪肥和固氮植物等。

臭氧

一种无色气体。底层大气中的臭氧对动植物造成伤害，但上层大气中的臭氧可以抵挡太阳紫外线的侵入。臭氧浓度的度量单位为多布森单位。

臭氧层

指大气环境中臭氧浓度相对较高的一个层位，大约位于离地20～50千米的高空。臭氧层的日渐稀薄将使生物体（包括人类）暴露于紫外线的有害辐射之下。

永冻层

持续冻结2年以上的土石层。在阿拉斯加和西伯利亚等地区，永冻层已经存在数千年之久。

持久性有机污染物（POPs）

能长时间存在于环境中而不被分解的化合物。以DDT（二氯二苯三氯乙烷）为代表的部分持久性有机污染物对野生动植物和人类的健康有害。

石油化工产品

从石油或天然气中提炼加工的化合物制品。它们被用于众多产品的制造当中，例如溶剂、洗涤剂、塑料制品和合成纤维等。

光化学烟雾

大气污染的一种方式。当太阳光线遇氮氧化物和易挥发性有机化合物时易发生化学反应，使空气混浊。光化学烟雾中或含有臭氧，对呼吸系统造成伤害。

光合作用

植物和部分微生物利用太阳光能，将二氧化碳和水转化为葡萄糖，并释放出氧气的过程。

光伏系统

通过利用光电管或光电板将太阳光能转化为电能的技术。光伏系统产生清洁的可再生能源。

浮游植物

生存在海洋和湖泊表层，吸收太阳光，通过光合作用吸收二氧化碳并释放氧气的微小浮游生物。浮游植物对于全球碳循环起到重要作用。

浮游生物

生命中有部分时间或在整个生命周期中均漂浮在海洋湖泊表面的微小生物体。浮游生物的形体小到单细胞藻类和细菌，大到水母。浮游生物在水生食物链中起到重要作用。详见浮游植物和浮游动物。

多氯联苯（PCBs）

一类人造化学制品的统称，曾广泛用于制造电气设备、黏合剂、涂料。多氯联苯属于持久性有机污染物，可对人体健康造成伤害，目前在很多国家已被禁止使用。

前工业化时期

指1750年工业革命爆发之前的时期。前工业化时期，人类生存主要依靠农业和小规模的工业。前工业化时期的环境压力比现在小很多。

初级生产（率）

生物体通过光合作用将太阳光能转化为生物量（的比率）。

翼足目软体动物

可自由游动的海生螺类软体动物。翼

足目软体动物是海洋酸化的受害者，受海洋酸化影响，其壳体已经变薄。

雨林

生长于热带或温带降水充沛地区的稠密森林。很多雨林拥有极丰富的生物多样性，具有很强的制氧和碳汇能力。

实际国内生产总值

一年内生产的全部产品和服务在扣除通货膨胀因素后的货币价值。

回收利用

将生活垃圾、农业垃圾或工业垃圾转化为可被再次利用的材料的过程。回收利用过程可以节约能源、减少污染物排放。

可再生能源

可以循环再生而不会消耗殆尽的能量来源，可用来发电、发热或运输。例如利用太阳能、风能、水能发电。

稀树草原

由开阔的草地、稀疏的乔木和灌木组成的热带植被。

海床

海洋板块的地壳表面。

二氧化硫

一种大气污染物，主要由煤炭等化石燃料的燃烧产生。二氧化硫遇水蒸气可形成酸雨，对人类和动物的健康造成危害。

可持续性（发展）

指人类活动可以无限期地延续下去的状态。常见于耕作农业、能源发电、垃圾管理、林业或材料消耗等问题。

太瓦时（TWh）

能量量度单位，表示一件功率为一太瓦的电器在使用一小时之后所消耗的能量。1太瓦时=1万亿瓦时。

营业额

在某一特定时间段内，通过销售货物或者提供服务获得的，在扣除税款及其他费用之前的总金额。

紫外线

电磁波的一种，波长稍短于可见光。太阳光线中的部分能量以紫外线的形式传播（如近紫外线和远紫外线），地球的大气层阻挡了大部分的紫外线到达地表。

营养不良

人体摄入的必需营养素过少或者消耗排泄必需营养素的速率过快以至于无法及时得到补充的现象。

城市化

大量人口聚集在面积相对较小的区域生存和工作，从而逐渐形成城镇和城市的过程。

城市密度

用于度量人类对城市化地区土地的利用强度的指标。例如每平方公里的人口数量或该区域建筑物的总建筑面积。

脊椎动物

具有脊椎骨和内骨骼的动物。脊椎动物包括鱼类、两栖动物类、爬行动物类、鸟类和哺乳类。

挥发性有机化合物（VOCs）

易挥发的碳基化合物。常见于人造物质，例如燃料、农药、溶剂。挥发性有机化合物可引起光化学烟雾，是大气污染物。

地下水位

地下土壤岩石层中的饱和地下水的上表面。

天气

某一地区日际变化的大气状况，包括气温、气压、日照时间、云量、湿度、降雨量、降雪量。

风化作用/侵蚀作用

特定地区的地表岩石因受到风力、水力、气温变化或化学反应而崩解的现象。

浮游动物

生命中有部分时间或在整个生命周期中均漂浮在海洋湖泊表面的微小动物。浮游动物包括变形虫、鱼类的幼体、软体动物的幼体及甲壳类动物、水母。浮游动物以浮游植物为食，同时也是更大型动物的食物来源。

索引

加粗页码为主要参考章节

参考文献

Dorling Kindersley would like to thank the following:
Hugh Schermuly and Cathy Meeus for work on the original concept for this book; Peter Bull for feature illustrations; Andrea Mills, Nathan Joyce, and Martyn Page for additional editorial work; Katherine Raj and Alex Lloyd for design assistance; Katie John for proofreading and the glossary; Hilary Bird for the index; Vicky Richards for editorial research assistance; Myriam Megharbi for picture research and credits.

For more information from the author about the sources used to produce this book please visit Tony Juniper's website at www.tonyjuniper.com/whatisreallyhappeningtoourplanet/

Main references

pp16-17: United Nations, Department of Economic and Social Affairs, Population Division (2013), World Population Prospects: the 2012 Revision, DVD Edition; "Most populous countries, 2014 and 2050", 2014 World Population Data Sheet, Population Reference Bureau, http://www.prb.org; Quote from Al Gore: featured in O, The Oprah Magazine, February 2013 (interview following publication of his book The Future: Six Drivers of Global Change) **pp18-19:** United Nations, Department of Economic and Social Affairs, Population Division (2013), World Population Prospects: the 2012 Revision, DVD Edition; "Africa will be home to 2 in 5 children by 2050: Unicef Report", Unicef press release, 12th August 2014, http://www.unicef.org; **pp20-21:** United Nations, Department of Economics and Social Affairs, Population Division. World Population Prospects, the 2015 revision; "Correlation between fertility and female education", European Environment Agency, 2010, http://www.eea.europa.eu; **pp24-25:** Estimates of World GDP, One Million B.C. - Present, J. Bradford De Long, Department of Economics, U.C. Berkeley, 1998; Global Growth Tracker: The World Economy - 50 Years of Near Continuous Growth, Dariana Tani, World Economics, March 2015, http://www.worldeconomics.com; Quote by Kenneth Boulding in: United States. Congress. House (1973) Energy reorganization act of 1973: Hearings. **pp28-29:** GDP per capita, World Development Indicators, World Bank national accounts data, and OECD National Accounts data files, The World Bank, 2015, http://www.worldbank.org; SOER 2010 - assessment of global megatrends, The European Environment: State and Outlook 2010, 28 November 2010, European Environment Agency, Copenhagen, 2011; **pp30-31:** GDP (current), World Development Indicators, World Bank national accounts data, and OECD National Accounts data files, The World Bank, 2015, http://www.worldbank.org; Fortune 500, http://fortune.com/fortune500; Center for Responsive Politics, based on data from the Senate Office of Public Records, October 23, 2015, https://www.opensecrets.org/lobby; **pp32-33:** The World in 2015: Will the shift in global economic power continue?, PricewaterhouseCoopers LLP, February 2015; Exhibit from "Urban economic clout moves east", March 2011, McKinsey Global Institute, www.mckinsey.com/mgi. copyright © 2011 McKinsey & Company. All rights reserved. Reprinted by permission; **pp34-35:** Exports of goods and services (current US$), World Bank national accounts data, and OECD National Accounts data files, The World Bank http://www.worldbank.org; Top U.S Trade Partners, US Department of Commerce International Trade Administration, http://www.trade.gov; **pp36-37:** GDP (current), World Development Indicators, World Bank national accounts data, and OECD National Accounts data files, The World Bank, 2015, http://www.worldbank.org; The World Factbook, Central Intelligence Agency, USA, https://www.cia.gov; **pp38-39:** World Urbanization Prospects 2014, The Department of Economic and Social Affairs of the United Nations Secretariat, Highlights 2014; quote by George Monbiot, published on the Guardian's website, 30th June 2011 http://www.monbiot.com/2011/06/30/atro-city/ **pp40-41:** World Urbanization Prospects 2014, The Department of Economic and Social Affairs of the United Nations Secretariat, Highlights 2014; **pp42-43:** City Limits: A resource flow and ecological footprint analysis of Greater London (2002), commissioned by IWM (EB) Chartered Institute of Wastes Management Environmental Body, 12th September 2002, http://www.citylimitslondon.com; "If the world's population lived like...", Per Square Mile, Tim de Chant, August 8 2012, http://persquaremile.com; **pp44-45:** Global Energy Assessment: Towards a Sustainable Future. International Institute for Applied Systems Analysis, Cambridge University Press, 2012; 2014 Key World Energy Statistics, International Energy Agency (IEA), Paris: 2014, http://www.iea.org; Per capita energy consumption for selected countries, based on BP Statistical Data energy consumption and Angus Maddison population estimates, World Energy Consumption Since 1820 in Charts, Our Finite World, Gail Tverberg, 2012, http://ourfiniteworld.com; Quote by Desmond Tutu from The Guardian, "Desmond Tutu's climate petition tops 300,000 signatures", September 10, 2015 **pp46-47:** Energy and Climate Change, World Energy Outlook Special Report, International Energy Agency, 2015; **pp48-49:** U.S. Energy Information

Administration, International Energy Statistics, Total Primary Energy Consumption, http://www.eia.gov; **pp50–51:** The Rough Guide to Green Living, Duncan Clark, Rough Guides, 2009, p26; **pp52–53:** Global renewable electricity production by region, historical and projected, International Energy Agency, http://www.iea.org; "Not a toy: Plummeting prices are boosting renewables, even as subsidies fall", The Economist, April 9th 2015; **pp56–57:** Great Graphic: Renewable Energy Solar and Wind, Marc Chandler, Financial Sense, 14 November 2013, http://www.financialsense.com; Quote by Arnold Schwarzenegger, BBC news, April 2012 http://www.bbc.co.uk/news/world-us-canada-17863391; **pp62–63:** Global Grain Production 1950–2012, Compiled by Earth Policy Institute from U.S. Department of Agriculture (USDA), http://www.earth-policy.org; Global Grain Stocks Drop Dangerously Low as 2012, Consumption Exceeded Production, Janet Larson, Earth Policy Institute, January 17, 2013; World Agriculture Towards 2015/2030: An FAO Perspective edited by Jelle Bruinsma, Earthscan Publications, Food and Agriculture Organization, 2003; Quote by Norman Borlaug, Nobel lecture December 11, 1970. **pp64–65:** The State of the World's Land and Water Resources for Food and Agriculture: Managing systems at risk, The Food and Agriculture Organization of the United Nations and Earthscan, 2011; The importance of three centuries of land-use change for the global and regional terrestrial carbon cycle, Climate Change, 97, 2 July 2009, pp123–144; Utilisation of World Cereal Production, Hunger in Times of Plenty, Global Agriculture, http://www.globalagriculture.org; **pp66–67:** Max Roser (2015) – 'Fertilizer and Pesticides'. Published online at OurWorldInData.org. Retrieved from:
http://ourworldindata.org/data/food-agriculture/fertilizer-and-pesticides/ [Online Resource]; **pp68–69:** "We've covered the world in pesticides. Is that a problem?", Brad Plumer, The Washington Post, August 18, 2013; Max Roser (2015) – 'Fertilizer and Pesticides'. Published online at OurWorldInData.org. Retrieved from: http://ourworldindata.org/data/food-agriculture/fertilizer-and-pesticides/ [Online Resource]; Popular Pesticides Linked to Drops in Bird Populations, by Helen Thompson, Smithsonian Magazine, July 2014, http://www.smithsonianmag.com/; **pp70–71:** SAVE FOOD: Global Initiative on Food Loss and Waste Reduction, Food and Agriculture Organization of the United Nations, http://www.fao.org; **pp72–73:** The State of Food Insecurity in the World, Food and Agriculture Organization of the United Nations, 2015; America Spends Less on Food Than Any Other Country, Alyssa Battistoni, Mother Jones, Wed Feb. 1, 2012, http://www.motherjones.com/; Quote from John F. Kennedy courtesy of the American Presidency Project **pp74–75:** Restoring the land, Dimensions of need – An atlas of food and agriculture, Food and Agriculture Organisation of the United Nations, Rome, Italy, 1995, http://www.fao.org; Natural Resources and Environment, Food and Agriculture Organisation of the United Nations, 2015; **pp76–77:** "Great Acceleration", International Geosphere-Biosphere Programme, 2015, http://www.igbp.net; Trends in global water use by sector, Vital Water Graphics: An Overview of the State of the World's Fresh and Marine Waters, United Nations Environment Programme/GRID-Arendal, 2008, http://www.unep.org; Water withdrawal and consumption: the big gap, Vital Water Graphics: An Overview of the State of the World's Fresh and Marine Waters, United Nations Environment Programme/GRID-Arendal, 2008; Quote by Lyndon B Johnson, from letter to the President of the Senate and to the Speaker of the House, November 1968. **pp78–79:** Total Renewable Freshwater Supply by Country (2013 Update), http://worldwater.org; **pp82–83:** National Water Footprint Accounts: The Green, Blue, and Grey Water Footprint of Production and Consumption, M.M. Mekonnen and A.Y. Hoekstra, Value of Water Research Report Series No.50, UNESCO-IHE Institute for Water Education, May 2011; "Product Gallery", Interactive Tools, Water Footprint Network, http://waterfootprint.org; Living Planet Report 2010, Global Footprint Network, Zoological Society London, World Wildlife Fund, http://wwf.panda.org; **pp84–85:** "Addicted to resources", Global Change, International Geosphere-Biosphere Programme, April 10, 2012, http://www.igbp.net; Consumption and Consumerism, Anup Shah, January 05, 2014, http://www.globalissues.org; "Waste from Consumption and Production – Our increasing appetite for natural resources", Vital Waste Graphics, GRID-Arendal 2014, http://www.grida.no; Quote by Pope Francis, from a letter to Australia Prime Minister Tony Abbott, chair of the conference of G20 nations, November 2014. **pp86–87:** "Bottled Water", compiled by Stefanie Kaiser, Dorothee Spuhler, Sustainable Sanitation and Water Management, http://www.sswm.info/; "New NIST Research Center Helps the Auto Industry 'Lighten Up'", Mark Bello, Centre for Automotive Lightweighting (NCAL), National Institute of Standards and Technology (NIST), August 26, 2014, http://www.nist.gov/; "Passenger Car Fleet Per Capita", European Automobile Manufacturers Association, 2015. http://www.acea.be/statistics/tag/category/passenger-car-fleet-per-capita; **pp88–89:** "When Will We Hit Peak Garbage?", Joseph Stromberg, Smithsonian Magazine, October 30, 2013, http://www.smithsonianmag.com; Status of Waste Management, Dennis Iyeke Igbinomwanhia, Integrated Waste Management – Volume II, edited by Sunil Kumar, August 23, 2011; "Solid Waste Composition and Characterization: MSW Materials Composition in New York State", New York State Department of Environmental Conservation, 2015, http://www.dec.ny.gov; 9 Million Tons of E-Waste Were Generated in 2012, Felix Richter, Statista, May 22, 2014, http://www.statista.com/; **pp90–91:** OECD Environmental Data Compendium, The Organisation for Economic Co-operation and Development (OECD), Waste, March 2008, http://www.oecd.org; **pp92–93:** CAS Assigns the 100 Millionth CAS Registry Number to a Substance Designed to Treat Acute Myeloid Leukemia, Chemical Abstracts Service (CAS): A division of the American Chemical Society, June 29, 2015, https://www.cas.org; **pp94–95:** Quote by Sir David Attenborough from launch of World Land Trust's (WLT) first wildlife webcam in January 2008. http://www.worldlandtrust.org/

pp96-97: Internet Live Stats (elaboration of data by International Telecommunication Union (ITU) and United Nations Population Division), http://www.internetlivestats.com; ICT Facts and Figures 2015, ICT Data and Statistics Division, Telecommunication; Development Bureau, International Telecommunication Union, Geneva, May 2015, http://www.itu.int; Value of connectivity: Economic and social benefits of expanding internet access, Deloitte, 2014, http://www2.deloitte.com; Quote by Kofi Annan, as UN secretary-general in opening address to the fifty-third annual DPI/NGO Conference, 2006. **pp98-99:** The Rise of Mobile Phones: 20 Years of Global Adoption", SooIn Yoon, Cartesian, June 29, 2015, http://www.cartesian.com; The World Telecommunication/ICT Indicators Database, 19th edition, International Telecommunication Union, 01 July 2015, http://www.itu.int; "Historical Cost of Mobile Phones", Adam Small, Marketing Tech Blog, December 20, 2011, https://www.marketingtechblog.com; **pp100-101:** Air transport, passengers carried, World Development Indicators, International Civil Aviation Organization, Civil Aviation Statistics of the World and ICAO staff estimates, The World Bank, http://www.worldbank.org; "300 world 'super routes' attract 20% of all air travel, Amadeus reveals in new analysis of global trends", Amadeus, 16 April 2013, http://www.amadeus.com; **pp102-103:** Max Roser (2016) - 'World Poverty'. Published online at OurWorldInData.org. Retrieved from: http://ourworldindata.org/data/growth-and-distribution-of-prosperity/world-poverty/ [Online Resource]; 5 Reasons Why 2013 Was The Best Year In Human History, Zack Beauchamp, ThinkProgress, December 11, 2013, http://thinkprogress.org; World Development Indicators 2015 maps, The World Bank, 2015, http://data.worldbank.org/maps2015; Quote by UN secretary general Ban Ki-moon, "Sustainable energy for all a priority for UN secretary-general's second term, New York, September 21, 2011. **pp104-105:** Proportion of population using improved drinking-water sources, Rural: 2012, World Health Organisation, 2014. http://www.who.int/en; roportion of population using improved sanitation facilities, World Health Organisation, Total: 2012, World Health Organisation, 2014; **pp106-107:** Education: Literacy rate, UNESCO Institute of Statistics, United Nations Educational, Scientific and Cultural Organisation, 23 November 2015, http://data.uis.unesco.org; **pp108-109:** Causes of death, by WHO region, Global Health Observatory, World Health Organisation, http://www.who.int; The 10 leading causes of death by country income group (2012), Media Centre, World Health Organisation; **pp110-11:** GDP per capita (current US$), World Development Indicators, World Bank national accounts data, and OECD National Accounts data files, The World Bank, http://www.worldbank.org; Country Comparison: Distribution of Family Income - GINI Index, The World Factbook, Central Intelligence Agency, https://www.cia.gov; 2015 Billionaire Net Worth as Percent of Gross Domestic Product (GDP) by Nation, Areppim, 24 April 2015, http://stats.areppim.com/stats/stats_richxgdp.htm; **pp114-15:** Global Terrorism Index 2014: Measuring and Understanding the Impact of Terrorism, Institute for Economics and Peace, http://www.visionofhumanity.org; World at War: UNHCR Global Trends: Forced Displacement in 2014, UNHCR - The UN Refugee Agency, © United Nations High Commissioner for Refugees 2015, http://www.unhcr.org; **pp118-19:** "Great Acceleration", International Geosphere-Biosphere Programme, 2015, (data for carbon dioxide, nitrous oxide, and methane) http://www.igbp.net; Intergovernmental Panel on Climate Change (IPCC). 2013. IPCC Fifth Assessment Report - Climate Change 2013: The Physical Science Basis, https://www.ipcc.ch; The Future of Arctic Shipping, Malte Humpert and Andreas Raspotnik, The Arctic Institute, October 11, 2012, http://www.thearcticinstitute.org; Quote from Leonardo di Caprio: address to UN Climate Summit, New York, September 2014 **pp128-27:** Summer flounder stirs north-south climate change battle, Marianne Lavelle, The Daily Climate, June 3, 2014, http://www.dailyclimate.org; Top scientists agree climate has changed for good, Sarah Clarke, ABC news, 3 April 2013, http://www.abc.net.au; Spring is Coming Earlier, Climate Central, Mar 18th, 2015, http://www.climatecentral.org; **pp132-33:** Climate change: Action, Trends and Implications for Business, The IPCC's Fifth Assessment Report, Working Group 1, University of Cambridge, Cambridge Judge Business School, Cambridge Programme for Sustainability Leadership, September 2013, http://www.europeanclimate.org/documents/IPCCWebGuide.pdf; **pp134-35:** The 2010 Amazon Drought, Science, 04 Feb 2011, Vol.331, Issue 6017, pp554, http://science.sciencemag.org; **pp136-37:** The Unburnable Carbon Concept Data 2013, Carbon Tracker Initiative, September 17, 2014, http://www.carbontracker.org; **pp138-39:** IPCC, 2014: Climate Change 2014: Synthesis Report. Contribution of Working Groups I, II and III to the Fifth Assessment Report of the Intergovernmental Panel on Climate Change; Quote from Pope Francis, at meeting with political, business and community leaders, Quito, Ecuador, July 7, 2015; **pp140-41:** "Deforestation Estimates: Macro-scale deforestation estimates (FAO 2010)," Monga Bay, http://www.mongabay.com; **pp142-43:** "6 Graphs Explain the World's Top 10 Emitters", Mengpin Ge, Johannes Friedrich and Thomas Damassa, World Resources Institute, November 25, 2014; Quote from Barack Obama, taken from speech at the GLACIER Conference, Anchorage, Alaska, 1 September, 2015; **pp144-45:** "Desolation of smog: Tackling China's air quality crisis", David Shukman, BBC News: Science and Environment, 7 January 2014, http://www.bbc.co.uk; Burden of disease from Ambient Air Pollution for 2012, World Health Organisation, 2014, http://www.who.int; **pp148-49:** Global human appropriation of net primary production doubled in the 20th century, Proceedings of the National Academy of Sciences of the United States of America, 2013, http://www.pnas.org; "Of Fossil Fuels and Human Destiny," Peak Oil Barrel, http://peakoilbarrel.com; Quote from the HRH The Prince of Wales from Presidential Lecture, Presidential Palace, Jakarta, Indonesia, November 2008; **pp150-141:** State of the World's Forests, Food and Agriculture Organization of the United Nations, 2012, p9, http://www.fao.

org; **pp152-153:** Lake Chad - decrease in area 1963, 1973, 1987, 1997 and 2001, Philippe Rekacewiz, UNEP/GRID-Arendal 2005 , http://www.grida.no; **pp154-55:** IFPRI (International Food Policy Research Institute). 2012. "Land Rush" map. Insights 2 (3). Washington, DC: International Food Policy Research Institute. http://insights.ifpri.info/2012/10/land-rush/; **156-57:** "Global Capture Production", Fishery Statistical Collections, Fisheries and Aquaculture, Food and Agriculture Organisation of the United Nations, 2015, http://www.fao.org; Collapse of Atlantic cod stocks off the East Coast of Newfoundland in 1992, Millennium Ecosystem Assessment, 2007, Philippe Rekacewicz, Emmanuelle Bournay, UNEP-GRID-Arendal, http://www.grida.no; Good Fish Guide, Marine Conservation Society, 2015, http://www.fishonline.org; Quote from Ted Danson, reported in New York Times, "What's worse than an oil spill?", April 20, 2011; **pp158-59:** Good Fish Guide, Marine Conservation Society, 2015, http://www.fishonline.org; **pp162-63:** "Top Sources of Nutrient Pollution" and "The Eutrophication Process," Ocean Health Index 2015, http://www.oceanhealthindex.org; N.N. Rabalais, Louisiana Universities Marine Consortium and R.E. Turner, Louisiana State University, http://www.noaanews.noaa.gov/stories2013/2013029_deadzone.html; **pp164-65:** 22 Facts About Plastic Pollution (And 10 Things We Can Do About It), Lynn Hasselberger, The Green Divas, EcoWatch, April 7, 2014, http://ecowatch.com; "When The Mermaids Cry: The Great Plastic Tide", Claire Le Guern Lytle, Plastic Pollution, Coastal Care, http://plastic-pollution.org; **pp166-67:** GLOBIO3: A Framework to Investigate Options for Reducing Global Terrestrial Biodiversity Loss, Ecosystems (2009), 12, pp374-390, Rob Alkenmade, Mark van Oorschot, Lera Miles, Christian Nellemann, Michel Bakkenes, and Ben ten Brink, http://www.globio.info; Accelerated modern human–induced species losses: Entering the sixth mass extinction, Gerardo Ceballos, Paul R. Ehrlich, Anthony D. Barnosky, Andrés García, Robert M. Pringle and Todd M. Palmer, Science Advances, 19 June 2015, http://advances.sciencemag.org; Defaunation in the Anthropocene, Science, 25 July 2014, Vol. 345. Ossie 6195, pp401-406, http://science.sciencemag.org; Quote from Sir David Attenborough during Q&A session on social media site Reddit, 8 January 2014; **pp168-69:** "Where we work", Critical Ecosystem Partnership Fund, http://www.cepf.net; **pp176-77:** Changes in the global value of ecosystem services, Robert Costanza, Rudolf de Groot, Paul Sutton, Sander van der Ploeg, Sharolyn J. Anderson, Ida Kubiszewski, Stephen Farber, and R. Kerry Turner, Global Environmental Change, 26, Elsevier, 1 April 201; Quote by Satish Kumar, reported in Resurgence and Ecologist, 29th August 2008; **pp178-179:** Quote from Sir Jonathon Porritt, in "Capitalism as if the world matters", first published 2005; **pp180-81:** "The Age of Humans: Evolutionary Perspectives on the Anthropocene", Human Evolution Research, Smithsonian National Museum of Natural History, 16 November 2015, http://humanorigins.si.edu; "The Anthropocene is functionally and stratigraphically distinct from the Holocene", Science, Vol. 351, Issue 6269, http://science.sciencemag.org; Quote by Will Steffen from report of the IGBP, January 2015; **pp182-83:** "The Nine Planetary Boundaries", 2015, Stockholm Resilience Centre Sustainability Science for Biosphere Stewardship, http://www.stockholmresilience.org; "How many Chinas does it take to support China?", Infographics, Earth Overshoot Day 2015, http://www.overshootday.org; **pp184-85:** Water Consumption for Operational Use by Energy Type, Climate Reality Project, October 05 2015, https://www.climaterealityproject.org; **pp186-87:** Ratification of multilateral environmental agreements, Riccardo Pravettoni, UNEP/GRID-Arendal, http://www.grida.no; 100 Years of Multilateral Environmental Agreements, Plotly, 2015, https://plot.ly/~caluchko/39/_100-years-of-multilateral-environmental-agreements; **pp188-89:** Measuring Progress: Environmental Goals & Gaps, United Nations Environment Programme (UNEP), 2012, Nairobi, http://www.unep.org; The Millennium Development Goals Report 2015, United Nations, New York, 2015, http://www.un.org; **pp190-91:** Deguignet M., Juffe-Bignoli D., Harrison J., MacSharry B., Burgess N., Kingston N., (2014) 2014 United Nations List of Protected Areas, UNEP-WCMC: Cambridge, UK, http://www.unep-wcmc.org; **pp192-93:** "Sustainable Development Goals: 17 Goals to Transform Our World", United Nations, 2015, http://www.un.org; **pp194-95:** Figure 2, "Waves of Innovation of the First Industrial Revolution", TNEP International Keynote Speaker Tours, The Natural Edge Project, 2003-2011, http://www.naturaledgeproject.net; "Biomimicry Examples", The Biomimicry Institute, 2015, http://biomimicry.org; **pp196-97:** Prosperity without Growth?, The Sustainable Development Commission, Professor Tim Jackson, March 2009, http://www.sd-commission.org.uk; Two degrees of separation: ambition and reality. Low Carbon Economy Index 2014, PricewaterhouseCoopers LLP, September 2014, http://www.pwc.co.uk; **pp198-199:** "Small and Medium-sized Enterprises can Unlock $1.6 trillion Clean Tech Market in next 10 years", The Climate Group, 25 September 2014, http://www.theclimategroup.org; infoDev. 2014. Building Competitive Green Industries: The Climate and Clean Technology Opportunity for Developing Countries. Washington, DC: World Bank. License: Creative Commons Attribution CC BY 3.0, http://www.infodev.org; IRENA (2014), Renewable Energy and Jobs - Annual Review 2014, International Renewable Energy Agency, http://www.irena.org; **pp200-201:** Rewiring the Economy, Cambridge Institute for Sustainability Leadership, 2015, http://www.cisl.cam.ac.uk; **pp202-203:** "Circular Economy", The Ellen MacArthur Foundation, http://www.ellenmacarthurfoundation.org; "Phosphorus Recycling", Friends of the Earth Sheffield, Sunday 27, 2013. http://planetfriendlysolutions.blogspot.co.uk; **pp204-205:** "A Safe and Just Space for Humanity: Can we live within the doughnut?", Kate Raworth, Oxfam Discussion Papers, Oxfam International, February 2012, https://www.oxfam.org; **pp206-207:** quote from Ban Ki-moon, Remarks to the General Assembly on his Five-Year Action Agenda: "The Future We Want" 25 January, 2012.

致谢

From the author

I am grateful to the many people who made this book project possible. Peter Kindersley first came up with the idea of gathering together in one place the great breadth of information that explains the profound changes taking place on Planet Earth. He provided the resources necessary to produce a proposal, during the process of which I was pleased to work with Hugh Schermuly and Cathy Meeus, who among other things provided expert assistance in producing top quality graphics. When that initial phase was completed I was very pleased to be asked to take the lead in researching and writing the title before you now. My agent Caroline Michel at Peters Fraser and Dunlop spoke with colleagues at Dorling Kindersley and made arrangements with Publishing Director Jonathan Metcalf and his team, including Liz Wheeler, Janet Mohun, and Kaiya Shang, to produce the book. Jonathan and his colleagues at Dorling Kindersley also further developed the original concept idea and ran the complex process of producing excellent graphics to convey the wealth of data we sourced. It was a pleasure to work with the design and editorial team that included Duncan Turner, Clare Joyce, Ruth O'Rourke and Jamie Ambrose.

I much appreciated early stage input to the contents from my friends and colleagues at The Prince of Wales's International Sustainability Unit (ISU), who during recent years inspired me to develop many of the ideas expressed in the book. I would like to especially mention Edward Davey who was kind enough to read and comment upon an initial overview of the title. Michael Whitehead and Claire Bradbury in the Prince of Wales's office were most helpful in facilitating the provision of the excellent foreword penned by His Royal Highness, whose efforts in taking the time to write such an excellent introduction are warmly appreciated.

My colleagues at the University of Cambridge Institute for Sustainability Leadership (CISL) provided much inspiration and insight over the years as to the nature of the trends covered in this book and I'd like to express my appreciation to them for that, including their recent work on "Rewiring the Economy". with which I was pleased to have modest involvement. I would like to express warm thanks to Madeleine Juniper for much hard work on sourcing and processing data and drafting text.

Professor Neil Burgess, Head of Science at UNEP-WCMC in Cambridge, provided a great deal of valuable advice in relation to data sources and was also kind enough to read through and comment upon an advanced draft. Rishi Modha advised on data sources relating to digital globalization, Philip Lymbery on food and farming and Jordan Walsh provided more general research assistance.

Owen Gaffney, formerly of the International Biosphere and Geosphere Programme (IGBP) in Stockholm and now with the Stockholm Resilience Centre in Sweden, provided helpful input during concept development and assisted with advice on data sources. I am indebted to Will Steffen, also at the Stockholm Resilience Centre, for inspiration regarding the concept of the Great Acceleration and for taking the time to comment on some of the draft pages.

Dr Emily Shuckburgh OBE of the British Antarctic Survey kindly provided an expert review and advice relating to the climate change and atmosphere sections of the book and for that I am very grateful.

Finally, I'd like to express appreciation and admiration to the thousands of scientists, researchers, data gatherers and number crunchers whose work enables us to know what is really happening to our planet. They work in organisations ranging from the World Bank to Oxfam and from UN specialist agencies to conservation groups. Without their efforts it would not be possible to produce such a book. Neither would it be possible without the support of my wife Sue Sparkes. We have been careful to avoid errors but if any have sneaked past the editing process then I take responsibility for that.

Dr Tony Juniper, Cambridge, January 2016

Credits

The publisher would like to thank the following for their kind permission to reproduce their photographs:

(Key: a-above; b-below/bottom; c-centre; f-far; l-left; r-right; t-top)

22 Dreamstime.com: Digitalpress (bc). 29 Getty Images: Frederic J. Brown / AFP (br). 32 Exhibit from "Urban economic clout moves east", March 2011, McKinsey Global Institute, www.mckinsey.com/mgi. Copyright © 2011 McKinsey & Company. All rights reserved. Reprinted by permission (b). 37 Corbis: Visuals Unlimited (br). 42 Tim De Chant: (bl). 49 NASA: NASA Earth Observatory / NOAA NGDC (br). 56 123RF.com: tebnad (bl). 69 Dreamstime.com: Comzeal (tr). 79 Dreamstime.com: Phillip Gray (br). 91 123RF.com: jaggat (tr). 98 Getty Images: Joseph Van Os / The Image Bank (cra). 105 Dreamstime.com: Aji Jayachandran - Ajijchan (ca). 106 Corbis: Liba Taylor (b). 108 Dreamstime.com: Sjors737 (bl). 115 Getty Images: Aurélien Meunier (br). 116 123RF.com: hikrcn (cb). 124 Corbis: Dinodia (tr). 125 The Arctic Institute: Andreas Raspotnik and Malte Humpert (br). 126 Climate Central: http://www.climatecentral.org/gallery/maps/spring-is-coming-earlier (br). 130 123RF.com: Meghan Pusey Diaz - playalife2006 (bl). 154 IFPRI (International Food Policy Research Institute). 2012: "Land Rush" map. Insights 2 (3). Washington, DC: International Food Policy Research Institute. http://insights.ifpri.info/2012/10/land-rush/. Reproduced with permission. 162 Data source: N.N. Rabalais, Louisiana Universities Marine Consortium and R.E. Turner, Louisiana State University: (bl). 169 Dreamstime.com: Eric Gevaert (tr). 175 Dreamstime.com: Viesturs Kalvans (bc). 182 Source: Global Footprint Network, www.footprintnetwork.org: (bl). 191 123RF.com: snehit (crb). 194-195 The Natural Edge Project.

For further information see: www.dkimages.com